大学生 DAXUESHENG SHUXUE SHOUCE

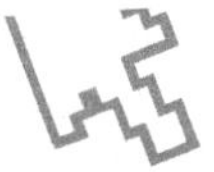

李威 等编

化学工业出版社

·北京·

图书在版编目（CIP）数据

大学生数学手册/李威等编．—北京：化学工业出版社．2014.9（2021.10重印）

ISBN 978-7-122-21850-6

Ⅰ.①大…　Ⅱ.①李…　Ⅲ.①高等数学-高等学校-教学参考资料　Ⅳ.①O13

中国版本图书馆CIP数据核字（2014）第214619号

责任编辑：唐旭华　郝英华　　装帧设计：史利平

责任校对：宋　夏

出版发行：化学工业出版社（北京市东城区青年湖南街13号　邮政编码100011）

印　　装：涿州市般润文化传播有限公司

880mm×1230mm　1/64　印张7½　字数237千字　2021年10月北京第1版第6次印刷

购书咨询：010-64518888　　售后服务：010-64518899

网　　址：http://www.cip.com.cn

凡购买本书，如有缺损质量问题，本社销售中心负责调换。

定　　价：15.00元

前　言

“高等数学”、“线性代数”和“概率论与数理统计”是理工科各专业在本科教育培养阶段最主要的三门数学基础课程. 一般来讲，大学本科学生的数学水平可以分为三个层次：将数学视为一种工具；将数学视为一种理论；将数学视为一种思想. 其中最基本的，也是每一位学生都必须达到的层次是将数学作为工具来学习，为本科高年级及研究生阶段的专业课程学习掌握必要的数学工具. 所以，需要一本能够帮助学生在学习、复习和使用数学的各种基本公式、基本运算和基本法则的过程中，便于查阅相关内容的工具书. 针对这种需求，我们编写了这本手册.

本手册内容包括了这三门数学课程中的主要定义、定理、公式、法则和方法，涵盖了全国硕士研究生入学数学考试大纲所要求的全部内容. 在内容的选取上力求精练，做到有针对性，突出核心内容，并与这三门数学课程的教学内容、数学考研的复习内容密切结合。

为便于学生检索，在本手册的目录上列出了与正文相对应的重要条目。此外，在正文每章的最后，用简洁明了的知识点及其关联网络来表示各知识点之间的联系. 这样,一方面可以一目了然地掌握每章所包含的知识点,便于记忆;另一方面可以理解各个知识点之间的关系,有利于形成一个完整的认知结构,避免重要知识点的遗忘或缺失.

本手册第 1 章至第 12 章内容属于高等数学部分;第 13 章至第 18 章内容属于线性代数部分;第 19 章至第 26 章内容属于概率论与数理统计部分、在编写过程中得到了杨永愉、杜建卫和吴春霞三位教授的悉心指导与大力支持,在此一并表示感谢。

本手册对正在学习高等数学、线性代数、概率论与数理统计和复习准备考研究生的读者都有极大参考价值,此外,对于曾经学过大学数学课程,并希望在短时间内迅速复习和回忆大学数学内容的读者也具有重要的参考价值.

由于编者水平有限,不足之处,敬请指正.

编者

2014 年 9 月

目　录

附表

第 1 章 函数 极限 连续

§1.1 映射与函数

集合 具有某种特定性质的事物的全体称为集合(简称集).组成集合的事物称为该集合的元素(简称元).

常用数集 $\mathbf{N}$:自然数集,$\mathbf{Z}$:全体整数集,$\mathbf{Z}^+$:全体正整数集,$\mathbf{Q}$:全体有理数集,$\mathbf{R}$:全体实数集,$\mathbf{R}^+$:全体正实数集.

邻域 设 a 与 δ 为两个实数,且 $\delta>0$,数集 $\{x \mid |x-a|<\delta\}$ 称为以 a 为中心,以 δ 为半径的邻域(简称点 a 的 δ 邻域),记作 $U(a,\delta)$,即

$$U(a,\delta)=\{x \mid |x-a|<\delta\}=\{x \mid a-\delta<x<a+\delta\}=(a-\delta,a+\delta)$$

去心邻域 数集 $\{x \mid 0<|x-a|<\delta\}$ 称为以点 a 为中心,以 δ 为半径的去心邻域,记作 $\mathring{U}(a,\delta)$,即

$$\mathring{U}(a,\delta)=\{x \mid 0<|x-a|<\delta\}=(a-\delta,a)\cup(a,a+\delta)$$

左邻域 数集 $\{x \mid 0<a-x<\delta\}$ 称为点 a 的左 δ 邻域,即开区间 $(a-\delta,a)$.

右邻域 数集 $\{x \mid 0<x-a<\delta\}$ 称为点 a 的右 δ 邻域,即开区间 $(a,a+\delta)$.

映射 设 X,Y 是两个非空集合,如果存在一个法则 f ,使 X 中的每个元素 x ,按法则 f ,在 Y 中有唯一确定的元素 y 与之对应,则称 f 为从 X 到 Y 的映射,记作

$$f:X\rightarrow Y$$

其中,元素 y 称为元素 x 在映射 f 下的像,记作 $y=f(x)$,元素 x 称为元素 y 在映射 f 下的一个原像;集合 X 称为映射 f 的定义域,记作 D_f ,即 $D_f=X$; X 中所有元素的像所组成的集合称为映射 f 的值域,记作 R_f ,即 $R_f=\{f(x) \mid x\in X\}$.

满射 设 f 是从集合 X 到集合 Y 的映射,若 Y 中任一元素 y 都是 X 中某元素的像,则称 f 为 X 到 Y 上的满射.

单射 设 f 是从集合 X 到集合 Y 的映射,若对 X 中任意两个不同元素 $x_1\neq x_2$,都有它们的像 $f(x_1)\neq f(x_2)$,则称 f 为 X 到 Y 的单射.

双射 设 f 是从集合 X 到集合 Y 的映射,若 f 既是单射,又是满射,则称 f 为双射(或一一映射).

逆映射　设 f 是 X 到 Y 的单射，定义一个从 R_f 到 X 的新映射 g，即 $g:R_f \to X$，对每个 $y \in R_f$，规定 $g(y)=x$，其中 x 满足 $f(x)=y$，则称映射 g 为映射 f 的逆映射，记作 f^{-1}，其定义域 $D_{f^{-1}}=R_f$，值域 $R_{f^{-1}}=X$.

复合映射　设有两个映射

$$g:X \to Y_1\ ,\ f:Y_2 \to Z$$

且 $Y_1 \subset Y_2$. 定义一个从 X 到 Z 的映射，它将每一个 $x \in X$ 映成 $f(g(x)) \in Z$，则称这个映射为由映射 g 和 f 构成的复合映射，记作 $f \circ g$，即

$$f \circ g:X \to Z$$

$$(f \circ g)(x)=f(g(x)),\quad x \in X$$

函数　设数集 $D \subset R$，则称映射 $f:D \to R$ 为定义在 D 上的函数，记作

$$y=f(x),\quad x \in D$$

其中，x 称为自变量，y 称为因变量，D 称为定义域. 对每个 $x \in D$，通过函数 f，总有唯一确定的 y 值与之对应，这个 y 值称为函数 f 在 x 处的函数值，记作 $y=f(x)$. 因变量 y 与自变量 x 之间的这种对应关系，称为函数关系. 函数值

$f(x)$ 的全体构成的集合称为函数 f 的值域,记作 R_f 或 $f(D)$,即

$$R_f = f(D) = \{y \mid y = f(x), x \in D\}$$

单值函数 设函数 $y = f(x)$, $x \in D$,如果对每个 $x \in X$,对应的函数值 y 总是唯一的,则称函数 f 为单值函数.

多值函数 设函数 $y = f(x)$, $x \in D$,如果对每个 $x \in X$,总有确定的 $y \in R_f$ 与之对应,但这个 y 不总是唯一的,则称函数 f 为多值函数.

反函数 设函数 $f:D \to f(D)$ 是单射,其逆映射 $f^{-1}:f(D) \to D$ 称为函数 f 的反函数,记作 f^{-1} ,即 $x = f^{-1}(y)$,而 $y = f(x)$. 二者的图形是相同的.

由于习惯上用 x 表示自变量,用 y 表示因变量,所以函数 $y = f(x)$ 的反函数 $x = f^{-1}(y)$ 也可记作 $y = f^{-1}(x)$,这时二者的图形关于 $y = x$ 对称.

复合函数 设函数 $y = f(u)$ 的定义域为 D_f ,函数 $u = g(x)$ 在 D 上有定义,且 $g(D) \subset D_f$,则由下式确定的函数

$$y = f(g(x)), \quad x \in D$$

称为由函数 $u = g(x)$ 和函数 $y = f(u)$ 构成的复合函数,定义域为 D ,变量 u 称为中间变量.

绝对值函数 $y=|x|=\begin{cases}x, & x\geqslant 0, \quad D=(-\infty,+\infty)\\ -x, & x<0, \quad R_f=[0,+\infty)\end{cases}$

符号函数 $y=\operatorname{sgn}x=\begin{cases}1, & x>0,\\ 0, & x=0, \quad D=(-\infty,+\infty),\\ -1, & x<0, \quad R_f=\{-1,0,1\},\end{cases}$

对任意实数 x ,有 $x=\operatorname{sgn}x\cdot|x|$ (图 1.1).

取整函数 设 x 为任一实数,不超过 x 的最大整数称为 x 的整数部分,记作 $[x]$. 把 x 看作自变量,则函数 $y=[x]$ 称为取整函数.其定义域为全体实数,其值域为全体整数(图 1.2).

狄利克雷函数 $y=D(x)=\begin{cases}1, & x\text{ 为有理数} \quad D=(-\infty,+\infty)\\ 0, & x\text{ 为无理数} \quad R_f\{0,1\}\end{cases}$

分段函数 在自变量的不同变化范围内,对应法则用不同式子表示的函数,称为分段函数.例如

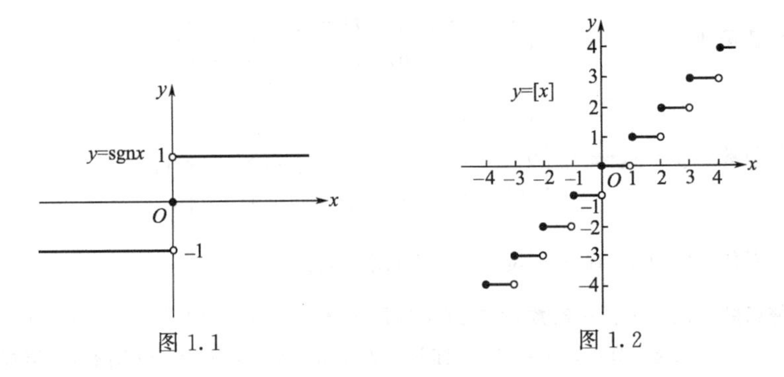

图 1.1　　图 1.2

$$y=f(x)=\begin{cases}2\sqrt{x}, & 0\leqslant x\leqslant 1\\ 1+x, & x>1\end{cases}$$

函数的基本特性　有界性、单调性、奇偶性、周期性.

有界性　设函数 $f(x)$ 的定义域为 D，数集 $X\subset D$

如果存在正数 M，对于任意的 $x\in X$ 都有 $|f(x)|\leqslant M$ 成立，则称函数 $f(x)$ 在 X 上有界.

如果对于任意正数 M，总存在 $x_1 \in X$，使 $|f(x_1)| > M$，则称函数 $f(x)$ 在 X 上无界.

如果存在数 K_1，对于任意的 $x \in X$ 都有 $f(x) \leqslant K_1$ 成立，则称函数 $f(x)$ 在 X 上有上界.

如果存在数 K_2，对于任意的 $x \in X$ 都有 $f(x) \geqslant K_2$ 成立，则称函数 $f(x)$ 在 X 上有下界.

函数 $f(x)$ 在 X 上有界的充分必要条件是 $f(x)$ 在 X 必有上界和下界.

单调性　设函数 $f(x)$ 在区间 I 上有定义，如果对于 I 内的任意两个数 x_1 和 x_2，当 $x_1 < x_2$ 时，恒有 $f(x_1) < f(x_2)$（或 $f(x_1) > f(x_2)$），则称 $f(x)$ 在 I 上单调增加(或单调减少). 单调增加和单调减少的函数统称为单调函数. 如果恒有 $f(x_1) \leqslant f(x_2)$（或 $f(x_1) \geqslant f(x_2)$），则称 $f(x)$ 在 I 上是非降的(或非增的).

奇偶性　设函数 $f(x)$ 的定义域 D 关于原点对称，如果对于 D 内的任意 x，恒有 $f(-x) = f(x)$（或 $f(-x) = -f(x)$），则称 $f(x)$ 为偶函数(或奇函数). 在几何上，偶函数的图像关于 y 轴对称；奇函数的图像关于原点对称.

周期性　设函数 $f(x)$ 的定义域为 D，如果存在正数 T，使得对于任一 $x \in D$，有 $(x \pm T) \in D$，且 $f(x+T) = f(x)$，则称 $f(x)$ 是以 T 为周期的周期函数. 通

常所说的周期函数的周期是指最小正周期.

基本初等函数 幂函数、指数函数、对数函数、三角函数和反三角函数.

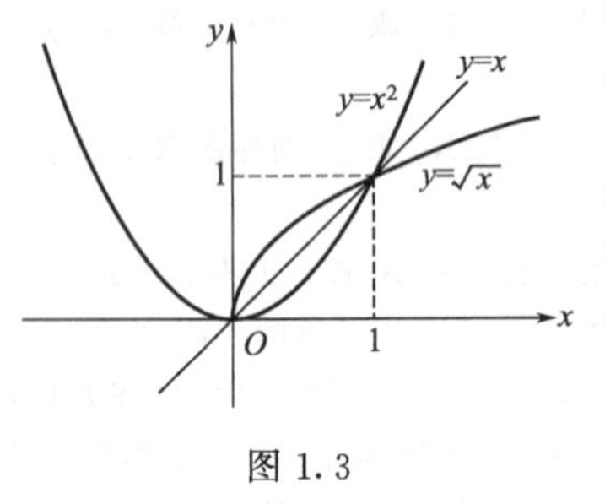

图 1.3

幂函数 $y = x^{\mu}$，$\mu \in R$ 是常数(图 1.3).

指数函数 $y = a^x$，$a > 0$，$a \neq 1$（图 1.4)，以 e 为底的指数函数表示为 $y = e^x$.

对数函数 $y = \log_a x$，$a > 0$，$a \neq 1$（图 1.5) 以 e 为底的自然对数函数表示为 $y = \ln x$.

三角函数 正弦函数：$y = \sin x$（图 1.6).

余弦函数：$y = \cos x$（图 1.7).

正切函数：$y = \tan x$（图 1.8).

余切函数：$y = \cot x$（图 1.9).

正割函数：$y = \sec x$. 余割函数：$y = \csc x$.

反三角函数 反正弦函数：$y = \arcsin x, x \in [-1,1], y \in \left[-\frac{\pi}{2}, \frac{\pi}{2}\right]$（图 1.10)

反余弦函数：$y = \arccos x, x \in [-1,1], y \in [0,\pi]$（图 1.11)

反正切函数：$y = \arctan x, x \in (-\infty, +\infty), y \in \left(-\frac{\pi}{2}, \frac{\pi}{2}\right)$（图 1.12)

反余切函数：$y=\operatorname{arccot}x, x\in(-\infty,+\infty), y\in(0,\pi)$（图 1.13）

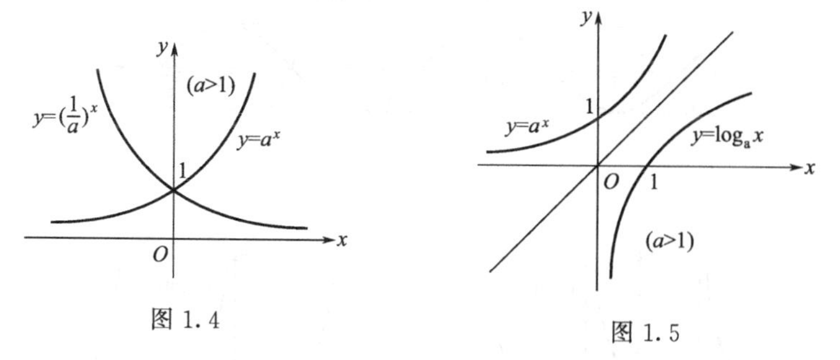

图 1.4

图 1.5

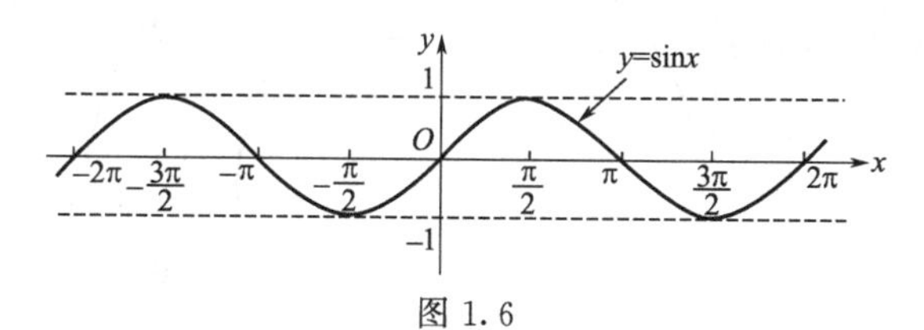

图 1.6

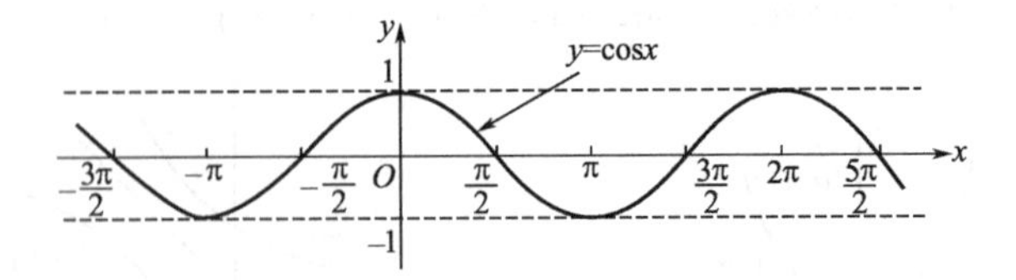
y
1
y=cosx
x
−3π/2
−π
−π/2
O
π/2
π
3π/2
2π
5π/2
−1

图 1.7

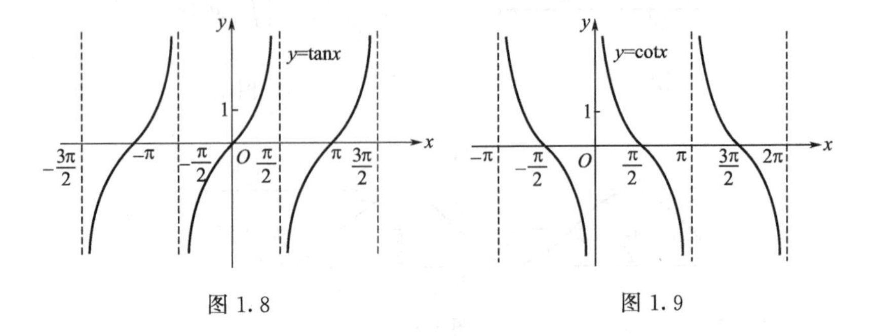
y
y=tanx
1
x
−3π/2
−π
−π/2
O
π/2
π
3π/2
y
y=cotx
1
x
−π
−π/2
O
π/2
π
3π/2
2π

图 1.8

图 1.9

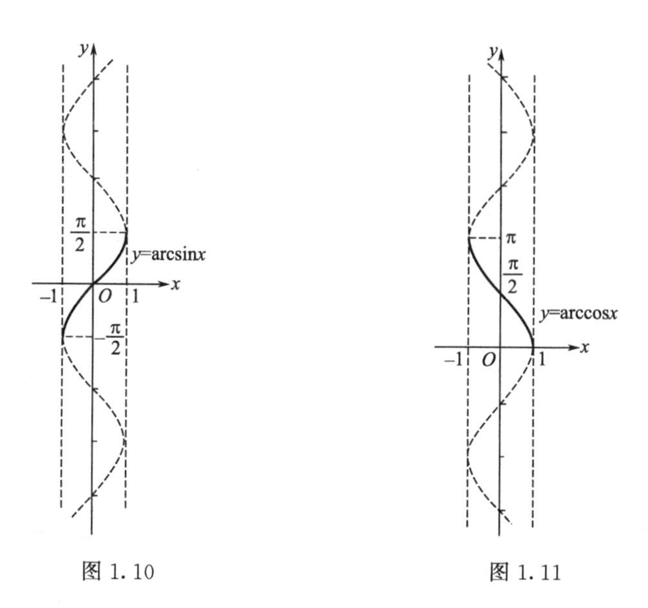

图 1.10

图 1.11

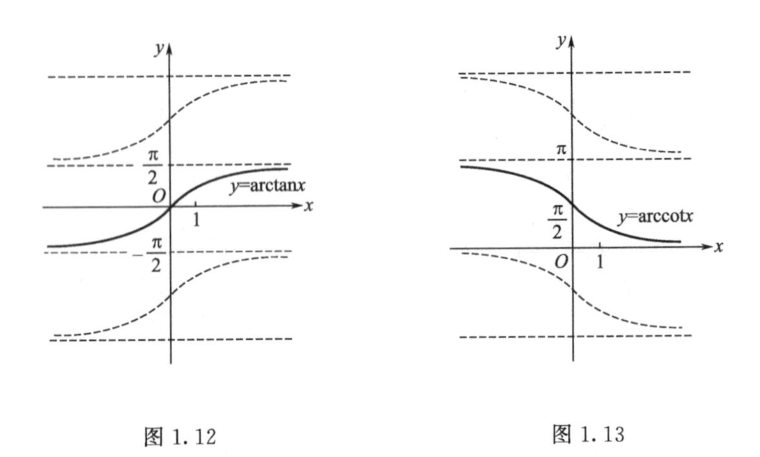

图 1.12

图 1.13

初等函数　由常数和基本初等函数经过有限次的四则运算和复合运算所构成并可用一个式子表示的函数,称为初等函数.

§1.2 数列的极限及其性质

数列 如果按照某一法则，对每个 $n \in \mathbf{N}^{+}$，对应着一个确定的实数 x_n，这些实数 x_n 按照下标 n 从小到大排列得到的一个序列：$x_1,x_2,x_3,\cdots,x_n,\cdots$ 称为数列，记作数列 $\{x_n\}$. 数列中的每一个数称为数列的项，第 n 项 x_n 称为数列的一般项，其中 n 称为数列的下标，它表示数列的项在数列中所处的位置. 在几何上，数列 $\{x_n\}$ 可表示为数轴上的点列，它依次取数轴上的点 $x_1,x_2,x_3,\cdots,x_n,\cdots$（图 1.14）

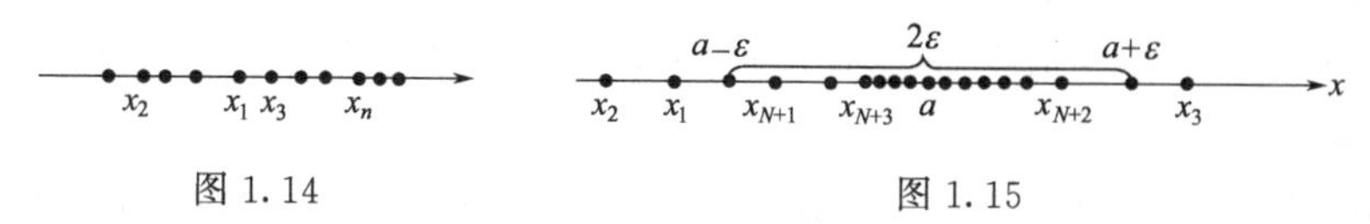

图 1.14　　　　图 1.15

数列极限 设数列 $\{x_n\}$ 和常数 A，如果对于任意给定的正数 ε（无论它多么小），总存在正整数 N，当 $n>N$ 时，恒有 $|x_n-A|<\varepsilon$，则称常数 A 是数列 $\{x_n\}$ 的极限，或称当 $n\to\infty$ 时，数列 $\{x_n\}$ 收敛于 A，记作 $\lim\limits_{n\to\infty}x_n=A$，或 $x_n\to A\,(n\to\infty)$. 如果数列没有极限，则称数列 $\{x_n\}$ 是发散的(图 1.15).

数列的有界性 对数列 $\{x_n\}$，若存在正数 M，使得对于一切自然数 n，恒有 $|x_n| \leqslant M$ 成立，则称数列 $\{x_n\}$ 有界. 如果对于任何正数 M，总存在某个自然数 m，使 $|x_m| > M$，则称数列 $\{x_n\}$ 无界.

收敛数列的性质

① 数列极限的唯一性 如果数列 $\{x_n\}$ 收敛，则它的极限是唯一的.

② 收敛数列的有界性 如果数列 $\{x_n\}$ 收敛，则数列 $\{x_n\}$ 一定有界.

③ 收敛数列的保号性 如果 $\lim\limits_{n \to \infty} x_n = A$，且 $A > 0$（或 $A < 0$），则存在正整数 $N > 0$，当 $n > N$ 以后的一切 x_n，都有 $x_n > 0$（或 $x_n < 0$）.

如果数列 $\{x_n\}$ 从某项起均有 $x_n \geqslant 0$（或 $x_n \leqslant 0$），且 $\lim\limits_{n \to \infty} x_n = A$，则 $A \geqslant 0$（或 $A \leqslant 0$）.

子数列(或子列) 从数列 $\{x_n\}$ 中抽取无穷多项并保持这些项在原数列 $\{x_n\}$ 中的顺序不变而构成的一个数列称为原数列的子数列(或子列)，记作 $\{x_{n_k}\}$，其中 x_{n_k} 是子列的一般项，k 表示 x_{n_k} 在子列 $\{x_{n_k}\}$ 中是第 k 项，n_k 表示 x_{n_k} 在原数列 $\{x_n\}$ 中是第 n_k 项，显然 $n_k \geqslant k$.

④ 收敛数列与其子数列的关系 如果数列 $\{x_n\}$ 收敛于 A，那么它的任一子

数列也收敛,且极限也是A.如果数列$\{x_n\}$的奇数项子列$\{x_{2k-1}\}$和偶数项子列$\{x_{2k}\}$都收敛于A,那么数列$\{x_n\}$也收敛于A.

§1.3 函数的极限及其性质

极限定义($x\to x_0$) 设函数$f(x)$在x_0的某一去心邻域内有定义,如果存在常数A,对任意给定的正数ε(不论它有多么小),总存在正数δ,使得当$0<|x-x_0|<\delta$时,恒有$|f(x)-A|<\varepsilon$,则称常数A为函数$f(x)$当$x\to x_0$时的极限,或称函数$f(x)$当$x\to x_0$时是收敛的,并记作$\lim\limits_{x\to x_0}f(x)=A$或$f(x)\to A(x\to x_0)$(图1.16).

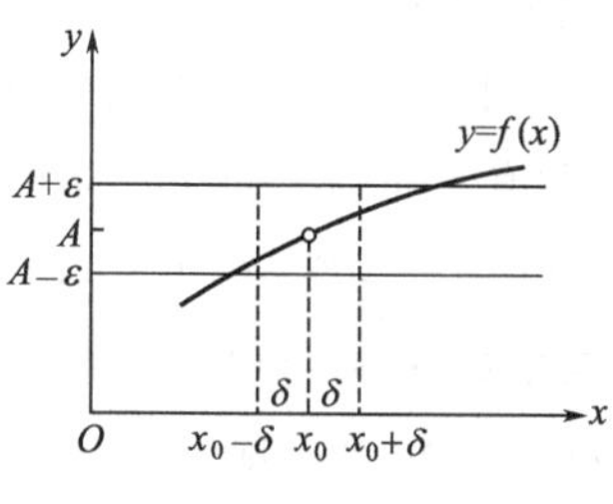

图1.16

左极限 对任意给定的正数ε,总存在正数δ,使当$x_0-\delta<x<x_0$时,恒有$|f(x)-A|<\varepsilon$,则称A为$f(x)$当$x\to x_0$时的左极限,记作$\lim\limits_{x\to x_0^-}f(x)=A$或$f(x_0^-)=A$.

右极限 对任意给定的正数ε,总存在正数δ,使

当 $x_0 < x < x_0 + \delta$ 时,恒有 $|f(x) - A| < \varepsilon$,则称 A 为 $f(x)$ 当 $x \to x_0$ 时的右极限,记作 $\lim\limits_{x \to x_0^+} f(x) = A$ 或 $f(x_0^+) = A$.

单侧极限 左极限与右极限统称为单侧极限.

极限与单侧极限关系

$$\lim_{x \to x_0} f(x) = A \Leftrightarrow f(x_0^-) = f(x_0^+) = A$$

极限定义($x \to \infty$) 设当 $|x|$ 大于某一正数时函数 $f(x)$ 有定义,如果存在常数 A,对于任意给定的正数 ε(不论它多么小),总存在正数 X,使得当 $|x| > X$ 时,恒有 $|f(x) - A| < \varepsilon$,则称常数 A 为函数 $f(x)$ 当 $x \to \infty$ 时的极限,记作 $\lim\limits_{x \to \infty} f(x) = A$ 或 $f(x) \to A(x \to \infty)$.

极限定义($x \to +\infty$) 对任意给定的正数 ε,总存在正数 X,当 $x > X$ 时,恒有 $|f(x) - A| < \varepsilon$,则称 A 为 $f(x)$ 当 $x \to +\infty$ 时的极限,记作 $\lim\limits_{x \to +\infty} f(x) = A$.

极限定义($x \to -\infty$) 对任意给定的正数 $\varepsilon > 0$,总存在正数 X,当 $x < -X$ 时,恒

有 $|f(x)-A|<\varepsilon$，则称 A 为 $f(x)$ 当 $x\to-\infty$ 时的极限，记作 $\lim\limits_{x\to-\infty}f(x)=A$.

极限存在的充要条件 $\lim\limits_{x\to\infty}f(x)=A\Leftrightarrow\lim\limits_{x\to-\infty}f(x)=A$ 且 $\lim\limits_{x\to+\infty}f(x)=A$.

函数极限的性质

① 函数极限的唯一性 如果函数 $f(x)$ 极限存在，则它的极限是唯一的.

② 收敛函数的局部有界性

ⅰ. 如果 $\lim\limits_{x\to x_0}f(x)=A$，则存在常数 $M>0$ 和 $\delta>0$，使得当 $0<|x-x_0|<\delta$ 时，有 $|f(x)|\leqslant M$；

ⅱ. 如果 $\lim\limits_{x\to x_0^-}f(x)=A$，则存在常数 $M>0$ 和 $\delta>0$，使得当 $x_0-\delta<x<x_0$ 时，有 $|f(x)|\leqslant M$；

ⅲ. 如果 $\lim\limits_{x\to x_0^+}f(x)=A$，则存在常数 $M>0$ 和 $\delta>0$，使得当 $x_0<x<x_0+\delta$ 时，有 $|f(x)|\leqslant M$；

ⅳ. 如果 $\lim\limits_{x\to\infty}f(x)=A$，则存在常数 $M>0$ 和 $X>0$，使得当 $|x|>X$ 时，有

$|f(x)|\leqslant M$；

ⅴ. 如果 $\lim\limits_{x\to+\infty}f(x)=A$，则存在常数 $M>0$ 和 $X>0$，使得当 $x>X$ 时，有 $|f(x)|\leqslant M$；

ⅵ. 如果 $\lim\limits_{x\to-\infty}f(x)=A$，则存在常数 $M>0$ 和 $X>0$，使得当 $x<-X$ 时，有 $|f(x)|\leqslant M$.

③ 收敛函数的局部保号性

ⅰ. 如果 $\lim\limits_{x\to x_0}f(x)=A$，且 $A>0$（或 $A<0$），则存在点 x_0 的某一 δ 去心邻域 $\mathring{U}(x_0,\delta)$，当 $x\in\mathring{U}(x_0,\delta)$ 时，有 $f(x)>0$（或 $f(x)<0$）；

ⅱ. 如果 $\lim\limits_{x\to x_0}f(x)=A(A\neq0)$，则存在点 x_0 的某一 δ 去心邻域 $\mathring{U}(x_0,\delta)$，当 $x\in\mathring{U}(x_0,\delta)$ 时，有 $|f(x)|>\dfrac{A}{2}$；

ⅲ. 如果 $\lim\limits_{x\to x_0}f(x)=A$ 且存在点 x_0 的某一去心邻域内 $f(x)\geqslant0$（或 $f(x)\leqslant0$），则有 $A\geqslant0$（或 $A\leqslant0$）；

ⅳ. 如果 $\lim\limits_{x\to\infty}f(x)=A$，而且 $A>0$（或 $A<0$），则存在常数 $X>0$，当

$|x|>X$ 时，有 $f(x)>0$（或 $f(x)<0$）；

V. 如果 $\lim\limits_{x\to\infty} f(x)=A$ 且存在常数 $X>0$，使得当 $|x|>X$ 时有 $f(x)\geqslant 0$（或 $f(x)\leqslant 0$），则有 $A\geqslant 0$ 或 $A\leqslant 0$.

④ 函数极限与数列极限关系　如果 $\lim\limits_{x\to x_0} f(x)=A$，$\{x_n\}$ 为函数 $f(x)$ 定义域内任一收敛于 x_0 的数列，则相应的函数值数列 $\{f(x_n)\}$ 也收敛，且有 $\lim\limits_{n\to\infty} f(x_n)=\lim\limits_{x\to x_0} f(x)$.

§1.4　无穷小与无穷大

无穷小　如果函数 $f(x)$ 当 $x\to x_0$（或 $x\to\infty$）时的极限为零，则称函数 $f(x)$ 为当 $x\to x_0$（或 $x\to\infty$）时的无穷小.

无穷小与函数极限关系　在自变量的同一变化过程 $x\to x_0$（或 $x\to\infty$）中，函数 $f(x)$ 有极限 A 的充分必要条件为 $f(x)=A+\alpha(x)$，其中 $\alpha(x)$ 为当 $x\to x_0$（或 $x\to\infty$）时的无穷小.

无穷大　设函数 $f(x)$ 在 x_0 的某一去心邻域（或 $|x|$ 大于某一正数）内有定义，如果对任意给定的正数 M（无论它有多么大），总存在正数 δ（或正数 X），当 $x\in\mathring{U}(x_0,\delta)$（或

$|x|>X$)时，恒有$|f(x)|>M$($f(x)>M$或$f(x)<-M$)，则称函数$f(x)$为当$x\to x_0$(或$x\to\infty$)时的无穷大(正无穷大或负无穷大).

无穷大与无穷小关系 在自变量同一变化过程中，如果$f(x)$为无穷大，则$\frac{1}{f(x)}$为无穷小；反之，如果$f(x)$为无穷小，且$f(x)$恒不为0，则$\frac{1}{f(x)}$为无穷大.

§1.5 极限运算法则

无穷小运算法则

① 有限个无穷小之和也是无穷小（注：无穷多个无穷小之和未必无穷小）；

② 有限个无穷小之积也是无穷小；

③ 常数与无穷小的乘积是无穷小；

④ 有界函数与无穷小的乘积是无穷小.

极限的四则运算法则 在自变量的同一变化过程中，设$\lim f(x)=A$，$\lim g(x)=B$，则

① $\lim[f(x)\pm g(x)]=\lim f(x)\pm\lim g(x)=A\pm B$；

② $\lim[f(x)\cdot g(x)]=\lim f(x)\cdot\lim g(x)=A\cdot B$；

③ 若 $B\neq 0$，则 $\lim\dfrac{f(x)}{g(x)}=\dfrac{\lim f(x)}{\lim g(x)}=\dfrac{A}{B}$；

④ 若 C 为常数，则 $\lim[C\cdot f(x)]=C\cdot\lim f(x)=C\cdot A$；

⑤ 若 n 是正整数，则 $\lim[f(x)]^n=[\lim f(x)]^n=A^n$.

§1.6 极限存在准则 两个重要极限

夹逼准则

① 如果数列 $\{x_n\}$，$\{y_n\}$ 及 $\{z_n\}$ 满足：

ⅰ. $y_n\leqslant x_n\leqslant z_n \quad (n=1,2,\cdots)$；

ⅱ. $\lim\limits_{n\to\infty}y_n=A$，$\lim\limits_{n\to\infty}z_n=A$.

则数列 $\{x_n\}$ 也收敛，且 $\lim\limits_{n\to\infty}x_n=A$.

② 如果函数 $f(x)$，$h(x)$，$g(x)$ 满足

ⅰ. 当 $x\in\mathring{U}(x_0,\delta)$（或 $|x|>X$）时，有 $g(x)\leqslant f(x)\leqslant h(x)$ 成立；

ⅱ. $\lim\limits_{\substack{x \to x_0 \\ (x \to \infty)}} g(x) = A$，$\lim\limits_{\substack{x \to x_0 \\ (x \to \infty)}} h(x) = A$，则 $\lim\limits_{\substack{x \to x_0 \\ (x \to \infty)}} f(x) = A$.

单调数列

① 如果数列 $\{x_n\}$ 满足条件：$x_1 \leqslant x_2 \leqslant x_3 \leqslant \cdots \leqslant x_n \leqslant x_{n+1} \leqslant \cdots$，则称数列 $\{x_n\}$ 是单调递增数列；

② 如果数列 $\{x_n\}$ 满足条件：$x_1 \geqslant x_2 \geqslant x_3 \geqslant \cdots \geqslant x_n \geqslant x_{n+1} \geqslant \cdots$，则称数列 $\{x_n\}$ 是单调递减数列.

单调递增和单调递减的数列统称为单调数列. 几何上，随着数列每一项下标的增加，单调递增数列所对应的实数轴上的点列，是自左向右排列，而单调递减数列所对应的实数轴上的点列，是自右向左排列.

单调有界准则 单调有界数列必有极限.

两个重要极限

① $\lim\limits_{x \to 0} \dfrac{\sin x}{x} = 1$，更一般地，$\lim\limits_{\Delta \to 0} \dfrac{\sin\Delta}{\Delta} = 1$.

② $\lim\limits_{x\to\infty}\left(1+\dfrac{1}{x}\right)^{x}=\mathrm{e}$，更一般地，$\lim\limits_{\Delta\to\infty}\left(1+\dfrac{1}{\Delta}\right)^{\Delta}=\mathrm{e}$；

$\lim\limits_{x\to 0}(1+x)^{\frac{1}{x}}=\mathrm{e}$，更一般地，$\lim\limits_{\Delta\to 0}(1+\Delta)^{\frac{1}{\Delta}}=\mathrm{e}$.

§1.7 无穷小的比较

无穷小的比较 设α,β是同一自变量变化过程中的两个无穷小，且$\alpha\neq 0$.

① 如果$\lim\dfrac{\beta}{\alpha}=0$，则称$\beta$是$\alpha$的高阶无穷小，记作$\beta=o(\alpha)$；

② 如果$\lim\dfrac{\beta}{\alpha}=\infty$，则称$\beta$是$\alpha$的低阶无穷小；

③ 如果$\lim\dfrac{\beta}{\alpha}=C\ (C\neq 0)$，则称$\beta$与$\alpha$是同阶无穷小，特别地，当$C=1$时，即$\lim\dfrac{\beta}{\alpha}=1$，则称$\beta$与$\alpha$是等价无穷小，记作$\alpha\sim\beta$或$\beta\sim\alpha$；

④ 如果$\lim\dfrac{\beta}{\alpha^{k}}=C\ (C\neq 0,k>0)$，则称$\beta$是$\alpha$的$k$阶无穷小.

常用等价无穷小 当$x\to 0$时，有$\sin x\sim x$，$\tan x\sim x$，$\arcsin x\sim x$，$\arctan x\sim x$，

$1-\cos x\sim\frac{x^2}{2}$，$e^x-1\sim x$，$a^x-1\sim x\ln a$，$\ln(1+x)\sim x$，$\sqrt[n]{1+x^m}-1\sim\frac{x^m}{n}$；

等价无穷小的充要条件　β 与 α 是等价无穷小的充分必要条件是 $\beta=\alpha+o(\alpha)$．

无穷小的等价代换

① 设 $\alpha\sim\alpha'$，$\beta\sim\beta'$，且 $\lim\frac{\beta'}{\alpha'}$ 存在（或无穷大），则 $\lim\frac{\beta}{\alpha}$ 存在（或无穷大），且 $\lim\frac{\beta}{\alpha}=\lim\frac{\beta'}{\alpha'}$；

② 设 $\alpha\sim\alpha'$，$\beta\sim\beta'$，且 $\lim\frac{\alpha'\cdot f(x)}{\beta'\cdot g(x)}$ 存在（或无穷大），其中 $g(x)\neq0$，则 $\lim\frac{\alpha\cdot f(x)}{\beta\cdot g(x)}$ 存在（或无穷大），且 $\lim\frac{\alpha\cdot f(x)}{\beta\cdot g(x)}=\lim\frac{\alpha'\cdot f(x)}{\beta'\cdot g(x)}$；

③ 设 $\alpha\sim\alpha'$，$\beta\sim\beta'$，$\gamma\sim\gamma'$，且 $\lim\frac{\alpha}{\beta}=a\neq1$，则 $\lim\frac{\alpha-\beta}{\gamma}=\lim\frac{\alpha'-\beta'}{\gamma'}$；

④ 设 $\alpha\sim\alpha'$，$\beta\sim\beta'$，且 $\lim\frac{\alpha}{\beta}=a\neq-1$，则 $\alpha+\beta\sim\alpha'+\beta'$．

推广： 设 $\alpha_1\sim\alpha_1'$，$\alpha_2\sim\alpha_2'$，…，$\alpha_n\sim\alpha_n'$，且 $\lim\frac{\alpha_1}{\alpha_2}=a_1\neq-1$，$\lim\frac{\alpha_1+\alpha_2}{\alpha_3}=$

$\alpha_2 \neq -1$，$\lim \dfrac{\alpha_1+\alpha_2+\alpha_3}{\alpha_4}=a_3 \neq -1$，…，$\lim \dfrac{\alpha_1+\alpha_2+\cdots+\alpha_{n-1}}{\alpha_n}=a_{n-1} \neq -1$，则 $\alpha_1+\alpha_2+\cdots+\alpha_n \sim \alpha_1'+\alpha_2'+\cdots+\alpha_n'$.

§1.8 函数的连续性与间断点

函数在一点处连续定义

① 设函数 $f(x)$ 在 x_0 的某一邻域内有定义，记 $\Delta y=f(x_0+\Delta x)-f(x_0)$. 如果 $\lim\limits_{\Delta x \to 0} \Delta y=0$，则称 $f(x)$ 在 x_0 处连续.

② 设函数 $f(x)$ 在 x_0 的某一邻域内有定义，如果 $\lim\limits_{x \to x_0} f(x)=f(x_0)$，则称 $f(x)$ 在 x_0 处连续.

函数在一点处连续的ε-δ定义 设函数 $f(x)$ 在 x_0 的某一邻域内有定义，如果对任意给定的正数 ε（不论它有多么小），总存在正数 δ，使得当 $|x-x_0|<\delta$ 时，恒有 $|f(x)-f(x_0)|<\varepsilon$，则称 $f(x)$ 在 $x=x_0$ 处连续.

函数在一点处左连续 设函数 $f(x)$ 在 x_0 的某一左邻域 $(x_0-\delta, x_0]$ 内有定义，

如果 $\lim\limits_{x \to x_0^-} f(x) = f(x_0^-) = f(x_0)$，则称 $f(x)$ 在 x_0 处**左连续**.

函数在一点处右连续 设函数 $f(x)$ 在 x_0 的某一右邻域 $[x_0, x_0+\delta)$ 内有定义，如果 $\lim\limits_{x \to x_0^+} f(x) = f(x_0^+) = f(x_0)$，则称 $f(x)$ 在 x_0 处**右连续**.

函数在开区间上连续 如果函数 $f(x)$ 在开区间 (a,b)［或 $(-\infty,b)$ 或 $(a,+\infty)$］的每一点处都连续，则称 $f(x)$ 在 (a,b)［或 $(-\infty,b)$ 或 $(a,+\infty)$］上连续.

函数在闭区间上连续 如果函数 $f(x)$ 在开区间 (a,b) 上连续，在左端点 a 处右连续，在右端点 b 处左连续，则称 $f(x)$ 在闭区间 $[a,b]$ 上连续.

连续的充要条件 函数 $y=f(x)$ 在点 x_0 处**连续**的充分必要条件是函数 $y=f(x)$ 在点 x_0 处既**左连续**又**右连续**.

函数的间断点定义 如果函数 $f(x)$ 有下列三种情况之一：

① $f(x)$ 在 x_0 处没有定义；

② $f(x)$ 在 x_0 处虽有定义，但 $\lim\limits_{x \to x_0} f(x)$ 不存在；

③ $f(x)$ 在 x_0 处虽有定义且 $\lim\limits_{x \to x_0} f(x)$ 存在，但 $\lim\limits_{x \to x_0} f(x) \neq f(x_0)$.

则 $f(x)$ 在 x_0 处不连续，点 x_0 称为 $f(x)$ 的**不连续点**或**间断点**.

第一类间断点 设点 x_0 为 $f(x)$ 的间断点，如果 $f(x)$ 在点 x_0 处的左右极限都存在，则称点 x_0 为函数 $y=f(x)$ 的**第一类间断点**. 第一类间断点分为下列两种类型.

① 跳跃间断点 如果 $f(x)$ 在点 x_0 处的左右极限都存在，但 $f(x_0^-)\neq f(x_0^+)$，则称点 x_0 为 $f(x)$ 的**跳跃间断点**；

② 可去间断点 如果 $f(x)$ 在点 x_0 处的左右极限都存在而且相等，但 $f(x)$ 在 x_0 点处无定义，或有定义但 $\lim\limits_{x\to x_0} f(x)\neq f(x_0)$，则称点 x_0 为 $f(x)$ 的**可去间断点**.

第二类间断点 设点 x_0 是 $f(x)$ 的间断点，如果 $f(x)$ 在点 x_0 处的左右极限至少有一个不存在，则称点 x_0 为 $f(x)$ 的**第二类间断点**. 常见的第二类间断点有**无穷间断点**和**震荡间断点**.

连续函数的和、差、积、商的连续性 设函数 $f(x)$ 和 $g(x)$ 在点 x_0 处连续，则它们的和（差）$f(x)\pm g(x)$，积 $f(x)g(x)$ 及商 $\dfrac{f(x)}{g(x)}$［当 $(g(x_0)\neq 0)$ 时］在点 x_0 处都连续．这一结论可以推广到**有限个函数**情形．

反函数的连续性　如果函数 $y=f(x)$ 在区间 I_x 上单调且连续，则它的反函数 $x=f^{-1}(y)$ 在相应的区间 I_y 上单调且连续．

复合函数的极限运算法则

① 设函数 $y=f(g(x))$ 是由 $y=f(u)$ 与 $u=g(x)$ 复合而成，若 $\lim\limits_{x\to x_0}g(x)=u_0$，$\lim\limits_{u\to u_0}f(u)=A$，且存在 $\delta>0$，当 $x\in\mathring{U}(x_0,\delta)$ 时，有 $g(x)\neq u_0$，则 $\lim\limits_{x\to x_0}f(g(x))=\lim\limits_{u\to u_0}f(u)=A$；

② 设函数 $y=f(g(x))$ 是由 $y=f(u)$ 与 $u=g(x)$ 复合而成，若 $\lim\limits_{x\to x_0}g(x)=u_0$，而函数 $y=f(u)$ 在 $u=u_0$ 处连续，则

$$\lim_{x\to x_0}f(g(x))=\lim_{u\to u_0}f(u)=f(u_0)=f(\lim_{x\to x_0}g(x)).$$

复合函数的连续性 设函数 $y=f(g(x))$ 是由 $y=f(u)$ 与 $u=g(x)$ 复合而成，若函数 $u=g(x)$ 在 $x=x_0$ 连续，且 $g(x_0)=u_0$ ，而函数 $y=f(u)$ 在 $u=u_0$ 连续，则复合函数 $y=f(g(x))$ 在 $x=x_0$ 也连续.

基本初等函数的连续性 基本初等函数在它们的**定义域**内连续.

初等函数的连续性 一切初等函数在其**定义区间**内都连续.

注：包含在定义域内的区间称为定义区间.

闭区间上连续函数的性质

① 最大最小值定理 闭区间上的连续函数一定能取得最大值和最小值；

② 有界性定理 闭区间上的连续函数一定有界；

③ 零点定理 设 $f(x)$ 在闭区间 $[a,b]$ 上连续，且 $f(a)$ 与 $f(b)$ 异号［即 $f(a)\cdot f(b)<0$］，则在开区间 (a,b) 内至少有一点 ξ，使 $f(\xi)=0$；

④ 介值定理 设 $f(x)$ 在闭区间 $[a,b]$ 上连续，且在该区间的端点取不同的函数值 $f(a)=A$ 及 $f(b)=B$，则对介于 A 与 B 之间的任意一个数 C，在开区间 (a,b) 内至少有一点 ξ，使 $f(\xi)=C$；

⑤ 介值定理推论 闭区间上连续的函数必取得介于最大值 M 和最小 m 之间的任何值.

本章知识点及其关联网络

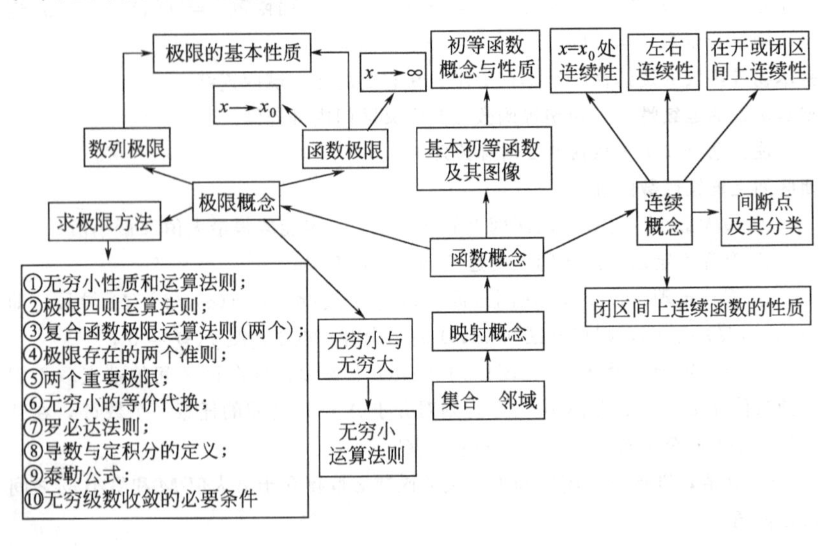

第 2 章　导数与微分

§ 2.1　导数概念

导数定义　设函数 $y=f(x)$ 在点 x_0 的某个邻域内有定义，当自变量 x 在 x_0 处取得增量 Δx（点 $x_0+\Delta x$ 仍在该邻域内）时，相应的函数值 y 有增量 $\Delta y=f(x_0+\Delta x)-f(x_0)$，如果 $\lim\limits_{\Delta x\to 0}\dfrac{\Delta y}{\Delta x}=\lim\limits_{\Delta x\to 0}\dfrac{f(x_0+\Delta x)-f(x_0)}{\Delta x}$ 存在，则称函数 $y=f(x)$ 在点 x_0 处可导，并称此极限为函数 $y=f(x)$ 在点 x_0 处的**导数**，记为

$$f'(x_0)=\lim_{\Delta x\to 0}\frac{\Delta y}{\Delta x}=\lim_{\Delta x\to 0}\frac{f(x_0+\Delta x)-f(x_0)}{\Delta x}$$

导数记号也可记为：$y'|_{x=x_0}$，$\left.\dfrac{\mathrm{d}y}{\mathrm{d}x}\right|_{x=x_0}$，$\left.\dfrac{\mathrm{d}f(x)}{\mathrm{d}x}\right|_{x=x_0}$．

导数定义式的不同形式

$$f'(x_0)=\lim_{x\to x_0}\frac{f(x)-f(x_0)}{x-x_0}=\lim_{h\to 0}\frac{f(x_0+h)-f(x_0)}{h}$$

左导数定义　设函数 $y=f(x)$ 在点 x_0 处的自变量增量 Δx 与函数值增量 Δy 之比的左极限存在，则称此极限为函数 $y=f(x)$ 在点 x_0 处的**左导数**，记作

$$f'_-(x_0)=\lim_{x\to x_0^-}\frac{f(x)-f(x_0)}{x-x_0}=\lim_{h\to 0^-}\frac{f(x_0+h)-f(x_0)}{h}$$

右导数定义　设函数 $y=f(x)$ 在点 x_0 处的自变量增量 Δx 与函数增量 Δy 之比的右极限存在，则称此极限为函数 $y=f(x)$ 在点 x_0 处的**右导数**，记作

$$f'_+(x_0)=\lim_{x\to x_0^+}\frac{f(x)-f(x_0)}{x-x_0}=\lim_{h\to 0^+}\frac{f(x_0+h)-f(x_0)}{h}$$

单侧导数　左导数和右导数统称为**单侧导数**.

函数在一点可导的充要条件　函数 $y=f(x)$ 在点 x_0 处可导的充分必要条件是左导数 $f'_-(x_0)$ 与右导数 $f'_+(x_0)$ 都存在而且相等.

导数几何意义　函数 $y=f(x)$ 在点 x_0 处的导数 $f'(x_0)$ 表示曲线 $y=f(x)$ 在点 $M(x_0,y_0)$ 处的**切线的斜率**，即 $f'(x_0)=\tan\alpha$

其中 α 是切线关于 x 轴的倾角（图 2.1）.

切线与法线 曲线 $y=f(x)$ 在点 $M(x_0,y_0)$ 处的切线方程为 $y-y_0=f'(x_0)(x-x_0)$，法线方程为 $y-y_0=-\dfrac{1}{f'(x_0)}(x-x_0)$.

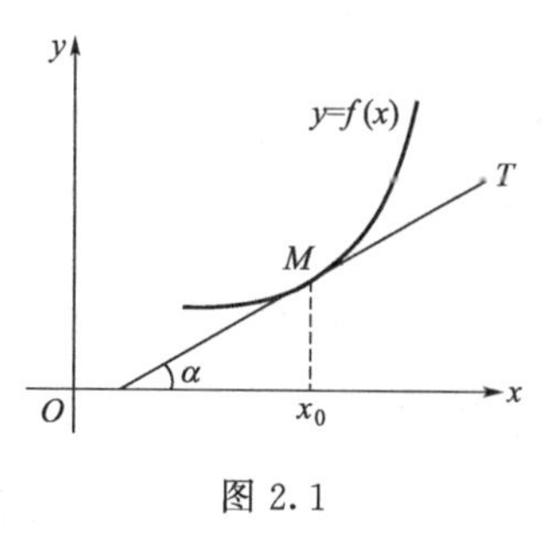

图 2.1

开区间内可导 如果函数 $y=f(x)$ 在开区间 (a,b) 内的每一点处都可导，则称函数 $y=f(x)$ 在开区间 (a,b) 内可导.

闭区间上可导 如果函数 $y=f(x)$ 在开区间 (a,b) 内可导，而且 $f'_+(a)$ 和 $f'_-(b)$ 都存在，则称函数 $y=f(x)$ 在闭区间 $[a,b]$ 上可导.

导函数定义 对于任一 $x\in I$，都对应着函数 $y=f(x)$ 的一个确定的导数值，这就构成了一个新的函数，这个函数称为函数 $y=f(x)$ 的**导函数**. 记作

$$y',\ f'(x),\ \frac{\mathrm{d}y}{\mathrm{d}x},\ \frac{\mathrm{d}f(x)}{\mathrm{d}x}$$

可导性与连续性的关系 如果函数 $y=f(x)$ 在点 x_0 处可导，则函数在该点处必

连续，反之则不然.

高阶导数定义 如果函数 $f(x)$ 的导函数 $f'(x)$ 在点 x 处可导，则称 $f'(x)$ 在 x 处的导数 $[f'(x)]'$ 为 $y=f(x)$ 在点 x 处的**二阶导数**，记作 y''，$f''(x)$，$\frac{\mathrm{d}^2 y}{\mathrm{d}x^2}$，$\frac{\mathrm{d}^2 f(x)}{\mathrm{d}x^2}$，即 $f''(x)=\lim\limits_{\Delta x\to 0}\frac{f'(x+\Delta x)-f'(x)}{\Delta x}$.

类似的可定义 $y=f(x)$ 的 n 阶导数 $y^{(n)}$，$f^{(n)}(x)$，$\frac{\mathrm{d}^n y}{\mathrm{d}x^n}$，$\frac{\mathrm{d}^n f(x)}{\mathrm{d}x^n}$.

函数 $y=f(x)$ 的二阶及二阶以上导数，统称为**高阶导数**.

§2.2 函数的求导法则

导数四则运算法则 如果 $u(x)$ 和 $v(x)$ 均可导，则 $u(x)\pm v(x)$，$u(x)v(x)$，$\frac{u(x)}{v(x)}(v(x)\neq 0)$ 均可导，而且

① $[u(x)\pm v(x)]'=u'(x)\pm v'(x)$；

② $[u(x)v(x)]'=u'(x)v(x)+u(x)v'(x)$；

③ $(C\cdot u(x))'=C\cdot u'(x)$（$C$ 是常数）；

④ $\left[\dfrac{u(x)}{v(x)}\right]'=\dfrac{u'(x)v(x)-u(x)v'(x)}{v^2(x)}(v(x)\neq 0)$.

注：和、差、积的求导法则可以推广到任意有限个可导函数的情形.

反函数求导法则 如果函数 $x=f(y)$ 在区间 I_y 内单调，可导且 $f'(y)\neq 0$，则它的反函数 $y=f^{-1}(x)$ 在相应的区间 I_x 内也可导，而且

$$[f^{-1}(x)]'=\frac{1}{f'(y)} \quad 或 \quad \frac{\mathrm{d}y}{\mathrm{d}x}=\frac{1}{\dfrac{\mathrm{d}x}{\mathrm{d}y}}$$

复合函数求导法则 如果 $u=g(x)$ 在点 x 可导，而 $y=f(u)$ 在点 $u=g(x)$ 可导，则复合函数 $y=f(g(x))$ 在点 x 可导，且其导数

$$\frac{\mathrm{d}y}{\mathrm{d}x}=f'(u)\cdot g'(x) \quad 或 \quad \frac{\mathrm{d}y}{\mathrm{d}x}=\frac{\mathrm{d}y}{\mathrm{d}u}\cdot\frac{\mathrm{d}u}{\mathrm{d}x}$$

隐函数求导法则 设方程 $F(x,y)=0$ 在某个区间上确定一个隐函数，其中 x 是自变量，y 是因变量，方程两边同时对 x 求导，并且将 y 视为 x 的函数，由此解出隐函数 y 的导数 $\dfrac{\mathrm{d}y}{\mathrm{d}x}$.

【例】 求由方程 $y^5+2y-x-3x^7=0$ 所确定的隐函数 y 在 $x=0$ 处的导数

$\left.\frac{\mathrm{d}y}{\mathrm{d}x}\right|_{x=0}$.

解 方程两边同时对 x 求导，将 y 视为 x 的函数，所以

$$5y^4\frac{\mathrm{d}y}{\mathrm{d}x}+2\frac{\mathrm{d}y}{\mathrm{d}x}-1-21x^6=0$$

由此得

$$\frac{\mathrm{d}y}{\mathrm{d}x}=\frac{1+21x^6}{5y^4+2}$$

因为当 $x=0$ 时，从原方程得 $y=0$，所以

$$\left.\frac{\mathrm{d}y}{\mathrm{d}x}\right|_{x=0}=\frac{1}{2}$$

注： 上述方法可称为“两边求导法”，此方法也可用来求隐函数 y 对自变量 x 的高阶导数.

对数求导法则 对等式 $y=f(x)$ 两边取对数，构成一个隐函数方程，利用隐函数求导法则求出 y 的导数. 这种求导法则常用来求幂指函数及多个函数连乘连除的导数.

幂指函数的一般形式为

$$y=u^{v}(u>0)$$

其中 u，v 是 x 的函数. 如果 u，v 都可导，则可利用对数求导法取对数

$$\ln y=v\cdot\ln u$$

上式两边同时对 x 求导，注意到 y，u，v 都是 x 的函数，得

$$\frac{1}{y}y'=v'\cdot\ln u+v\cdot\frac{1}{u}\cdot u'$$

于是
$$y'=y\left(v'\cdot\ln u+\frac{vu'}{u}\right)=u^{v}\left(v'\cdot\ln u+\frac{vu'}{u}\right)$$

参数方程求导法则 设参数方程 $\begin{cases}x=\varphi(t)\\y=\psi(t)\end{cases}$ 确定了因变量 y 与自变量 x 之间的函数关系，如果 $x=\varphi(t),y=\psi(t)$ 对变量 t 一阶可导，则 y 对 x 的一阶导数为

$$\frac{\mathrm{d}y}{\mathrm{d}x}=\frac{\psi'(t)}{\varphi'(t)}\quad\text{或}\quad\frac{\mathrm{d}y}{\mathrm{d}x}=\frac{\mathrm{d}y}{\mathrm{d}t}\bigg/\frac{\mathrm{d}x}{\mathrm{d}t}.$$

如果 $x=\varphi(t),y=\psi(t)$ 对变量 t 二阶可导，则 y 对 x 的二阶导数为

$$\frac{\mathrm{d}^2 y}{\mathrm{d}x^2}=\frac{\frac{\mathrm{d}}{\mathrm{d}t}\left(\frac{\mathrm{d}y}{\mathrm{d}x}\right)}{\frac{\mathrm{d}x}{\mathrm{d}t}}=\frac{\left(\frac{\psi'(t)}{\varphi'(t)}\right)'}{\varphi'(t)} \quad 或 \quad \frac{\mathrm{d}^2 y}{\mathrm{d}x^2}=\frac{\mathrm{d}}{\mathrm{d}t}\left(\frac{\mathrm{d}y}{\mathrm{d}x}\right)\cdot\frac{\mathrm{d}t}{\mathrm{d}x}=\left(\frac{\psi'(t)}{\varphi'(t)}\right)'\cdot\frac{1}{\varphi'(t)}$$

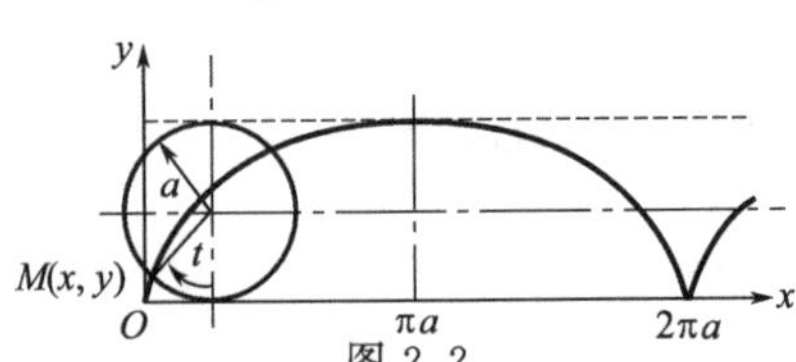

图 2.2

【例】 计算由摆线（图 2.2）的参数方程

$$\begin{cases} x=a(t-\sin t) \\ y=a(1-\cos t) \end{cases}$$

所确定的函数 $y=y(x)$ 的二阶导数.

解 $$\frac{\mathrm{d}y}{\mathrm{d}x}=\frac{\frac{\mathrm{d}y}{\mathrm{d}t}}{\frac{\mathrm{d}x}{\mathrm{d}t}}=\frac{a\sin t}{a(1-\cos t)}=\frac{\sin t}{1-\cos t}=\cot\frac{t}{2} \quad (t\neq 2n\pi, n\ 为整数)$$

$$\frac{\mathrm{d}^2 y}{\mathrm{d}x^2}=\frac{\mathrm{d}}{\mathrm{d}t}\left(\cot\frac{t}{2}\right)\cdot\frac{1}{\frac{\mathrm{d}x}{\mathrm{d}t}}=-\frac{1}{2\sin^2\frac{t}{2}}\cdot\frac{1}{a(1-\cos t)}$$

$$=-\frac{1}{a(1-\cos t)^2} \quad (t\neq 2n\pi, n\ 为整数)$$

常数和基本初等函数的导数公式

① $(C)' = 0$；

② $(x^{\mu})' = \mu x^{\mu-1}$；

③ $(\sin x)' = \cos x$；

④ $(\cos x)' = -\sin x$；

⑤ $(\tan x)' = \sec^2 x$；

⑥ $(\cot x)' = -\csc^2 x$；

⑦ $(\sec x)' = \sec x \tan x$；

⑧ $(\csc x)' = -\csc x \cot x$；

⑨ $(a^x)' = a^x \ln a$；

⑩ $(e^x)' = e^x$；

⑪ $(\log_a x)' = \dfrac{1}{x\ln a}$；

⑫ $(\ln x)' = \dfrac{1}{x}$；

⑬ $(\arcsin x)' = \dfrac{1}{\sqrt{1-x^2}}$；

⑭ $(\arccos x)' = -\dfrac{1}{\sqrt{1-x^2}}$；

⑮ $(\arctan x)' = \dfrac{1}{1+x^2}$；

⑯ $(\operatorname{arccot} x)' = -\dfrac{1}{1+x^2}$.

常用高阶导数公式

① $$(x^m)^{(n)} = \begin{cases} m(m-1)\cdots(m-n+1)x^{m-n}, & m > n, \\ m!, & m = n, m, n \in \mathbf{N}, \\ 0, & m < n, \end{cases}$$

$(x^u)^{(n)}=u(u-1)(u-2)\cdots(u-n+1)x^{u-n}$，$u\in\mathbf{R}$，$n\in\mathbf{N}$;

② $(a^x)^{(n)}=a^x\ln^n a\ (a<0)$，$(e^x)^{(n)}=e^x$；

③ $(\sin kx)^{(n)}=k^n\sin(kx+\frac{n\pi}{2})$，$(\cos kx)^{(n)}=k^n\cos(kx+\frac{n\pi}{2})$；

④ $\left(\frac{1}{x-1}\right)^{(n)}=\frac{(-1)^n n!}{(x-1)^{n+1}}$，$\left(\frac{1}{1-x}\right)^{(n)}=\frac{n!}{(1-x)^{n+1}}$；

⑤ $(\ln x)=\frac{(-1)^{n-1}(n-1)!}{x^n}$；

⑥ 设 $u(x)$，$v(x)$ 具有 n 阶可导，则 $(u\pm v)^{(n)}=u^{(n)}\pm v^{(n)}$，$(uv)^{(n)}=\sum_{k=0}^{n}C_n^k u^{(n-k)}v^{(k)}$，其中 $u^{(0)}=u(x)$，$v^{(0)}=v(x)$.

相关变化率 设 $x=x(t)$ 和 $y=y(t)$ 都是可导函数，变量 x 和 y 通过参变量 t 建立对应关系，从而变化率 $\frac{dx}{dt}$ 与 $\frac{dy}{dt}$ 之间也存在一定的对应关系，这两个相互依赖的变化率称为相关变化率. 对相关变化率的研究，就是从一个变化率求出另一个变化率.

【例】 一气球从离开观察员 500m 处离地面铅直上升，其速率为 140m/min. 当气球高度为 500m 时，观察员视线的仰角增加率是多少？

解 设气球上升时间 t 后，其高度为 h，观察员视线的仰角为 α，则

$$\tan\alpha = \frac{h}{500}$$

其中 α 及 h 都是时间 t 的函数. 上式两边对 t 求导，得

$$\sec^2\alpha \cdot \frac{\mathrm{d}\alpha}{\mathrm{d}t} = \frac{1}{500} \cdot \frac{\mathrm{d}h}{\mathrm{d}t}$$

已知 $\frac{\mathrm{d}h}{\mathrm{d}t} = 140m/\min$，又当 $h = 500m$ 时，$\tan\alpha = 1$，$\sec^2\alpha = 2$. 代入上式得

$$2\frac{\mathrm{d}\alpha}{\mathrm{d}t} = \frac{1}{500} \cdot 140$$

所以

$$\frac{\mathrm{d}\alpha}{\mathrm{d}t} = \frac{70}{500} = 0.14(\mathrm{rad}/\min)$$

即观察员视线的仰角增加率是 0.14rad/min .

§2.3 函数微分概念与微分运算法则

微分定义 设函数 $y = f(x)$ 在某区间内有定义，x_0 及 $x_0 + \Delta x$ 在该区间内，如果函数的增量

$$\Delta y = f(x_0 + \Delta x) - f(x_0)$$

可表示为
$$\Delta y = A\Delta x + o(\Delta x)$$
其中 A 是不依赖于 Δx 的常数，而 $o(\Delta x)$ 是比 Δx 高阶的无穷小，那么称函数 $y = f(x)$ 在点 x_0 处可微，且称 $A\Delta x$ 为函数 $y = f(x)$ 在点 x_0 相应于自变量增量 Δx 的**微分**，记作 $\mathrm{d}y$，即
$$\mathrm{d}y = A\Delta x$$
可微的充分必要条件 函数 $f(x)$ 在点 x_0 可微的充分必要条件是函数 $f(x)$ 在点 x_0 可导，且其微分是
$$\mathrm{d}y = f'(x_0)\Delta x \quad 或 \quad \mathrm{d}y = f'(x_0)\mathrm{d}x$$
函数在任意点的微分 函数 $y = f(x)$ 在任意点 x 的微分，称为函数的微分，记作 $\mathrm{d}y$ 或 $\mathrm{d}f(x)$，即
$$\mathrm{d}y = f'(x)\Delta x \quad 或 \quad \mathrm{d}y = f'(x)\mathrm{d}x$$
基本初等函数的微分公式 由基本初等函数的导数公式，可以直接写出基本初等函数的微分公式. 为了便于对照，列表如下.

导　数　公　式	微　分　公　式
$(x^\mu)' = \mu x^{\mu-1}$	$\mathrm{d}(x^\mu) = \mu x^{\mu-1}\mathrm{d}x$
$(\sin x)' = \cos x$	$\mathrm{d}(\sin x) = \cos x\mathrm{d}x$
$(\cos x)' = -\sin x$	$\mathrm{d}(\cos x) = -\sin x\mathrm{d}x$
$(\tan x)' = \sec^2 x$	$\mathrm{d}(\tan x) = \sec^2 x\mathrm{d}x$
$(\cot x)' = -\csc^2 x$	$\mathrm{d}(\cot x) = -\csc^2 x\mathrm{d}x$
$(\sec x)' = \sec x\tan x$	$\mathrm{d}(\sec x) = \sec x\tan x\mathrm{d}x$
$(\csc x)' = -\csc x\cot x$	$\mathrm{d}(\csc x) = -\csc x\cot x\mathrm{d}x$
$(a^x)' = a^x\ln a$	$\mathrm{d}(a^x) = a^x\ln a\mathrm{d}x$
$(\mathrm{e}^x)' = \mathrm{e}^x$	$\mathrm{d}(\mathrm{e}^x) = \mathrm{e}^x\mathrm{d}x$
$(\log_a x)' = \frac{1}{x\ln a}$	$\mathrm{d}(\log_a x) = \frac{1}{x\ln a}\mathrm{d}x$
$(\ln x)' = \frac{1}{x}$	$\mathrm{d}(\ln x) = \frac{1}{x}\mathrm{d}x$
$(\arcsin x)' = \frac{1}{\sqrt{1-x^2}}$	$\mathrm{d}(\arcsin x) = \frac{1}{\sqrt{1-x^2}}\mathrm{d}x$
$(\arccos x)' = -\frac{1}{\sqrt{1-x^2}}$	$\mathrm{d}(\arccos x) = -\frac{1}{\sqrt{1-x^2}}\mathrm{d}x$
$(\arctan x)' = \frac{1}{1+x^2}$	$\mathrm{d}(\arctan x) = \frac{1}{1+x^2}\mathrm{d}x$
$(\mathrm{arccot}\, x)' = -\frac{1}{1+x^2}$	$\mathrm{d}(\mathrm{arccot}\, x) = -\frac{1}{1+x^2}\mathrm{d}x$

函数和、差、积、商的微分法则　由函数和、差、积、商的求导法则，可推得相应的微分法则. 为了便于对照，列表如下(表中 $u=u(x)$，$v=v(x)$ 都可导).

函数和、差、积、商的求导法则	函数和、差、积、商的微分法则
$(u \pm v)' = u' \pm v'$	$\mathrm{d}(u \pm v) = \mathrm{d}u \pm \mathrm{d}v$
$(Cu)' = Cu'$	$\mathrm{d}(Cu) = C\mathrm{d}u$
$(uv)' = u'v + uv'$	$\mathrm{d}(uv) = v\mathrm{d}u + u\mathrm{d}v$
$\left(\dfrac{u}{v}\right)' = \dfrac{u'v - uv'}{v^2}\ (v \neq 0)$	$\mathrm{d}\left(\dfrac{u}{v}\right) = \dfrac{v\mathrm{d}u - u\mathrm{d}v}{v^2}\ (v \neq 0)$

复合函数微分法则　设函数 $y=f(u)$ 可微，无论 u 是自变量还是复合函数的中间变量，均有

$$\mathrm{d}y = f'(u)\mathrm{d}u$$

注：复合函数微分法则，也称为函数一阶微分形式不变性.

本章知识点及其关联网络

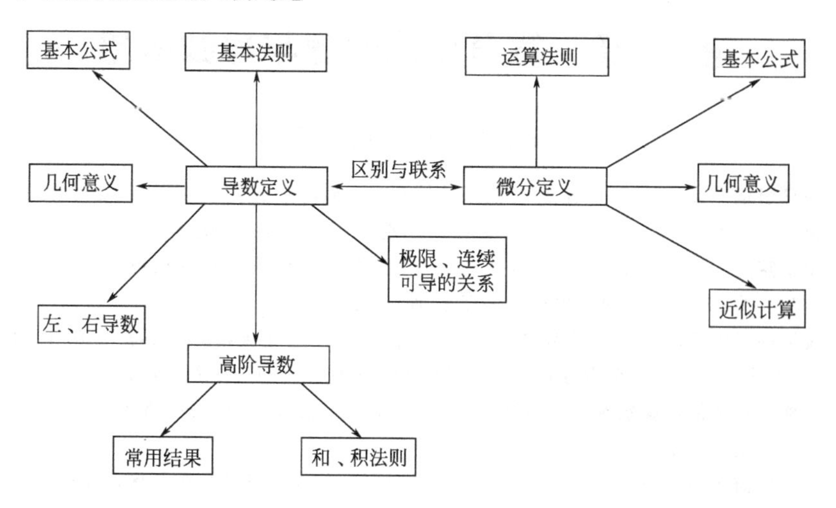

第 3 章　微分中值定理与导数应用

§3.1　微分中值定理

费马引理　设函数 $f(x)$在点 x_0 的某邻域$U(x_0,\delta)$内有定义，并且在 x_0处可导，如果对任意的 $x\in U(x_0,\delta)$有 $f(x)\leqslant f(x_0)$[或 $f(x)\geqslant f(x_0)$]，则 $f'(x_0)=0$.

罗尔定理　设函数 $f(x)$ 在闭区间 $[a,b]$ 上连续，在开区间 (a,b) 内可导，$f(a)=f(b)$，那么在 (a,b) 内至少存在一点 ξ，使 $f'(\xi)=0$.

拉格朗日中值定理　设函数 $f(x)$ 在闭区间 $[a,b]$ 上连续，在开区间 (a,b) 内可导，那么在 (a,b) 内至少存在一点 ξ，使 $f(b)-f(a)=f'(\xi)(b-a)$.

拉格朗日中值定理推论　设函数 $f(x)$ 在区间 I 上的导数恒为零，那么 $f(x)$ 在区间 I 上是一个常数.

柯西中值定理　设函数 $f(x)$ 和 $F(x)$ 在闭区间 $[a,b]$ 上连续，在开区间 (a,b) 内可导，且在 (a,b) 内的每一点处 $F'(x)\neq 0$，那么在 (a,b) 内至少存在一点 ξ，使

$$\frac{f(b)-f(a)}{F(b)-F(a)}=\frac{f'(\xi)}{F'(\xi)}.$$

泰勒公式

① 拉格朗日型余项的 n 阶泰勒公式[泰勒(Taylor)中值定理] 如果函数 $f(x)$ 在含有 x_0 的某个开区间 (a,b) 内有直到 $n+1$ 阶的导数,则当 $x\in(a,b)$,

$$f(x)=f(x_0)+f'(x_0)(x-x_0)+\frac{f''(x_0)}{2!}(x-x_0)^2+\cdots+$$

$$\frac{f^{(n)}(x_0)}{n!}(x-x_0)^n+R_n(x)$$

其中 $R_n(x)=\frac{f^{(n+1)}(\xi)}{(n+1)!}(x-x_0)^{n+1}$ (ξ是 x 与 x_0 之间的某个值)

② 皮亚诺型余项的 n 阶泰勒公式 如果函数 $f(x)$ 在含有 26 的某个开口间 (a,b) 内有直到 n 阶导数,则当 $x\in(a,b)$

$$f(x)=f(x_0)+f'(x_0)(x-x_0)+\frac{f''(x_0)}{2!}(x-x_0)^2+$$

$$\frac{f^{(n)}(x_0)}{n!}(x-x_0)^n+o[(x-x_0)^n]$$

③ n 阶麦克劳林公式

$$f(x)=f(0)+f'(0)x+\frac{f''(0)}{2!}x^2+\frac{f^{(n)}(0)}{n!}x^n+\frac{f^{(n+1)}(\theta x)}{(n+1)!}x^{n+1}\quad(0<\theta<1)$$

或写作 $$f(x)=f(0)+f'(0)x+\cdots+\frac{f^{(n)}(0)}{n!}x^n+o(x^n)$$

④ 常用函数的麦克劳林公式

$$\mathrm{e}^x=1+x+\frac{x^2}{2!}+\cdots+\frac{x^n}{n!}+\frac{\mathrm{e}^{\theta x}}{(n+1)!}x^{n+1}\quad(0<\theta<1)$$

$$\sin x=x-\frac{x^3}{3!}+\frac{x^5}{5!}-\cdots+(-1)^{m-1}\frac{x^{2m-1}}{(2m-1)!}+R_{2m}(x)$$

其中 $$R_{2m}(x)=\frac{\sin\left[\theta x+(2m+1)\frac{\pi}{2}\right]}{(2m+1)!}x^{2m+1}\quad(0<\theta<1)$$

$$\cos x=1-\frac{1}{2!}x^2+\frac{1}{4!}x^4-\cdots+(-1)^m\frac{1}{(2m)!}x^{2m}+R_{2m+1}(x)$$

其中 $$R_{2m+1}(x)=\frac{\cos[\theta x+(m+1)\pi]}{(2m+2)!}x^{2m+2}\quad(0<\theta<1)$$

$$\ln(1+x)=x-\frac{1}{2}x^2+\frac{1}{3}x^3-\cdots+(-1)^{n-1}\frac{1}{n}x^n+R_n(x)$$

其中 $$R_n(x)=\frac{(-1)^n}{(n+1)(1+\theta x)^{n+1}}x^{n+1}\quad(0<\theta<1)$$

$$(1+x)^\alpha=1+\alpha x+\frac{\alpha(\alpha-1)}{2!}+\cdots+\frac{\alpha(\alpha-1)\cdots(\alpha-n+1)}{n!}x^n+R_n(x)$$

其中 $$R_n(x)=\frac{\alpha(\alpha-1)\cdots(\alpha-n+1)(\alpha-n)}{(n+1)!}(1+\theta x)^{\alpha-n-1}x^{n+1}\quad(0<\theta<1)$$

§3.2 导数应用

极限的未定式 如果在同一极限过程中，两个函数 $f(x)$ 和 $F(x)$ 都趋于零或无穷大，那么下列形式的极限（简记）$\frac{0}{0}$，$\frac{\infty}{\infty}$，$0\cdot\infty$，$\infty-\infty$，0^0，1^∞，∞^0 称为极限的未定式.

洛必达法则

① 设当 $x\to a$ 时，函数 $f(x)$ 及 $F(x)$ 都趋于零.

ⅰ. 在点 a 的某去心邻域内，$f'(x)$ 及 $F'(x)$ 都存在且 $F'(x) \neq 0$；

ⅱ. $\lim\limits_{x \to a} \dfrac{f'(x)}{F'(x)}$ 存在（或为无穷大）.

那么
$$\lim_{x \to a} \frac{f(x)}{F(x)} = \lim_{x \to a} \frac{f'(x)}{F'(x)}$$

② 设当 $x \to \infty$ 时，函数 $f(x)$ 及 $F(x)$ 都趋于零.

ⅰ. 当 $|x| > N$ 时，$f'(x)$ 与 $F'(x)$ 都存在，且 $F'(x) \neq 0$；

ⅱ. $\lim\limits_{x \to \infty} \dfrac{f'(x)}{F'(x)}$ 存在（或为无穷大）.

那么
$$\lim_{x \to a} \frac{f(x)}{F(x)} = \lim_{x \to a} \frac{f'(x)}{F'(x)}$$

③ 设当 $x \to a$ 时，函数 $f(x)$ 及 $F(x)$ 都趋于无穷大.

ⅰ. 在点 a 的某去心邻域内，$f'(x)$ 及 $F'(x)$ 都存在且 $F'(x) \neq 0$；

ⅱ. $\lim\limits_{x \to a} \dfrac{f'(x)}{F'(x)}$ 存在（或为无穷大）.

那么
$$\lim_{x \to a} \frac{f(x)}{F(x)} = \lim_{x \to a} \frac{f'(x)}{F'(x)}$$

④ 设当 $x \to \infty$ 时，函数 $f(x)$ 及 $F(x)$ 都趋于无穷大.

ⅰ. 当 $|x| > N$ 时，$f'(x)$ 与 $F'(x)$ 都存在，且 $F'(x) \neq 0$；

ⅱ. $\lim\limits_{x \to \infty} \dfrac{f'(x)}{F'(x)}$ 存在（或为无穷大）.

那么
$$\lim_{x \to \infty} \frac{f(x)}{F(x)} = \lim_{x \to \infty} \frac{f'(x)}{F'(x)}$$

注： 以上为 $\dfrac{0}{0}$ 型和 $\dfrac{\infty}{\infty}$ 型的洛必达法则，其他形式的未定式可以通过通分、取对数等手段变为 $\dfrac{0}{0}$ 型或 $\dfrac{\infty}{\infty}$ 型.

函数单调性判别法则 设函数 $y = f(x)$ 在 $[a,b]$ 上连续，在 (a,b) 内可导.

① 如果在 (a,b) 内 $f'(x) > 0$，那么函数 $y = f(x)$ 在 $[a,b]$ 上单调增加；

② 如果在 (a,b) 内 $f'(x) < 0$，那么函数 $y = f(x)$ 在 $[a,b]$ 上单调减少.

函数凹凸性定义 设 $f(x)$ 在区间 I 上连续，如果对 I 上任意两点 x_1, x_2，恒有
$$f\left(\frac{x_1 + x_2}{2}\right) < \frac{f(x_1) + f(x_2)}{2}$$
那么称 $f(x)$ 在 I 上的图形是（向上）凹的（或凹弧）（图 3.1）；如果恒有

$$f\left(\frac{x_1+x_2}{2}\right)>\frac{f(x_1)+f(x_2)}{2}$$

那么称 $f(x)$ 在 I 上的图形是（向上）凸的（或凸弧）（图 3.2）.

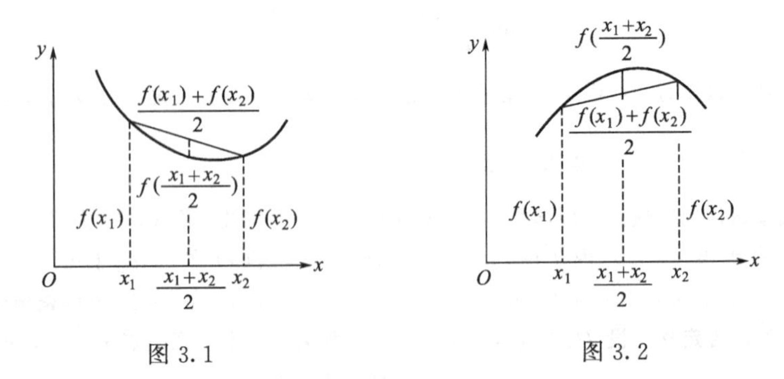

图 3.1　　　图 3.2

函数拐点定义　设 $y=f(x)$ 在区间 I 上连续，x_0 是 I 的内点. 如果曲线 $y=f(x)$ 在经过点 $(x_0,f(x_0))$ 时，曲线的凹凸性发生了变化，则称点 $(x_0,f(x_0))$ 为这曲线的**拐点**.

注：拐点是函数图像上的点，所以拐点必须表示为 $(x_0, f(x_0))$.

函数凹凸性判别法 设 $f(x)$ 在 $[a,b]$ 上连续，在 (a,b) 内具有二阶导数，则

① 若在 (a,b) 内 $f''(x)>0$，则 $f(x)$ 在 $[a,b]$ 上的图形是凹的；

② 若在 (a,b) 内 $f''(x)<0$，则 $f(x)$ 在 $[a,b]$ 上的图形是凸的.

函数极值定义 设函数 $f(x)$ 在 x_0 的一个邻域有定义，如果对于这一邻域内的任何点 x，恒有 $f(x)<f(x_0)$，则称 $f(x_0)$ 是函数 $f(x)$ 的一个**极大值**；如果对于这一邻域内的任何点 x，恒有 $f(x)>f(x_0)$，则称 $f(x_0)$ 是函数 $f(x)$ 的一个**极小值**.

极大值与极小值统称为函数的**极值**，使函数取得极值的点称为**极值点**.

函数极值的必要条件 设函数 $f(x)$ 在 x_0 处可导，且在 x_0 处取得极值，则有 $f'(x_0)=0$.

函数极值第一充分条件 设函数 $f(x)$ 在点 x_0 的一个邻域内可导且 $f'(x_0)=0$.

① 如果当 x 取 x_0 左邻域的值时，$f'(x)$ 恒为正；当 x 取 x_0 右侧邻近的值时，$f'(x)$ 恒为负，则函数 $f(x)$ 在 x_0 处取得极大值.

② 如果当 x 取 x_0 左邻域的值时，$f'(x)$ 恒为负；当 x 取 x_0 右侧邻近的值时，$f'(x)$ 恒为正，则函数 $f(x)$ 在 x_0 处取得极小值.

③ 如果当 x 取 x_0 左右两侧邻近的值时，$f'(x)$ 恒为正或恒为负，则函数 $f(x)$ 在 x_0 处没有极值.

函数极值第二充分条件　设函数 $f(x)$ 在点 x_0 处具有二阶导数且 $f'(x_0)=0$，则

① 当 $f''(x_0)<0$ 时，函数 $f(x)$ 在 x_0 处取得极大值；

② 当 $f''(x_0)>0$ 时，函数 $f(x)$ 在 x_0 处取得极小值.

函数极值第三充分条件　设函数 $f(x)$ 在点 x_0 处有直到 n 阶连续导数，且 $f'(x_0)=f''(x_0)=\cdots=f^{(n-1)}(x_0)=0$，而 $f^{(n)}(x_0)\neq 0$，则当 n 为奇数时，$f(x_0)$ 不是极值；当 n 为偶数且 $f^{(n)}(x_0)>0$ 时，$f(x_0)$ 为极小值；当 n 为偶数且 $f^{(n)}(x_0)<0$ 时，$f(x_0)$为极大值.

曲线的渐近线

① 斜渐近线　如果存在直线 $L: y=kx+b$，使得当 $x\to\infty$（或 $x\to+\infty$，$x\to-\infty$）时，曲线 $y=f(x)$ 上的动点 $M(x,y)$ 到直线 L 的距离 $d(M,L)\to 0$，

则称 L 为曲线 $y=f(x)$ 的**渐近线**. 当直线 L 的斜率 $k\neq 0$ 时，称 L 为**斜渐进线**. 直线 $y=kx+b$ 为曲线 $y=f(x)$ 的渐近线的充分必要条件是

$$k=\lim_{\substack{x\to\infty\\ \left(\substack{x\to+\infty\\ x\to-\infty}\right)}}\frac{f(x)}{x},\quad b=\lim_{\substack{x\to\infty\\ \left(\substack{x\to+\infty\\ x\to-\infty}\right)}}[f(x)-kx]$$

② 水平渐近线　设函数 $f(x)$ 满足 $\lim\limits_{\substack{x\to\infty\\ \left(\substack{x\to+\infty\\ x\to-\infty}\right)}}f(x)=c$，其中 c 为常数，则称直线 $y=c$ 是曲线 $y=f(x)$ 的**水平渐近线**.

③ 垂直渐近线　设函数 $f(x)$ 满足 $\lim\limits_{\substack{x\to x_0\\ \left(\substack{x\to x_0^+\\ x\to x_0^-}\right)}}f(x)=\infty$，则称直线 $x=x_0$ 是曲线 $y=f(x)$ 的**垂直渐近线**.

注：水平渐近线和垂直渐近线都是斜渐近线的特例.

曲线的弧微分公式

① 设曲线表作直角坐标方程 $y=f(x)$，则曲线的弧微分为 $\mathrm{d}s=$

$\sqrt{1+f'^2(x)}\mathrm{d}x$.

② 设曲线表作参数方程 $\begin{cases} x=\varphi(t) \\ y=\psi(t) \end{cases}$，则曲线的弧微分为 $\mathrm{d}s=\sqrt{\varphi'^2(t)+\psi'^2(t)}\mathrm{d}t$.

③ 设曲线表作极坐标方程 $r=r(\theta)$，则曲线的弧微分为 $\mathrm{d}s=\sqrt{r^2(\theta)+r'^2(\theta)}\mathrm{d}\theta$.

曲率公式 设曲线的直角坐标方程是 $y=f(x)$，且 $f(x)$ 具有二阶导数（这时 $f'(x)$ 连续，从而曲线是光滑的），曲率 K 的表达式为

$$K=\frac{|y''|}{(1+y'^2)^{3/2}}$$

设曲线表作参数方程 $\begin{cases} x=\varphi(t) \\ y=\psi(t) \end{cases}$，且 $\varphi(t)$，$\psi(t)$ 具有二阶导数，则曲率 K 的表达式为

$$K=\frac{|\varphi'(t)\psi''(t)-\varphi''(t)\psi'(t)|}{[\varphi'^2(t)+\psi'^2(t)]^{3/2}}$$

本章知识点及其关联网络

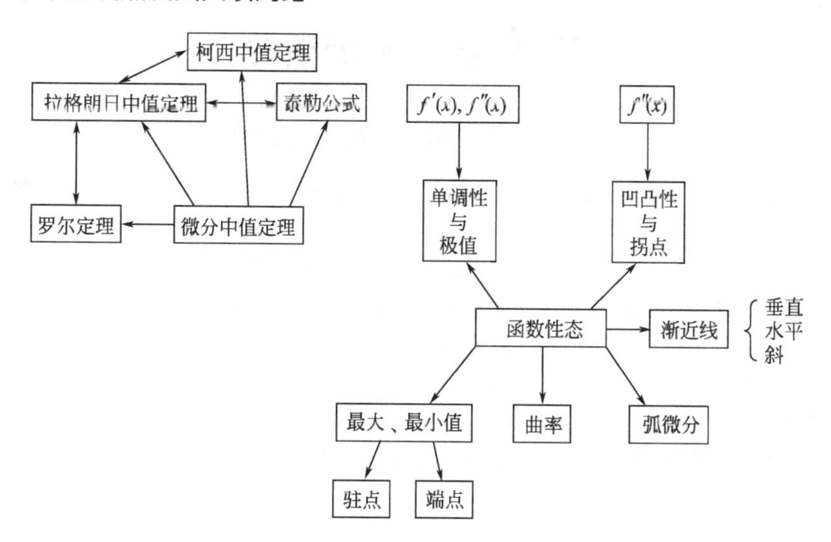

第 4 章　不定积分

§4.1　不定积分的概念与性质

原函数定义　如果在区间 I 上，函数 $F(x)$ 的导函数为 $f(x)$，即对任一 $x \in I$ 都有

$$F'(x) = f(x) \text{ 或 } \mathrm{d}F(x) = f(x)\mathrm{d}x$$

则称函数 $F(x)$ 是 $f(x)$ 在区间 I 上的原函数.

原函数存在定理　如果函数 $f(x)$ 在区间 I 上连续，那么在区间 I 上存在可导函数 $F(x)$，使对任一 $x \in I$ 都有 $F'(x) = f(x)$ **连续函数一定有原函数.**

不定积分定义　在区间 I 上，函数 $f(x)$ 的带有任意常数项的原函数，即 $f(x)$ 的原函数全体称为 $f(x)$ 在区间 I 上的**不定积分**，记作

$$\int f(x)\mathrm{d}x$$

其中记号$\int$称为**积分号**，$f(x)$ 称为**被积函数**，$f(x)\mathrm{d}x$ 称为**被积表达式**，x 称为**积分变量**.

积分曲线 函数 $f(x)$ 的原函数 $F(x)$ 的图形称为 $f(x)$ 的**积分曲线**.

不定积分性质

① 设函数 $f(x)$ 和 $g(x)$ 的原函数存在，则

$$\int[f(x)+g(x)]\mathrm{d}x=\int f(x)\mathrm{d}x+\int g(x)\mathrm{d}x$$

② 设函数 $f(x)$ 的原函数存在，k 为非零常数，则 $\int kf(x)\mathrm{d}x=k\int f(x)\mathrm{d}x$；

③ 设函数 $f_i(x)(i=1,2,\cdots,n)$ 的原函数存在，$k_i(i=1,2,\cdots,n)$ 为非零常数，则

$$\int\left[\sum_{i=1}^{n}k_i f_i(x)\right]\mathrm{d}x=\sum_{i=1}^{n}k_i\int f_i(x)\mathrm{d}x$$

§4.2 不定积分的计算方法

不定积分的计算有下列三种基本方法.

直接积分法 将被积函数作恒等变形或者利用不定积分的性质来简化被积函数的形式，达到可以使用基本积分公式的目的，从而完成不定积分的计算. 需要指出的是，这种积分方法，过程并不复杂，但技巧性比较强，而且它是所有不定积分计算的必由之路.

换元积分法

① 第一类换元积分法 设 $f(u)$ 具有原函数，$u=\varphi(x)$ 可导，则有换元公式

$$\int f[\varphi(x)]\varphi'(x)\mathrm{d}x=\left[\int f(u)\mathrm{d}u\right]_{u=\varphi(x)}$$

注：第一类换元积分法的特点是原积分变量 x 的函数 $\varphi(x)$ 表示新积分变量 u，即 $u=\varphi(x)$.

第一类换元积分法也称为凑微分法.

② 第二类换元积分法 设 $x=\phi(t)$ 是单调、可导函数，且 $\phi'(t)\neq 0$. 又设 $f[\phi(t)]\phi'(t)$ 具有原函数，则有换元公式

$$\int f(x)\mathrm{d}x=\left[\int f[\phi(t)]\phi'(t)\mathrm{d}t\right]_{t=\bar{\phi}(x)}\quad(\bar{\phi}(x)\text{ 是 }\phi(t)\text{ 的反函数})$$

注：第二类换元积分法的特点是新积分变量 t 的函数 $\psi(t)$ 表示原积分变量 x，即 $x=\phi(t)$.

分部积分法　设函数 $u=u(x)$ 和 $v=v(x)$ 有连续导数，则

$$\int uv'\mathrm{d}x=uv-\int u'v\mathrm{d}x \quad 或 \quad \int u\mathrm{d}v=uv-\int u'v\mathrm{d}x$$

注：分部积分法适用于以下四类被积函数的不定积分：

①幂函数与正（余）弦函数或指数函数的乘积，通过分部积分法，可以将幂函数降幂；

②正（余）弦函数与指数函数的乘积，通过两次分部积分法，可以构成循环型；

③幂函数与对数函数或反三角函数的乘积，通过分部积分法，可以去掉被积函数中的对数函数或反三角函数；

④建立不定积分的递推公式.

基本积分公式

① $\int k\mathrm{d}x=kx+C$；　② $\int x^{\mu}\mathrm{d}x=\frac{x^{\mu+1}}{\mu+1}+C \quad (\mu\neq 0)$；

③ $\int\frac{\mathrm{d}x}{x}=\ln|x|+C$；　④ $\int\frac{\mathrm{d}x}{1+x^2}=\arctan x+C$；

⑤ $\int \frac{\mathrm{d}x}{\sqrt{1-x^2}} = \arcsin x + C$；

⑥ $\int \cos x \mathrm{d}x = \sin x + C$；

⑦ $\int \sin x \mathrm{d}x = -\cos x + C$；

⑧ $\int \frac{\mathrm{d}x}{\cos^2 x} = \int \sec^2 x \mathrm{d}x = \tan x + C$；

⑨ $\int \frac{\mathrm{d}x}{\sin^2 x} = \int \csc^2 x \mathrm{d}x = -\cot x + C$；

⑩ $\int \sec x \tan x \mathrm{d}x = \sec x + C$；

⑪ $\int \csc x \cot x \mathrm{d}x = -\csc x + C$；

⑫ $\int \mathrm{e}^x \mathrm{d}x = \mathrm{e}^x + C$；

⑬ $\int a^x \mathrm{d}x = \frac{a^x}{\ln a} + C$；

⑭ $\int \mathrm{sh} x \mathrm{d}x = \mathrm{ch} x + C$；

⑮ $\int \mathrm{ch} x \mathrm{d}x = \mathrm{sh} x + C$；

⑯ $\int \tan x \mathrm{d}x = -\ln|\cos x| + C$；

⑰ $\int \cot x \mathrm{d}x = \ln|\sin x| + C$；

⑱ $\int \sec x \mathrm{d}x = \ln|\sec x + \tan x| + C$；

⑲ $\int \csc x \mathrm{d}x = \ln|\csc x - \cot x| + C$；

⑳ $\int \frac{\mathrm{d}x}{a^2 + x^2} = \frac{1}{a} \arctan \frac{x}{a} + C$；

㉑ $\int \frac{\mathrm{d}x}{x^2-a^2}=\frac{1}{2a}\ln\left|\frac{x-a}{x+a}\right|+C$；

㉒ $\int \frac{\mathrm{d}x}{\sqrt{a^2-x^2}}=\arcsin\frac{x}{a}+C$；

㉓ $\int \frac{\mathrm{d}x}{\sqrt{a^2+x^2}}=\ln(x+\sqrt{x^2+a^2})+C$；

㉔ $\int \frac{\mathrm{d}x}{\sqrt{x^2-a^2}}=\ln\left|x+\sqrt{x^2-a^2}\right|+C$.

§4.3 特殊函数的不定积分

(1) 有理函数的积分

有理函数 设 n 次多项式 $P_n(x)$ 与 m 次多项式 $Q_m(x)$ 之间没有公因式，$\frac{P_n(x)}{Q_m(x)}$ 称为有理函数. 当 $n<m$ 时，$\frac{P_n(x)}{Q_m(x)}$ 称为有理函数真分式；当 $n\geqslant m$ 时，$\frac{P_n(x)}{Q_m(x)}$

称为有理函数假分式．任何有理函数假分式均可表示为多项式与有理函数真分式之和的形式．

有理函数真分式的部分分式之和公式 设 $\frac{P(x)}{Q(x)}$ 为有理函数真分式．如果多项式 $Q(x)$ 在实数范围内能分解成一次因式和二次质因式的乘积，如

$$Q(x)=b_0(x-a)^{\alpha}\cdots(x-b)^{\beta}(x^2+px+q)^{\lambda}\cdots(x^2+rx+s)^{\mu}$$

其中 $p^2-4q<0,\cdots,r^2-4s<0$，则有理真分式 $\frac{P(x)}{Q(x)}$ 可以分解成如下部分分式之和

$$\frac{P(x)}{Q(x)}=\frac{A_1}{(x-a)^{\alpha}}+\frac{A_2}{(x-a)^{\alpha-1}}+\cdots+\frac{A_{\alpha}}{x-a}+$$

$$\frac{B_1}{(x-b)^{\beta}}+\frac{B_2}{(x-b)^{\beta-1}}+\cdots+\frac{B_{\beta}}{x-b}+$$

$$\frac{M_1x+N_1}{(x^2+px+q)^{\lambda}}+\frac{M_2x+N_2}{(x^2+px+q)^{\lambda-1}}+\cdots+\frac{M_{\lambda}x+N_{\lambda}}{x^2+rx+s}+$$

$$\frac{R_1x+S_1}{(x^2+rx+s)^{\mu}}+\frac{R_2x+S_2}{(x^2+rx+s)^{\mu-1}}+\cdots+\frac{R_{\mu}x+S_{\mu}}{x^2+rx+s}$$

其中 A_i, B_i, M_i, N_i, R_i 及 S_i 等都是常数.

有理函数积分法 任何有理函数都可表作多项式与有理函数真分式的部分分式之和的形式，而多项式和每一种部分分式都可以求得原函数，根据不定积分的性质，可以求得任何有理函数的原函数，而且有理函数的原函数都是初等函数.

(2) 三角函数有理式的积分

三角函数有理式 由 $\sin x$ 和 $\cos x$ 构成的有理式称为三角函数有理式. 例如

$$\frac{1+\sin x}{\sin x\cdot(1+\cos x)}$$

三角函数有理式积分法 设变量代换 $u=\tan\frac{x}{2}(-\pi<x<\pi)$，则 $\sin x=\frac{2u}{1+u^2}$，$\cos x=\frac{1-u^2}{1+u^2}$，$\mathrm{d}x=\frac{2}{1+u^2}\mathrm{d}u$，由此可将三角函数有理式变为有理函

数，利用有理函数积分法，可以得到三角函数有理式的原函数.

(3) 简单无理函数的积分

简单无理函数 含有根式 $\sqrt[n]{ax+b}$ 或 $\sqrt[n]{\dfrac{ax+b}{cx+d}}$ 的函数称为简单无理函数.

简单无理函数积分法 设变量代换：$u=\sqrt[n]{ax+b}$ 或 $u=\sqrt[n]{\dfrac{ax+b}{cx+\mathrm{d}}}$，将简单无理函数变为有理函数. 于是，利用有理函数积分法，可以得到简单无理函数的原函数.

常见的无法用初等函数表示的不定积分 初等函数在其定义区间上是连续的，因此必有原函数存在，但是其原函数不一定都是初等函数. 也就是说，初等函数的不定积分是存在的，但是有些初等函数的不定积分无法用初等函数来表示. 如下面的不定积分无法用初等函数表示

$$\int \mathrm{e}^{-x^2}\,\mathrm{d}x\ ,\ \int \frac{\sin x}{x}\mathrm{d}x\ ,\ \int \frac{\mathrm{d}x}{\ln x}\ ,\ \int \frac{\mathrm{d}x}{\sqrt{1+x^4}}$$

本章知识点及其关联网络

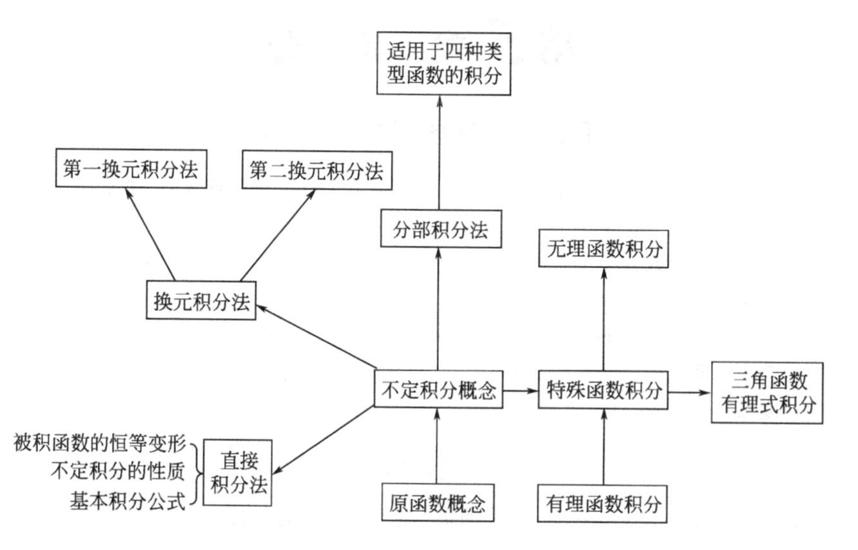

第 5 章　定积分

§5.1　定积分的概念与性质

定积分定义　设函数 $f(x)$ 在 $[a,b]$ 上有界，在 $[a,b]$ 中任取 $n-1$ 个分点

$$a = x_0 < x_1 < x_2 < \cdots < x_{n-1} < x_n = b$$

把区间 $[a,b]$ 分成 n 个小区间：$[x_0,x_1],[x_1,x_2],\cdots,[x_{n-1},x_n]$. 各个小区间的长度依次为

$$\Delta x_1 = x_1 - x_0, \Delta x_2 = x_2 - x_1, \cdots, \Delta x_n = x_n - x_{n-1}$$

在每个小区间 $[x_{i-1},x_i]$ 上任取一点 $\xi_i(x_{i-1} \leqslant \xi_i \leqslant x_i)$，作函数值 $f(\xi_i)$ 与小区间长度 Δx_i 的乘积 $f(\xi_i)\Delta x_i(i=1,2,\cdots,n)$，并作出和

$$S = \sum_{i=1}^{n} f(\xi_i)\Delta x_i \tag{5.1}$$

记 $\lambda = \max\{\Delta x_1,\Delta x_2,\cdots,\Delta x_n\}$，如果不论对 $[a,b]$ 怎样分法，也不论在小区间

$[x_{i-1},x_i]$ 上点 ξ_i 怎样取法，只要当 $\lambda\to 0$ 时，和 S 总趋于确定的极限 I，则称这个极限 I 为函数 $f(x)$ 在区间 $[a,b]$ 上的**定积分**（简称**积分**），记作 $\int_a^b f(x)\mathrm{d}x$，即

$$\int_a^b f(x)\mathrm{d}x = I = \lim_{\lambda\to 0}\sum_{i=1}^{n} f(\xi_i)\Delta x_i \tag{5.2}$$

其中 $f(x)$ 称为**被积函数**，$f(x)\mathrm{d}x$ 称为**被积表达式**，x 称为**积分变量**，a 称为**积分下限**，b 称为**积分上限**，$[a,b]$ 称为**积分区间**.

定积分定义的"ε-δ"表述 设有常数 I，如果对于任意给定的正数 ε，总存在一个正数 δ，使得对于区间 $[a,b]$ 的任何分法，以及 ξ_i 在区间 $[x_{i-1},x_i]$ 中的任意取法，只要 $\lambda<\delta$，总有

$$\left|\sum_{i=1}^{n} f(\xi_i)\Delta x_i - I\right| < \varepsilon$$

成立，则称 I 是 $f(x)$ 在区间 $[a,b]$ 上的定积分，记作 $\int_a^b f(x)\mathrm{d}x$.

可积的充分条件

① 设 $f(x)$ 在区间 $[a,b]$ 上连续，则 $f(x)$ 在 $[a,b]$ 上可积；

② 设 $f(x)$ 在区间 $[a,b]$ 上有界，且只有有限个间断点．

则 $f(x)$ 在 $[a,b]$ 上可积.

关于定积分的两点规定

① $\int_a^a f(x)\mathrm{d}x = 0$；

② $\int_a^b f(x)\mathrm{d}x = -\int_b^a f(x)\mathrm{d}x$．

定积分性质

① 线性性质　函数的和（差）的定积分等于它们的定积分的和（差），即

$$\int_a^b [f(x) \pm g(x)]\mathrm{d}x = \int_a^b f(x)\mathrm{d}x \pm \int_a^b g(x)\mathrm{d}x$$

被积函数的常数因子可以提到积分号外面，即

$$\int_a^b kf(x)\mathrm{d}x = k\int_a^b f(x)\mathrm{d}x \quad (k \text{ 是常数})$$

② 分域性质　如果将积分区间分成两部分，则在整个区间上的定积分等于

这两部分区间上定积分之和，即

$$\int_a^b f(x)\mathrm{d}x = \int_a^c f(x)\mathrm{d}x + \int_c^b f(x)\mathrm{d}x$$

③ 比较性质　若在 $[a,b]$ 上恒有 $f(x) \geqslant 0$，则 $\int_a^b f(x)\mathrm{d}x \geqslant 0$，并且，若 $f(x) \neq 0$，则 $\int_a^b f(x)\mathrm{d}x > 0$；如果在区间 $[a,b]$ 上有 $f(x) \leqslant g(x)$，则

$$\int_a^b f(x)\mathrm{d}x \leqslant \int_a^b g(x)\mathrm{d}x$$

$$\left|\int_a^b f(x)\mathrm{d}x\right| \leqslant \int_a^b |f(x)|\mathrm{d}x$$

设 M 及 m 分别是函数 $f(x)$ 在区间 $[a,b]$ 上的最大值及最小值，则

$$m(b-a) \leqslant \int_a^b f(x)\mathrm{d}x \leqslant M(b-a)$$

④ 几何性质　$\int_a^b 1\mathrm{d}x = \int_a^b \mathrm{d}x = b-a$.

⑤ 积分中值定理　如果函数 $f(x)$ 在闭区间 $[a,b]$ 上连续，则在积分区间

$[a,b]$ 上至少存在一个点 ξ，使下式成立

$$\int_a^b f(x)\mathrm{d}x = f(\xi)(b-a) \quad (a \leqslant \xi \leqslant b)$$

积分第一中值定理　如果函数 $f(x)$ 在闭区间 $[a,b]$ 上连续，函数 $g(x)$ 在闭区间 $[a,b]$ 上连续且不变号，则在积分区间 $[a,b]$ 上至少存在一个点 ξ，使下式成立

$$\int_a^b f(x)g(x)\mathrm{d}x = f(\xi)\int_a^b g(x)\mathrm{d}x \quad (a \leqslant \xi \leqslant b)$$

§5.2　微积分基本公式

积分上限函数定义　对定积分 $\int_a^x f(t)\mathrm{d}t$，如果上限 x 在区间 $[a,b]$ 上任意变动，则对于每一个取定的 x 值，定积分有一个对应值，所以它在 $[a,b]$ 上定义了一个函数，记作

$$\Phi(x) = \int_a^x f(t)\mathrm{d}t \quad (a \leqslant x \leqslant b)$$

积分上限函数的性质

① 如果函数 $f(x)$ 在区间 $[a,b]$ 上可积，则 $\Phi(x)$ 在 $[a,b]$ 上连续；

② 如果函数 $f(x)$ 在区间 $[a,b]$ 上连续，则积分上限函数 $\Phi(x)=\int_a^x f(t)\mathrm{d}t$ 在 $[a,b]$ 上具有导数，并且它的导数是

$$\Phi'(x)=\frac{\mathrm{d}}{\mathrm{d}x}\int_a^x f(t)\mathrm{d}t=f(x)\qquad(a\leqslant x\leqslant b)$$

③ 如果函数 $f(x)$ 在区间 $[a,b]$ 上连续，则积分上限函数 $\Phi(x)=\int_a^x f(t)\mathrm{d}t$ 就是 $f(x)$ 在 $[a,b]$ 上的一个原函数．

牛顿-莱布尼兹公式 如果函数 $F(x)$ 是连续函数 $f(x)$ 在区间 $[a,b]$ 上的一个原函数，则

$$\int_a^b f(x)\mathrm{d}x=F(b)-F(a)=[F(x)]_a^b$$

此公式也称为**微积分基本公式**.

§5.3 定积分的计算

根据牛顿-莱布尼茨公式，定积分的计算主要是求被积函数的一个原函数，所以不定积分计算方法中的“直接积分法”可以在定积分计算中直接运用，而另外两种方法——换元积分法和分部积分法在定积分计算中也有相应的应用.

定积分的换元积分法 设函数 $f(x)$ 在区间 $[a,b]$ 上连续，函数 $x=\varphi(t)$ 满足：

① $\varphi(\alpha)=a, \varphi(\beta)=b$；

② $\varphi(t)$ 在 $[\alpha,\beta]$（或 $[\beta,\alpha]$）上具有连续导数，且其值域不越出 $[a,b]$.

则有

$$\int_a^b f(x)\mathrm{d}x=\int_\alpha^\beta f[\varphi(t)]\varphi'(t)\mathrm{d}t$$

注：当 $\varphi(t)$ 的值域为 $[A,B]\supset[a,b]$，但满足其余条件时，只要 $f(x)$ 在 $[A,B]$

上连续，则换元公式仍旧成立.

定积分的分部积分法 设函数 $u(x)$，$v(x)$ 在区间 $[a,b]$ 上具有连续导数 $u'(x)$，$v'(x)$，则有

$$\int_a^b uv'\mathrm{d}x = [uv]_a^b - \int_a^b vu'\mathrm{d}x \quad 或 \quad \int_a^b u\mathrm{d}v = [uv]_a^b - \int_a^b v\mathrm{d}u$$

定积分的几个常用结果

① 若 $f(x)$ 在 $[-a,a]$ 上连续且为偶函数，则 $\int_{-a}^a f(x)\mathrm{d}x = 2\int_0^a f(x)\mathrm{d}x$.

② 若 $f(x)$ 在 $[-a,a]$ 上连续且为奇函数，则 $\int_{-a}^a f(x)\mathrm{d}x = 0$.

③ 若 $f(x)$ 在 $[0,1]$ 上连续，则 $\int_0^{\frac{\pi}{2}} f(\sin x)\mathrm{d}x = \int_0^{\frac{\pi}{2}} f(\cos x)\mathrm{d}x$；

$$I_n = \int_0^{\frac{\pi}{2}} \sin^n x\mathrm{d}x \left(= \int_0^{\frac{\pi}{2}} \cos^n x\mathrm{d}x \right)$$

$$=\begin{cases}\dfrac{n-1}{n}\cdot\dfrac{n-3}{n-2}\cdots\dfrac{3}{4}\cdot\dfrac{1}{2}\cdot\dfrac{\pi}{2}, & n\text{ 为正偶数}\\ \dfrac{n-1}{n}\cdot\dfrac{n-3}{n-2}\cdots\dfrac{4}{5}\cdot\dfrac{2}{3}, & n\text{ 为大于 1 的正奇数}\end{cases}$$

§5.4 反常积分

无穷限的反常积分定义 设函数 $f(x)$ 在区间 $[a,+\infty)$ 上连续，取 $b>a$. 如果极限 $\lim\limits_{b\to+\infty}\int_a^b f(x)\mathrm{d}x$ 存在，则称此极限为函数 $f(x)$ 在无穷区间 $[a,+\infty)$ 上的反常积分，记作 $\int_a^{+\infty} f(x)\mathrm{d}x$ ，即

$$\int_a^{+\infty} f(x)\mathrm{d}x=\lim_{b\to+\infty}\int_a^b f(x)\mathrm{d}x \tag{5.3}$$

这时也称反常积分 $\int_a^{+\infty} f(x)\mathrm{d}x$ 收敛；如果上述极限不存在，则反常积分 $\int_a^{+\infty} f(x)\mathrm{d}x$ 发散.

类似的，设函数 $f(x)$ 在区间 $(-\infty,b]$ 上连续，取 $a<b$，如果极限 $\lim\limits_{a\to-\infty}\int_a^b f(x)\mathrm{d}x$ 存在，则称此极限为函数 $f(x)$ 在无穷区间 $(-\infty,b]$ 上的反常积分，记作 $\int_{-\infty}^b f(x)\mathrm{d}x$，即

$$\int_{-\infty}^b f(x)\mathrm{d}x=\lim_{a\to-\infty}\int_a^b f(x)\mathrm{d}x \tag{5.4}$$

这时也称反常积分 $\int_{-\infty}^b f(x)\mathrm{d}x$ 收敛；如果上述极限不存在，就称反常积分 $\int_{-\infty}^b f(x)\mathrm{d}x$ 发散.

设函数 $f(x)$ 在区间 $(-\infty,+\infty)$ 上连续，如果反常积分

$$\int_{-\infty}^0 f(x)\mathrm{d}x,\ \int_0^{+\infty} f(x)\mathrm{d}x$$

都收敛，则称上述两反常积分之和为函数 $f(x)$ 在无穷区间 $(-\infty,+\infty)$ 上的反常积分，记作 $\int_{-\infty}^{+\infty} f(x)\mathrm{d}x$，即

$$\int_{-\infty}^{+\infty} f(x)\mathrm{d}x=\int_{-\infty}^0 f(x)\mathrm{d}x+\int_0^{+\infty} f(x)\mathrm{d}x$$

$$= \lim_{t \to -\infty} \int_t^0 f(x) \mathrm{d}x + \lim_{t \to +\infty} \int_0^t f(x) \mathrm{d}x$$

这时也称反常积分 $\int_{-\infty}^{+\infty} f(x)\mathrm{d}x$ 收敛；否则就称反常积分 $\int_{-\infty}^{+\infty} f(x)\mathrm{d}x$ 发散．上述反常积分统称为无穷限的反常积分．

无穷限反常积分的计算

① 设函数 $f(x)$ 在无穷区间 $[a,+\infty)$ 上有一个原函数 $F(x)$，则函数 $f(x)$ 在无穷区间 $[a,+\infty)$ 上的反常积分 $\int_a^{+\infty} f(x)\mathrm{d}x = \lim_{x \to +\infty} F(x) - F(a)$．如果记 $F(+\infty) = \lim_{x \to +\infty} F(x)$，$[F(x)]_a^{+\infty} = F(+\infty) - F(a)$，则当 $\lim_{x \to +\infty} F(x)$ 存在时，

$$\int_a^{+\infty} f(x)\mathrm{d}x = [F(x)]_a^{+\infty} = F(+\infty) - F(a)$$

当 $\lim_{x \to +\infty} F(x)$ 不存在，则反常积分 $\int_a^{+\infty} f(x)\mathrm{d}x$ 发散.

② 若在 $(-\infty, b]$ 上 $F'(x) = f(x)$，则当 $F(-\infty)$ 存在时，

$$\int_{-\infty}^{b} f(x)\mathrm{d}x = [F(x)]_{-\infty}^{b} = F(b) - F(-\infty)$$

当 $F(-\infty)$ 不存在时，反常积分 $\int_{-\infty}^{b} f(x)\mathrm{d}x$ 发散．

③ 若在 $(-\infty,+\infty)$ 内 $F'(x)=f(x)$，则当 $F(-\infty)$ 与 $F(+\infty)$ 都存在时，

$$\int_{-\infty}^{+\infty} f(x)\mathrm{d}x = [F(x)]_{-\infty}^{+\infty} = F(+\infty)-F(-\infty)$$

当 $F(-\infty)$ 与 $F(+\infty)$ 有一个不存在时，反常积分 $\int_{-\infty}^{+\infty} f(x)\mathrm{d}x$ 发散．

无界函数反常积分的定义

瑕点 如果函数 $f(x)$ 在点 a 的任一邻域内都无界，则称点 a 为函数 $f(x)$ 的**瑕点**．无界函数的反常积分也称为**瑕积分**．

① 设函数 $f(x)$ 在 $(a,b]$ 上连续，而点 a 是 $f(x)$ 的瑕点，取 $t>a$，如果极限

$$\lim_{t\to a^{+}}\int_{t}^{b} f(x)\mathrm{d}x$$

存在，则称此极限为函数 $f(x)$ 在 $(a,b]$ 上的反常积分，仍然记作 $\int_{a}^{b} f(x)\mathrm{d}x$，即

$$\int_{a}^{b} f(x)\mathrm{d}x = \lim_{t\to a^{+}}\int_{t}^{b} f(x)\mathrm{d}x$$

这时也称反常积分 $\int_a^b f(x)\mathrm{d}x$ 收敛，如果上述极限不存在，则称反常积分 $\int_a^b f(x)\mathrm{d}x$ 发散.

② 设函数 $f(x)$ 在 $[a, b)$ 上连续，而点 b 是 $f(x)$ 的瑕点，取 $a<t<b$，如果极限

$$\lim_{t\to b^-}\int_a^t f(x)\mathrm{d}x$$

存在，则 $\int_a^b f(x)\mathrm{d}x=\lim_{t\to b^-}\int_a^t f(x)\mathrm{d}x$. 否则，就称反常积分 $\int_a^b f(x)\mathrm{d}x$ 发散.

③ 设函数 $f(x)$ 在 $[a,b)$ 上除点 $c(a<c<b)$ 外连续，而点 c 是 $f(x)$ 的瑕点，如果两个反常积分 $\int_a^c f(x)\mathrm{d}x$ 与 $\int_c^b f(x)\mathrm{d}x$ 都收敛，则

$$\int_a^b f(x)\mathrm{d}x=\int_a^c f(x)\mathrm{d}x+\int_c^b f(x)\mathrm{d}x$$

否则，就称反常积分 $\int_a^b f(x)\mathrm{d}x$ 发散.

无界函数反常积分的计算

① 设 $x=a$ 为函数 $f(x)$ 的瑕点，在 $(a,b]$ 上 $F'(x)=f(x)$，如果极限 $\lim\limits_{x\to a^+}F(x)$ 存在，则反常积分 $\int_a^b f(x)\mathrm{d}x=F(b)-\lim\limits_{x\to a^+}F(x)=F(b)-F(a^+)$；如果 $\lim\limits_{x\to a^+}F(x)$ 不存在，则反常积分 $\int_a^b f(x)\mathrm{d}x$ 发散. 若仍用记号 $[F(x)]_{a^+}^b$ 来表示 $F(b)-F(a^+)$，从而形式上仍有

$$\int_a^b f(x)\mathrm{d}x=[F(x)]_{a^+}^b=F(b)-F(a^+)$$

② 设 $x=b$ 为函数 $f(x)$ 的瑕点，在 $[a,b)$ 上 $F'(x)=f(x)$，如果极限 $\lim\limits_{x\to b^-}F(x)$ 存在，则反常积分 $\int_a^b f(x)\mathrm{d}x=\lim\limits_{x\to b^-}F(x)-F(a)=F(b^-)-F(a)$；如果 $\lim\limits_{x\to b^-}F(x)$ 不存在，则反常积分 $\int_a^b f(x)\mathrm{d}x$ 发散. 若仍用记号 $[F(x)]_a^{b^-}$ 来表示 $F(b^-)-F(a)$，从而形式上仍有

$$\int_a^b f(x)\mathrm{d}x=[F(x)]_a^{b^-}=F(b^-)-F(a)$$

本章知识点及其关联网络

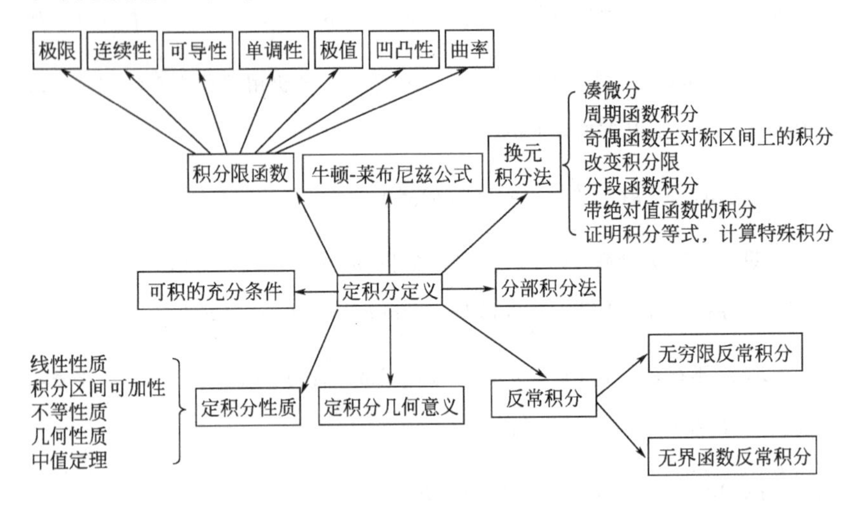

极限
连续性
可导性
单调性
极值
凹凸性
曲率
积分限函数
牛顿-莱布尼兹公式
换元积分法
凑微分
周期函数积分
奇偶函数在对称区间上的积分
改变积分限
分段函数积分
带绝对值函数的积分
证明积分等式，计算特殊积分
可积的充分条件
定积分定义
分部积分法
线性性质
积分区间可加性
不等性质
几何性质
中值定理
定积分性质
定积分几何意义
反常积分
无穷限反常积分
无界函数反常积分

第 6 章　定积分应用

§6.1　定积分元素法

定积分元素法　如果某一实际问题中的所求量 U 符合下列条件：

①U 是与一个变量 x 的变化区间 $[a,b]$ 有关的量；

②U 对于区间 $[a,b]$ 具有可加性，就是说，如果把区间 $[a,b]$ 分成许多部分区间，则 U 相应地分成许多部分量，而 U 等于所有部分量之和；

③ 部分量 ΔU_i 的近似值可表示为 $f(\xi_i)\Delta x_i$.

那么就可考虑用定积分来表达这个量 U. 通常写出这个量 U 的积分表达式的步骤是：

① 根据问题的具体情况，选择一个变量如 x 为积分变量，并确定其变化区间 $[a,b]$；

② 任取自变量 $x\in[a,b]$，在微元区间 $[x,x+\mathrm{d}x]$，求出相应于这个小区

间的部分量 ΔU 的近似值. 如果 ΔU 能近似地表示为 $[a,b]$ 上的一个连续函数 $f(x)$在 x 处与 $\mathrm{d}x$ 的乘积，就把 $f(x)\mathrm{d}x$ 称为量 U 的微元且记为 $\mathrm{d}U$，即

$$\mathrm{d}U=f(x)\mathrm{d}x$$

③ 以所求量 U 的微元 $f(x)\mathrm{d}x$ 为被积表达式，在区间 $[a,b]$ 上作定积分，得

$$U=\int_a^b f(x)\mathrm{d}x$$

这就是所求量 U 的**积分表达式**，这个方法通常叫做**元素法**.

§6.2 几何应用

(1) 平面图形面积

直角坐标系中平面图形面积

① 由曲线 $y=f(x)$ $(f(x)\geqslant 0)$ 及直线 $x=a,x=b$ $(b>a)$ 与 x 轴所围成的图形称为以曲线 $y=f(x)$ $(f(x)\geqslant 0)$ 为曲边的曲边梯形. 任取 $x\in[a,b]$，

在[$x,x+\mathrm{d}x$]上面积微元 $\mathrm{d}A=f(x)\mathrm{d}x$，则曲边梯形的面积是定积分 $A=\int_a^b f(x)\mathrm{d}x$（图 6.1）.

② 当曲边梯形的曲边是参数方程：$x=\varphi(t)$，$y=\psi(t)$，$t\in[\alpha,\beta]$，且 $\varphi(\alpha)=a,\varphi(\beta)=b$，其中 $\varphi(t)$ 在区间 $[\alpha,\beta]$（或 $[\beta,\alpha]$）上有连续的导数，$y=\psi(t)$ 连续，则曲边梯形的面积是定积分

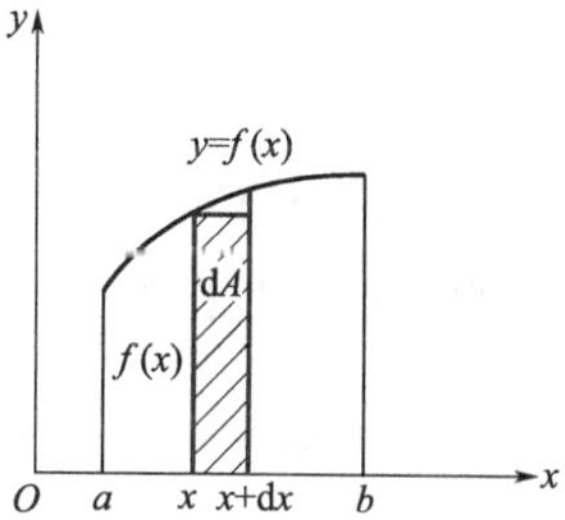

$$A=\int_a^b y\mathrm{d}x=\int_\alpha^\beta \psi(t)\varphi'(t)\mathrm{d}t \quad \left[\text{或}\int_\beta^\alpha \psi(t)\varphi'(t)\mathrm{d}t\right]$$

图 6.1

③ 由曲线 $y=f_1(x)$，$y=f_2(x)$，其中[$f_1(x)\leqslant f_2(x)$]及直线 $x=a$，$x=b$ ($b>a$) 所围成图形，任取 $x\in[a,b]$，在[$x,x+\mathrm{d}x$]上面积微元：$\mathrm{d}A=[f_2(x)-f_1(x)]\mathrm{d}x$. 则所围图形的面积是定积分，$A=\int_a^b[f_2(x)-f_1(x)]\,\mathrm{d}x$.

极坐标系中平面图形面积 由连续曲线 $r=\varphi(\theta)$ 和射线 $\theta=\alpha$，$\theta=\beta$ 围成的图形称为曲边扇形，任取 $\theta\in[\alpha,\beta]$，在 $[\theta,\theta+\mathrm{d}\theta]$ 上面积近似为 $r=\varphi(\theta)$ 为半径、$\mathrm{d}\theta$ 为

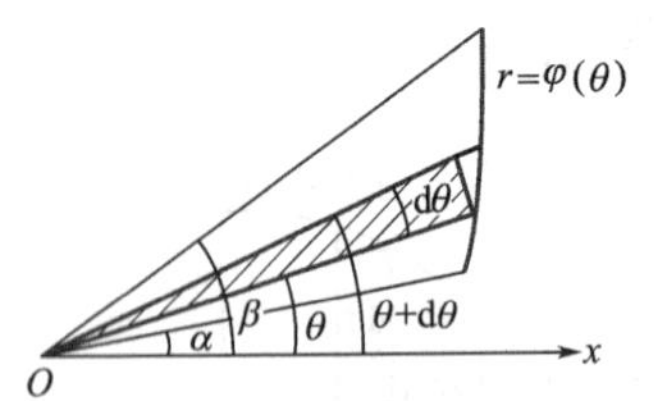

图 6.2

圆心角的小扇形的面积，于是面积微元 $dA=\frac{1}{2}[\varphi(\theta)]^2 d\theta$，则它所围图形的面积是定积分：$A=\int_{\alpha}^{\beta}\frac{1}{2}[\varphi(\theta)]^2 d\theta$ 面积微元（图 6.2）.

(2) 空间体的体积

旋转体的体积

旋转体　由一个平面图形绕该平面内一条直线旋转一周所成的空间体，称为旋转体．这条直线称为旋转体的旋转轴.

旋转体的体积　由连续曲线 $y=f(x)$，直线 $x=a,x=b\ (a<b)$ 及 x 轴围成的曲边梯形绕 x 轴旋转一周而成的旋转体，任取 $x\in[a,b]$，在 $[x,x+dx]$ 上体积近似为以 $f(x)$ 为半径，高为 dx 的圆柱体的体积，于是体积微元：$dV=\pi[f(x)]^2 dx$，则旋转体的体积是定积分：$V=\int_a^b \pi[f(x)]^2 dx$（图 6.3).

平行截面面积已知的空间体的体积　设空间体夹在过点 $x=a,x=b\ (a<b)$ 且垂直于 x 轴的两张平面之间，$A(x)$ 表示过点 $x\in[a,b]$ 且垂直于 x 轴的截面面积，并且 $A(x)$ 是 x 的连续函数．任取 $x\in[a,b]$，在 $[x,x+dx]$ 上空间体近似为以

$A(x)$ 为底面积，高为 $\mathrm{d}x$ 的柱体，于是体积微元 $\mathrm{d}V = A(x)\mathrm{d}x$ ，则该空间体的体积是定积分：$V = \int_a^b A(x)\mathrm{d}x$ ，（图 6.4）.

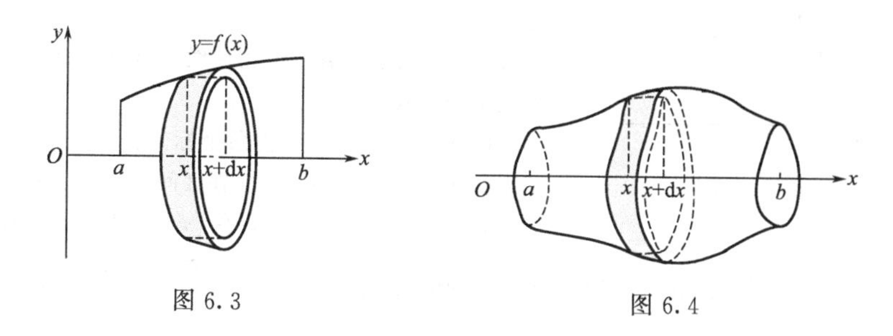

图 6.3

图 6.4

（3）平面曲线弧长

平面曲线弧长的定义 设 A,B 是曲线弧上的两个端点．在弧 $\overset{\frown}{AB}$ 上任取 $n-1$ 个分点 $A=M_0$ ，M_1 ，M_2 ，…，M_{i-1} ，M_i ，…，M_{n-1} ，$M_n=B$ ，并依次连接相邻的分点得一内接折线（图 6.5），当分点的数目无限增加且每个小段 $M_{i-1}M_i$ 都缩向一点

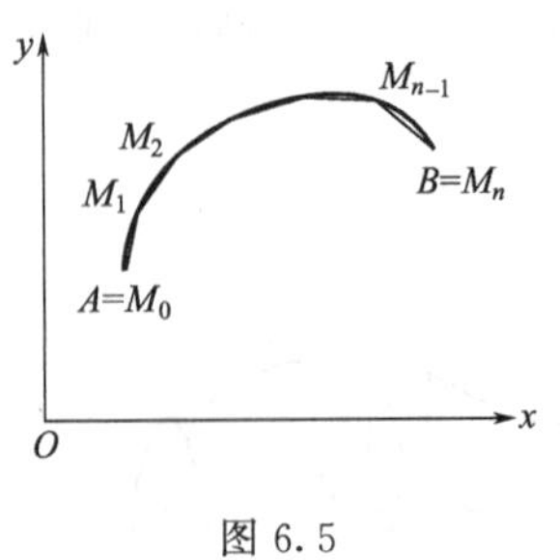

图 6.5

时，如果此折线的长 $\sum_{i=1}^{n}|M_{i-1}M_i|$ 的极限存在，则称此极限为曲线弧 $\overset{\frown}{AB}$ 的弧长，并称该曲线弧 $\overset{\frown}{AB}$ 是可求长的.

曲线弧长的存在条件 光滑曲线弧是可求长的.

曲线弧长公式

① 设曲线弧 $\overset{\frown}{AB}$ 由直角坐标方程 $y=f(x)(a\leqslant x\leqslant b)$ 给出，其中 $f(x)$ 在区间 $[a,b]$ 有一阶连续导数，任取 $x\in[a,b]$，在 $[x,x+\mathrm{d}x]$ 上弧的微元 $\mathrm{d}s=\sqrt{1+y'^2}\mathrm{d}x$，则曲线弧 $\overset{\frown}{AB}$ 的弧长 s 是定积分：$s=\int_a^b\sqrt{1+y'^2}\mathrm{d}x$.

② 设曲线弧 $\overset{\frown}{AB}$ 由参数方程 $\begin{cases}x=\varphi(t)\\y=\psi(t)\end{cases}$ $\alpha\leqslant t\leqslant\beta$ 给出，其中 $\varphi(t)$，$\psi(t)$ 在区间 $[\alpha,\beta]$ 上具有连续导数，任取 $t\in[\alpha,\beta]$，在 $[t,t+\mathrm{d}t]$ 上弧微元：$\mathrm{d}s=\sqrt{\varphi'^2+\psi'^2}\mathrm{d}t$，则曲线弧 $\overset{\frown}{AB}$ 的弧长 s 是定积分：$s=\int_\alpha^\beta\sqrt{\varphi'^2+\psi'^2}\mathrm{d}t$.

③ 设曲线弧 $\overset{\frown}{AB}$ 由极坐标方程 $r=r(\theta)$ $(\alpha\leqslant\theta\leqslant\beta)$ 给出，其中 $r(\theta)$ 在区间 $[\alpha,\beta]$ 上具有连续导数，任取 $\theta\in[\alpha,\beta]$，在 $[\theta,\theta+\mathrm{d}\theta]$ 上弧的微元：$\mathrm{d}s=\sqrt{r^2(\theta)+r'^2(\theta)}\mathrm{d}\theta$，则曲线弧 $\overset{\frown}{AB}$ 的弧长 s 是定积分：$s=\int_\alpha^\beta\sqrt{r^2(\theta)+r'^2(\theta)}\mathrm{d}\theta$.

§6.3 物理应用

变力沿直线做功 设物体沿 x 轴从点 a 移动到点 b，如果在运动过程中受到与运动方向一致的变力 $F=F(x)$ 的作用，求变力 $F=F(x)$ 所做的功.

任取 $x\in[a,b]$，设 $\mathrm{d}x>0$ 为物体在 x 点处位移的增量，在 $[x,x+\mathrm{d}x]$ 上功的微元：$\mathrm{d}W=F(x)\mathrm{d}x$，则变力 $F=F(x)$ 所做的功

$$W=\int_a^b f(x)\mathrm{d}x$$

【例】 设一盛满水的圆柱形水桶，高为 H，底圆半径为 r，求将桶内的水全部吸

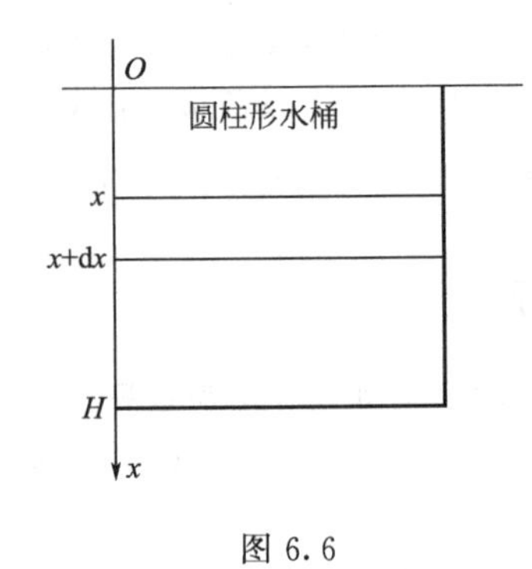

图 6.6

出所做的功.

分析 如图 6.6 所示，将水视为一层一层抽出，则任一薄层抽出所做的功就是功的微元.

解 任取 $x\in[0,H]$，$\mathrm{d}x>0$ 表示薄水层的厚度，那么 $[x,x+\mathrm{d}x]$ 窄水层的重量为 $\rho g r^2\pi\mathrm{d}x$，其中 ρ 是水的密度，g 是重力加速度，将这一水层全部抽出所做的功为

$$\mathrm{d}W=x\times\rho g r^2\pi\mathrm{d}x$$

这是功的微元. 由此可得将桶内的水全部吸出所做的功为

$$W=\int_0^H\mathrm{d}W=\int_0^H x\times\rho g r^2\pi\mathrm{d}x=\frac{1}{2}\rho g r^2\pi H^2$$

水压力

【例】 设一个高为 H，宽为 L 的矩形水闸门垂直置于水中，闸门的上边沿与水面持平，求闸门所受的水压力.

分析 由物理学可知，压力＝压强×受力面积，水深为 h 处的压强：$p=\rho gh$，其中 ρ 是水的密度，g 是重力加速度，所以闸门上的压强随着水的深度的变化而变化，因此，需要构造压力的微元.

解 如图 6.7 建立坐标系，x 轴表示水深方向，任取 $x\in[0,H]$，$\mathrm{d}x>0$ 为水深方向的增量，以 $[x,x+\mathrm{d}x]$ 为高、宽为 L 的窄条矩形所受水压力的微元

$\mathrm{d}P=p\times L\mathrm{d}x=\rho gx\times L\mathrm{d}x$，$x\in[0,H]$

由此可得整个矩形水闸门所受的压力

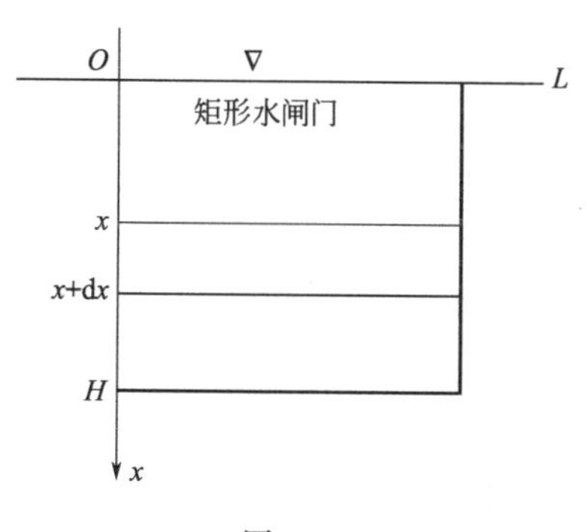

图 6.7

$$P=\int_0^H \mathrm{d}P=\int_0^H \rho gxL\,\mathrm{d}x=\frac{1}{2}\rho gLH^2$$

引力 从物理学可知，质量分别为 m_1,m_2，相距为 r 的两个质点间的引力为

$$\boldsymbol{F}=G\frac{m_1m_2}{r^2}$$

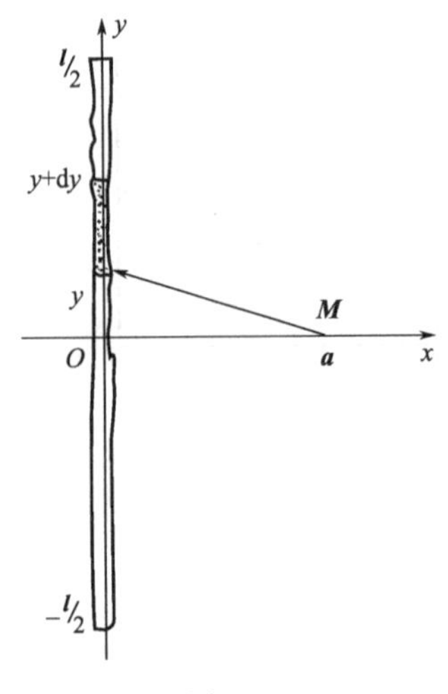

图 6.8

其中 G 为引力系数，引力方向在两个质点的连线上. 如果上述问题中的一个质点变为一根具有质量分布的细棒，考虑该细棒对另一质点的引力. 由于细棒上各点与质点的距离和相对位置都是变化的，所以需要在细棒上取一小段作为细棒的质量元，根据两质点之间的引力公式构造细棒对质点引力的微元，通过对引力微元的积分，得到细棒对质点的引力. 由于引力是一个矢量，在积分过程中需要将引力投影到坐标轴上.

【例】 设一长度为 l，线密度为 μ 的均匀细棒，在细棒中垂线上与细棒相距为 a 处有一质量为 m 的质点 M，求细棒对质点的引力.

解 如图 6.8 建立坐标系，细棒置于 y 轴上，细棒中点位于坐标系原点，质点 M 位于 x 轴上与原点相距为 a 处. 细棒在 y 轴上占据的区间为 $\left[-\frac{l}{2},\frac{l}{2}\right]$，任取 $y\in\left[-\frac{l}{2},\frac{l}{2}\right]$，将 $[y,y+\mathrm{d}y]$ 上的小段细棒视为一质点，其质量为 $\mu\,\mathrm{d}y$，与质点 M 的距离为 $r=\sqrt{a^2+y^2}$，对质点 M 引力的微元

$$\mathrm{d}\boldsymbol{F}=G\frac{m\mu\ \mathrm{d}y}{r^2}=G\frac{m\mu\ \mathrm{d}y}{a^2+y^2}$$

此引力微元的方向如图中箭头所示. 将此引力微元投影到 x 轴，得到引力微元在水平方向的分力

$$\mathrm{d}F_x=-G\frac{m\mu\ \mathrm{d}y}{r^2}\cdot\frac{a}{r}=-G\frac{am\mu\mathrm{d}y}{(a^2+y^2)^{3/2}}$$

（其中负号表示水平分力的方向与 x 轴方向相反）

由此可得整个细棒对质点的引力在水平方向的分力

$$F_x = \int_{-l/2}^{l/2} \mathrm{d}F_x = \int_{-l/2}^{l/2} -G \frac{am\mu}{(a^2+y^2)^{3/2}} \mathrm{d}y$$

$$= -\frac{2Gm\mu l}{a} \cdot \frac{1}{\sqrt{4a^2+l^2}}$$

由于细棒质量分布是均匀的，由对称性可知，引力在垂直方向的分力 $F_y = 0$.

§6.4 平均值

函数的平均值 设函数 $f(x)$ 在区间 $[a,b]$ 上连续，则函数 $f(x)$ 在区间 $[a,b]$ 上的平均值是定积分 $\bar{y} = \frac{1}{b-a}\int_a^b f(x)\mathrm{d}x$.

函数的均方根 设函数 $f(x)$ 在区间 $[a,b]$ 上连续，则函数 $f(x)$ 在区间 $[a,b]$ 上的均方根 RMS(root-mean-square) 是定积分 $RMS = \sqrt{\frac{1}{b-a}\int_a^b f^2(x)\mathrm{d}x}$.

本章知识点及其关联网络

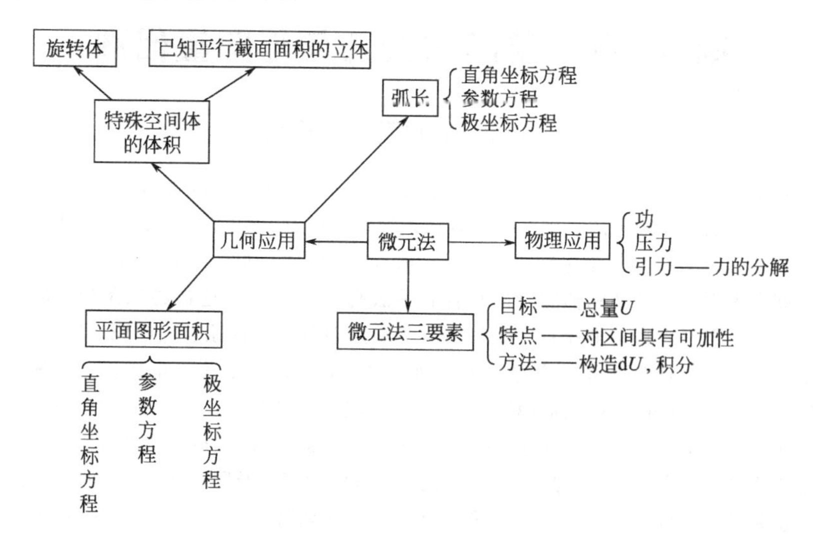

第 7 章　空间解析几何与向量代数

§7.1　空间直角坐标系

空间直角坐标系　过空间一定点 O，作三条相互垂直的数轴，它们都以 O 为原点，且一般具有相同的长度单位，这三条轴分别称为 x 轴（横轴）、y 轴（纵轴）、z 轴（竖轴），统称为坐标轴. 通常将 x 轴与 y 轴配置在水平面上，而 z 轴则垂直于该水平面，三条坐标轴的方向符合右手法则（图 7.1），这样的三条坐标轴就构成了一个空间直角坐标系（图 7.2）. 其中点 O 称为坐标原点（或原点）；三条坐标轴中的任意两条可以确定一个平面，这样确定的平面称为坐标面。具体来讲，x 轴与 y 轴确定的坐标面称为 xOy 面，y 轴与 z 轴确定的坐标面称为 yOz 面，z 轴与 x 轴确定的坐标面称为 zOx 面；三个坐标面将空间分成八个部分，每一部分称为卦限，含 x 轴、y 轴、z 轴正半轴的卦限定为第一卦限，在 xOy 面的上方，按逆时针方向确定第二、第三、第四卦限，第五至第八卦限位于在 xOy 面的下方，第五卦限位于第一卦限的下方，按逆时针方向依次确定第六、第七、第八卦限.

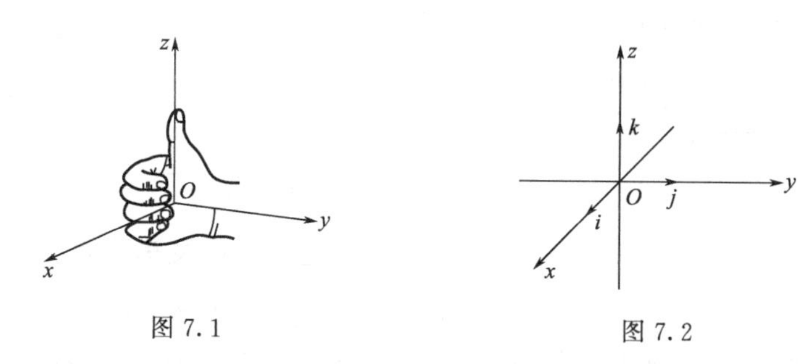

图 7.1　　　　图 7.2

空间点的坐标　设 M 为空间一点，过 M 点作三张平面分别垂直于 x 轴、y 轴、z 轴，它们与 x 轴，y 轴，z 轴的交点在这三个坐标轴上的坐标分别为 x,y,z. 于是空间点 M 和有序数组 x,y,z 之间建立了一一对应关系，这组有序数组称为空间点 M 的坐标. 其中 x 称为点 M 的横坐标，y 称为点 M 的纵坐标，z 称为点 M 的竖坐标，记作 $M(x,y,z)$ (图 7.3).

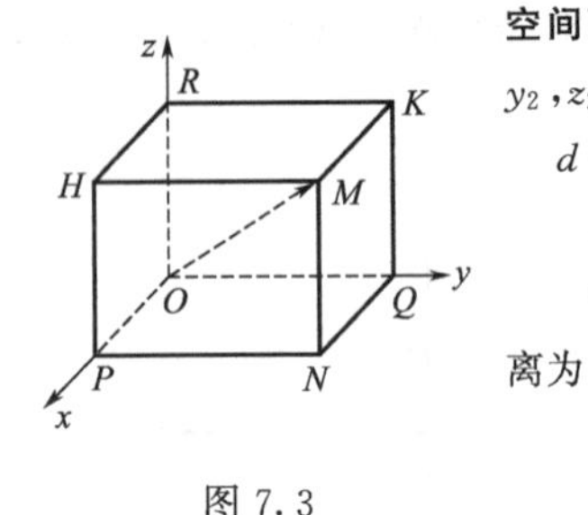

图 7.3

空间两点间的距离公式 设 $M_1(x_1, y_1, z_1)$，$M_2(x_2, y_2, z_2)$ 为空间两点，则 M_1, M_2 两点间的距离

$$d = |M_1M_2|$$
$$= \sqrt{(x_2-x_1)^2+(y_2-y_1)^2+(z_2-z_1)^2}$$

特殊地，点 $M(x,y,z)$ 与坐标原点 $O(0,0,0)$ 的距离为

$$d = |OM| = \sqrt{x^2+y^2+z^2}$$

§7.2 空间向量及其运算

向量 既有大小又有方向的量称为向量. 数学上，用有向线段来表示向量. 有向线段的长度表示向量的大小，有向线段的方向表示向量的方向. 以 M_1 为起点、M_2 为终点的有向线段所表示的向量，记作 $\overrightarrow{M_1M_2}$（图 7.4），有时也用一个粗体字母或上加箭头的手写体字母来表示向量，例如：$\boldsymbol{a}$，$\boldsymbol{i}$，$\boldsymbol{v}$，$\boldsymbol{F}$ 或 $\vec{a}$，$\vec{i}$，$\vec{v}$，$\vec{F}$ 等.

空间点 $\boldsymbol{M}$ 的向径 以原点 O 为起点，空间点 M 为终点的向量，称为空间点 M 的向径，记作 $\overrightarrow{OM}$ ，或用粗体字母 $\boldsymbol{r}$ 表示.

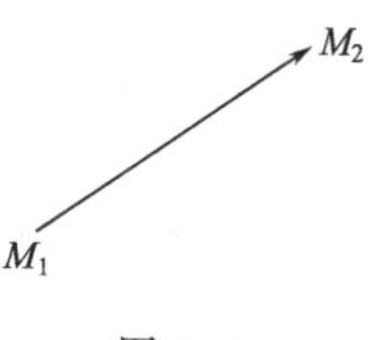

图 7.4

自由向量 仅考虑大小与方向，而不论其起点位置的向量，称为自由向量（简称向量）. 本手册所论及的向量，均为自由向量. 一个自由向量在空间作平行移动后，仍为同一个向量.

向量 $\boldsymbol{a}$ 与 $\boldsymbol{b}$ 相等 如果两个向量 $\boldsymbol{a}$ 与 $\boldsymbol{b}$ 的大小相等，且方向相同，则称向量 $\boldsymbol{a}$ 与 $\boldsymbol{b}$ 相等，记作 $\boldsymbol{a}=\boldsymbol{b}$. 经过平移后可以完全重合（起点与起点重合，终点与终点重合）的向量是相等的.

向量 $\boldsymbol{a}$ 与 $\boldsymbol{b}$ 平行 如果两个非零向量 $\boldsymbol{a}$ 与 $\boldsymbol{b}$ 的方向相同或相反，则称向量 $\boldsymbol{a}$ 与 $\boldsymbol{b}$ 平行，记作 $\boldsymbol{a}\parallel\boldsymbol{b}$.

向量的模 向量的大小称为向量的模. 如向量 $\boldsymbol{a}$ 的模记作 $|\boldsymbol{a}|$

单位向量 模为 1 的向量称为单位向量.

零向量 模为零的向量称为零向量，记作 $\boldsymbol{0}$ 或 $\vec{0}$. 零向量的方向为任意，零向量可以认为与任何向量平行.

向量加法

① 向量加法的三角形法则（图 7.5）

$$\boldsymbol{c}=\boldsymbol{a}+\boldsymbol{b}$$

② 向量加法的平行四边形法则（图 7.6）

$$\boldsymbol{c}=\boldsymbol{a}+\boldsymbol{b}$$

③ 向量加法的多边形法则（图 7.7）

$$\boldsymbol{s}=\boldsymbol{a}_1+\boldsymbol{a}_2+\boldsymbol{a}_3+\boldsymbol{a}_4+\boldsymbol{a}_5$$

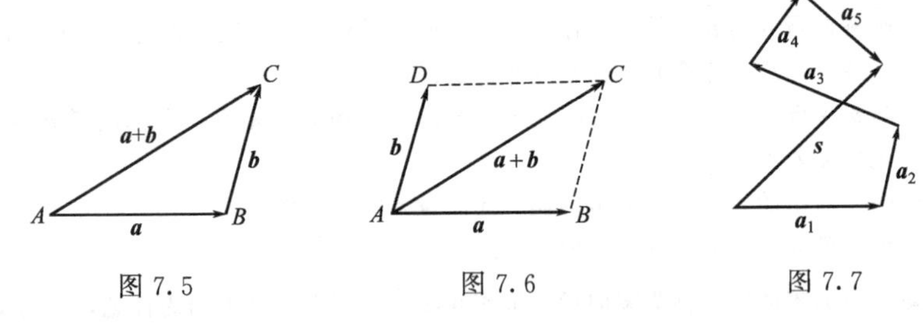

图 7.5　　图 7.6　　图 7.7

向量加法的运算算律

① 交换律 $\boldsymbol{a}+\boldsymbol{b}=\boldsymbol{b}+\boldsymbol{a}$；

② 结合律 $(\boldsymbol{a}+\boldsymbol{b})+\boldsymbol{c}=\boldsymbol{a}+(\boldsymbol{b}+\boldsymbol{c})$.

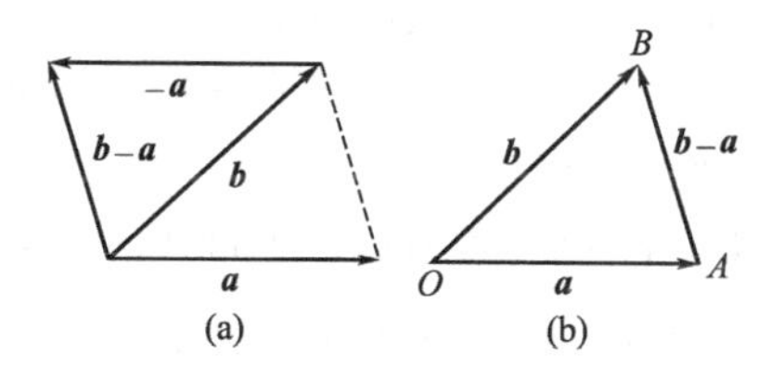

图 7.8

负向量　与向量 $\boldsymbol{a}$ 的模相等而方向相反的向量，记作 $-\boldsymbol{a}$.

向量的差　向量 $\boldsymbol{b}$ 与向量 $\boldsymbol{a}$ 的负向量 $-\boldsymbol{a}$ 的和，记作 $\boldsymbol{b}-\boldsymbol{a}$，即 $\boldsymbol{b}-\boldsymbol{a}=\boldsymbol{b}+(-\boldsymbol{a})$ [图 7.8(a)、(b)].

向量与数的乘法　向量 $\boldsymbol{a}$ 与实数 λ 的乘积是一个向量，记作 $\lambda\boldsymbol{a}$. $\lambda\boldsymbol{a}$ 的模为 $|\lambda\boldsymbol{a}|=|\lambda|\cdot|\boldsymbol{a}|$，其中 $|\lambda|$ 是实数 λ 的绝对值，$|\boldsymbol{a}|$ 是向量 $\boldsymbol{a}$ 的模. $\lambda\boldsymbol{a}$ 的方向是，当 $\lambda>0$ 时，与 $\boldsymbol{a}$ 同方向；当 $\lambda<0$ 时，与 $\boldsymbol{a}$ 反向；当 $\lambda=0$ 时，$\lambda\boldsymbol{a}$ 是零向量. 特别地，当 $\lambda=1$ 时，$1\boldsymbol{a}=\boldsymbol{a}$；当 $\lambda=-1$ 时，$(-1)\cdot\boldsymbol{a}=-\boldsymbol{a}$.

向量与数的乘法运算算律

① **结合律** $\lambda(\mu\boldsymbol{a})=\mu(\lambda\boldsymbol{a})=(\lambda\mu)\boldsymbol{a}$；

② **分配律** $(\lambda+\mu)\boldsymbol{a}=\lambda\boldsymbol{a}+\mu\boldsymbol{a}$，$\lambda(\boldsymbol{a}+\boldsymbol{b})=\lambda\boldsymbol{a}+\lambda\boldsymbol{b}$.

向量平行的充分必要条件 设向量 $\boldsymbol{a}\neq 0$，则向量 $\boldsymbol{b}$ 平行于 $\boldsymbol{a}$ 的充分必要条件是存在唯一的实数 λ，使 $\boldsymbol{b}=\lambda\boldsymbol{a}$.

非零向量的单位化 设 $\boldsymbol{a}^{\circ}$ 表示与非零向量 $\boldsymbol{a}$ 同方向的单位向量，则 $\boldsymbol{a}^{\circ}=\dfrac{\boldsymbol{a}}{|\boldsymbol{a}|}$，即向量 $\boldsymbol{a}$ 的单位向量 $\boldsymbol{a}^{\circ}$ 可表示为向量 $\boldsymbol{a}$ 除以它的模.

§7.3 向量的坐标

向量坐标 设向量 $\boldsymbol{a}$ 的起点 M_1 和终点 M_2 在空间直角坐标系中的坐标为 $M_1(x_1,y_1,z_1)$，$M_2(x_2,y_2,z_2)$，则向量 $\boldsymbol{a}$ 的坐标表达式为

$$\boldsymbol{a}=\overrightarrow{M_1M_2}=(x_2-x_1)\boldsymbol{i}+(y_2-y_1)\boldsymbol{j}+(z_2-z_1)\boldsymbol{k}$$

或

$$\boldsymbol{a}=\{x_2-x_1,y_2-y_1,z_2-z_1\}$$

向量加法、减法和数乘运算的坐标表示 设向量 $\boldsymbol{a}$ 与 $\boldsymbol{b}$ 的坐标表示分别为 $\boldsymbol{a}=(a_x,a_y,a_z)$，$\boldsymbol{b}=(b_x,b_y,b_z)$，$\lambda$ 为实数，则

① $\boldsymbol{a}+\boldsymbol{b}=(a_x+b_x,a_y+b_y,a_z+b_z)$；

② $\boldsymbol{a}-\boldsymbol{b}=(a_x-b_x,a_y-b_y,a_z-b_z)$；

③ $\lambda\boldsymbol{a}=(\lambda a_x,\lambda a_y,\lambda a_z)$.

向量 $\boldsymbol{a}/\!/\boldsymbol{b}$ 的坐标表示　设向量 $\boldsymbol{a}$ 与 $\boldsymbol{b}$ 的坐标表示分别为 $\boldsymbol{a}=(a_x,a_y,a_z)$，$\boldsymbol{b}=(b_x,b_y,b_z)$，$\boldsymbol{a}$ 为非零向量，则 $\boldsymbol{a}/\!/\boldsymbol{b}\Leftrightarrow$ 存在唯一实数 λ，使 $(b_x,b_y,b_z)=(\lambda a_x,\lambda a_y,\lambda a_z)$ 或 $\dfrac{b_x}{a_x}=\dfrac{b_y}{a_y}=\dfrac{b_z}{a_z}$（若分母为零，理解为分子也为零）

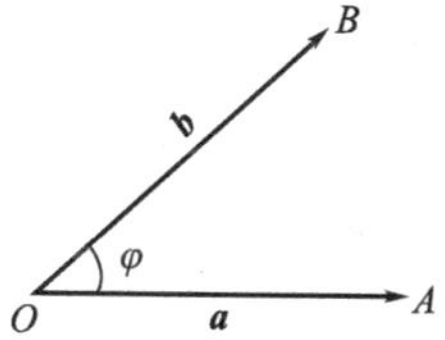

图 7.9

向量模的坐标表示　设向量 $\boldsymbol{a}=(a_x,a_y,a_z)$，向量 $\boldsymbol{a}$ 的模 $|\boldsymbol{a}|=\sqrt{a_x^2+a_y^2+a_z^2}$.

两向量的夹角　设 $\boldsymbol{a}$ 与 $\boldsymbol{b}$ 为两非零向量，任取空间一点 O，作 $\overrightarrow{OA}=\boldsymbol{a}$，$\overrightarrow{OB}=\boldsymbol{b}$，规定不超过 π 的 $\angle AOB$（设 $\varphi=\angle AOB,0\leqslant\varphi\leqslant\pi$）称为向量 $\boldsymbol{a}$ 与 $\boldsymbol{b}$ 的夹角（图 7.9），记作 $\varphi=(\boldsymbol{a},\boldsymbol{b})=(\boldsymbol{b},\boldsymbol{a})$. 若 $\boldsymbol{a}$ 与 $\boldsymbol{b}$ 中有一个为零向量，则规定 $\boldsymbol{a}$ 与 $\boldsymbol{b}$ 的夹角为 0 与 π 之间的任何值.

向量的方向角　非零向量 $\boldsymbol{r}$ 与三条坐标轴之间的夹角 α,β,γ 称为向量 $\boldsymbol{r}$ 的方向角（图 7.10).

向量的方向余弦及其性质　设非零向量 $\boldsymbol{r}=(x,y,z)$，$\boldsymbol{r}$ 的方向角的余弦 $\cos\alpha$，

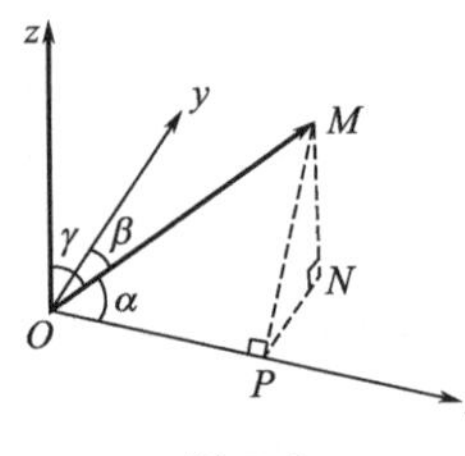

图 7.10

$\cos\beta$，$\cos\gamma$ 称为向量 $\boldsymbol{r}$ 的方向余弦，并且 $\cos\alpha=\dfrac{x}{|\boldsymbol{r}|}$，$\cos\beta=\dfrac{y}{|\boldsymbol{r}|}$，$\cos\gamma=\dfrac{z}{|\boldsymbol{r}|}$，非零向量 $r=(x,y,z)$ 的单位向量可表示为 $\boldsymbol{r}^{\circ}=\left(\dfrac{x}{|\boldsymbol{r}|},\dfrac{y}{|\boldsymbol{r}|},\dfrac{z}{|\boldsymbol{r}|}\right)=(\cos\alpha,\cos\beta,\cos\gamma)$，$\cos^2\alpha+\cos^2\beta+\cos^2\gamma=1$.

向量在轴上的投影　设点 O 及单位向量 $\boldsymbol{e}$ 确定 u 轴(图 7.11)．任意给定的向量 $\boldsymbol{r}$，作 $\overrightarrow{OM}=\boldsymbol{r}$，再过点 M 作与 u 轴垂直的平面交 u 轴于点 M'（点 M' 叫做点 M 在 u 轴上的投影），则向量 $\overrightarrow{OM'}$ 称为向量 $\boldsymbol{r}$ 在 u 轴上的分向量．设 $\overrightarrow{OM'}=\lambda\boldsymbol{e}$，则数 λ 称为向量 $\boldsymbol{r}$ 在 u 轴上的投影，记作 $\mathrm{Prj}_u\boldsymbol{r}$ 或 $(\boldsymbol{r})_u$．

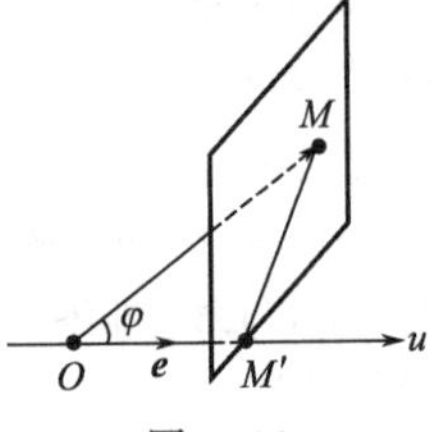

图 7.11

投影定理　向量 $\overrightarrow{AB}$ 在 u 轴上的投影等于向量的模乘以轴与向量的夹角 φ 的余弦，即

$$\mathrm{Prj}_u\overrightarrow{AB}=|\overrightarrow{AB}|\cos\varphi$$

投影性质

① 两个向量的和在轴上的投影等于两个向量在该轴

上的投影的和，即

$$\mathrm{Prj}_u(\boldsymbol{a}_1+\boldsymbol{a}_2)=\mathrm{Prj}_u\boldsymbol{a}_1+\mathrm{Prj}_u\boldsymbol{a}_2$$

② 向量与数的乘积在轴上的投影等于向量在轴上的投影与数的乘积，即

$$\mathrm{Prj}_u(\lambda\boldsymbol{a})=\lambda\mathrm{Prj}_u\boldsymbol{a}$$

③ 设向量 $\boldsymbol{a}=(a_x,a_y,a_z)$，则向量 $\boldsymbol{a}$ 在空间直角坐标系的 x 轴、y 轴、z 轴上的投影分别为向量 $\boldsymbol{a}$ 的横坐标 a_x、纵坐标 a_y、竖坐标 a_z. 换句话说，向量 $\boldsymbol{a}$ 在空间直角坐标系下的坐标就是向量 $\boldsymbol{a}$ 在 x 轴，y 轴，z 轴上的投影.

§7.4 数量积 向量积 混合积

(1) 向量的数量积

数量积定义 向量 $\boldsymbol{a}$ 与 $\boldsymbol{b}$ 的模以及它们夹角余弦的乘积，称为向量 $\boldsymbol{a}$ 与 $\boldsymbol{b}$ 的数量积，记作 $\boldsymbol{a}\cdot\boldsymbol{b}$，即 $\boldsymbol{a}\cdot\boldsymbol{b}=|\boldsymbol{a}|\ |\boldsymbol{b}|\cos\theta$，其中 $\theta=(\boldsymbol{a},\boldsymbol{b})$.

数量积的性质

① 当 $\boldsymbol{a}\neq 0$ 时（或当 $\boldsymbol{b}\neq 0$ 时），则 $\boldsymbol{a}\cdot\boldsymbol{b}=\mathrm{Prj}_{\boldsymbol{a}}\boldsymbol{b}$（或 $\boldsymbol{a}\cdot\boldsymbol{b}=\mathrm{Prj}_{\boldsymbol{b}}\boldsymbol{a}$）；

② $\boldsymbol{a}\cdot\boldsymbol{a}=|\boldsymbol{a}|^2$；

③ 对于两个非零向量 $\boldsymbol{a}$，$\boldsymbol{b}$，则 $\boldsymbol{a}\perp\boldsymbol{b}\Leftrightarrow\boldsymbol{a}\cdot\boldsymbol{b}=0$．

数量积的运算算律 设 $\boldsymbol{a},\boldsymbol{b},\boldsymbol{c}$ 为向量，λ,μ 为实数，则有

① 交换律 $\boldsymbol{a}\cdot\boldsymbol{b}=\boldsymbol{b}\cdot\boldsymbol{a}$；

② 分配律 $(\boldsymbol{a}+\boldsymbol{b})\cdot\boldsymbol{c}=\boldsymbol{a}\cdot\boldsymbol{c}+\boldsymbol{b}\cdot\boldsymbol{c}$；

③ 结合律 $(\lambda\boldsymbol{a})\cdot\boldsymbol{b}=\boldsymbol{a}\cdot(\lambda\boldsymbol{b})=\lambda(\boldsymbol{a}\cdot\boldsymbol{b})$ 或 $(\lambda\boldsymbol{a})\cdot(\mu\boldsymbol{b})=\lambda\mu(\boldsymbol{a}\cdot\boldsymbol{b})$．

数量积的坐标表示 设向量 $\boldsymbol{a}=(a_x,a_y,a_z)$，$\boldsymbol{b}=(b_x,b_y,b_z)$，则 $\boldsymbol{a}$ 与 $\boldsymbol{b}$ 的数量积可表示为 $\boldsymbol{a}\cdot\boldsymbol{b}=a_xb_x+a_yb_y+a_zb_z$．

两个向量夹角余弦的坐标表示 设两个非零向量 $\boldsymbol{a}=(a_x,a_y,a_z)$，$\boldsymbol{b}=(b_x,b_y,b_z)$，$\theta$ 为向量 $\boldsymbol{a}$ 与 $\boldsymbol{b}$ 的夹角，则

$$\cos\theta=\frac{\boldsymbol{a}\cdot\boldsymbol{b}}{|\boldsymbol{a}||\boldsymbol{b}|}=\frac{a_xb_x+a_yb_y+a_zb_z}{\sqrt{a_x^2+a_y^2+a_z^2}\sqrt{b_x^2+b_y^2+b_z^2}}.$$

(2) 向量的向量积

向量积定义 设向量 $\boldsymbol{c}$ 是由两个向量 $\boldsymbol{a}$ 与 $\boldsymbol{b}$ 按下列方式确定：

① $\boldsymbol{c}$ 的模 $|\boldsymbol{c}|=|\boldsymbol{a}|\ |\boldsymbol{b}|\sin\theta$，其中 θ 为 $\boldsymbol{a}$，$\boldsymbol{b}$ 间的夹角；

② $\boldsymbol{c}$ 的方向垂直于 $\boldsymbol{a}$ 与 $\boldsymbol{b}$ 所决定的平面（即 $\boldsymbol{c}$ 既垂直于 $\boldsymbol{a}$ 又垂直于 $\boldsymbol{b}$），$\boldsymbol{c}$ 的指向满足右手规则.

那么，向量 $\boldsymbol{c}$ 叫做向量 $\boldsymbol{a}$ 与 $\boldsymbol{b}$ 的向量积，记作 $\boldsymbol{a}\times\boldsymbol{b}$，即 $\boldsymbol{c}=\boldsymbol{a}\times\boldsymbol{b}$

向量积的性质

① $\boldsymbol{a}\times\boldsymbol{a}=\boldsymbol{0}$；

② 对于两个非零向量 $\boldsymbol{a}$ 与 $\boldsymbol{b}$，那么 $\boldsymbol{a}//\boldsymbol{b}\Leftrightarrow\boldsymbol{a}\times\boldsymbol{b}=\boldsymbol{0}$.

向量积的运算算律 设 $\boldsymbol{a},\boldsymbol{b},\boldsymbol{c}$ 为向量，λ 为实数，则有

① $\boldsymbol{b}\times\boldsymbol{a}=-\boldsymbol{a}\times\boldsymbol{b}$（向量积的运算不满足交换律）；

② 分配律 $(\boldsymbol{a}+\boldsymbol{b})\times\boldsymbol{c}=\boldsymbol{a}\times\boldsymbol{c}+\boldsymbol{b}\times\boldsymbol{c}$；

③ 结合律 $(\lambda\boldsymbol{a})\times\boldsymbol{b}=\boldsymbol{a}\times(\lambda\boldsymbol{b})=\lambda(\boldsymbol{a}\times\boldsymbol{b})$.

向量积的坐标表示 设向量 $\boldsymbol{a}=(a_x,a_y,a_z)$，$\boldsymbol{b}=(b_x,b_y,b_z)$，则 $\boldsymbol{a}$ 与 $\boldsymbol{b}$ 的向量积可表示为

$$\boldsymbol{a}\times\boldsymbol{b}=\begin{vmatrix}\boldsymbol{i} & \boldsymbol{j} & \boldsymbol{k}\\ a_x & a_y & a_z\\ b_x & b_y & b_z\end{vmatrix}$$

(3) 向量的混合积

混合积的定义 设已知三个向量 $\boldsymbol{a},\boldsymbol{b}$ 和 $\boldsymbol{c}$. 如果先作两个向量 $\boldsymbol{a}$ 和 $\boldsymbol{b}$ 的向量积 $\boldsymbol{a}\times\boldsymbol{b}$，把所得到的向量与第三个向量 $\boldsymbol{c}$ 再作数量积 $(\boldsymbol{a}\times\boldsymbol{b})\cdot\boldsymbol{c}$，这样得到的数量叫做三向量 $\boldsymbol{a},\boldsymbol{b},\boldsymbol{c}$ 的混合积，记作 $[\boldsymbol{abc}]$.

当 $\boldsymbol{a},\boldsymbol{b},\boldsymbol{c}$ 组成右手系时，$[\boldsymbol{abc}]$ 为正；当 $\boldsymbol{a},\boldsymbol{b},\boldsymbol{c}$ 组成左手系时，$[\boldsymbol{abc}]$ 为负.

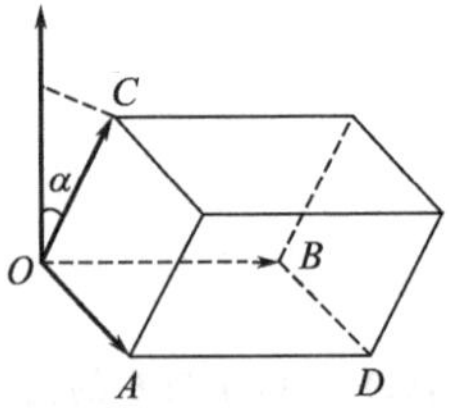

混合积的坐标表示 设向量 $\boldsymbol{a}=(a_x, a_y, a_z)$，$\boldsymbol{b}=(b_x, b_y, b_z)$ 和 $\boldsymbol{c}=(c_x, c_y, c_z)$，则 $\boldsymbol{a}$，$\boldsymbol{b}$，$\boldsymbol{c}$ 三个向量的混合积可表示为 $[\boldsymbol{abc}]=\begin{vmatrix}a_x & a_y & a_z\\ b_x & b_y & b_z\\ c_x & c_y & c_z\end{vmatrix}$.

混合积的几何意义 向量的混合积 $[\boldsymbol{abc}]$ 是一个数，它的绝对值表示以向量 $\boldsymbol{a},\boldsymbol{b},\boldsymbol{c}$ 为棱的平行六面体的体积(图 7.12).

图 7.12

§7.5 空间曲面及其方程

曲面方程的概念 如果曲面 S 与三元方程 $F(x,y,z)=0$ 有下述关系：

① 曲面 S 上任一点的坐标都满足方程 $F(x,y,z)=0$；

② 不在曲面 S 上的点的坐标都不满足方程 $F(x,y,z)=0$.

则方程 $F(x,y,z)=0$ 称为曲面 S 的方程，而曲面 S 就叫做方程 $F(x,y,z)=0$ 的图形（图 7.13).

旋转曲面 以一条平面曲线绕其平面上的一条定直线旋转一周所成的曲面叫做旋转曲面，这条定直线叫做旋转曲面的轴.

旋转曲面方程

① 已知曲线 C 在 yOz 坐标面上的方程为 $f(y,z)=0$，则曲线 C 绕 z 轴旋转一周所得的旋转曲面方程为 $f(\pm\sqrt{x^2+y^2},z)=0$；曲线 C 绕 y 轴旋转一周所得的旋转曲面方程为 $f(y,\pm\sqrt{x^2+z^2})=0$.

② 已知曲线 C 在 zOx 坐标面上的方程为 $f(x,z)=0$，则曲线 C 绕 z 轴旋转

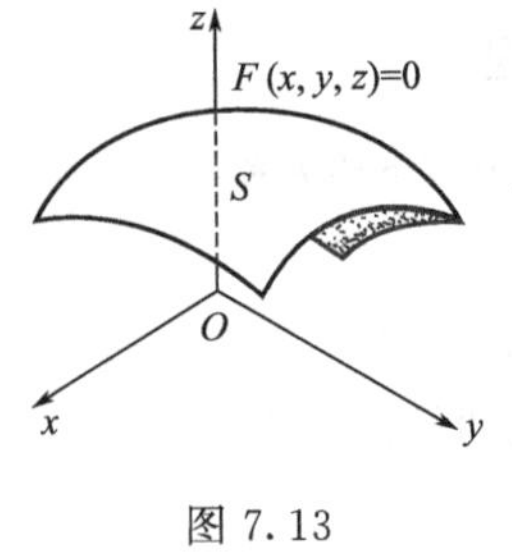

图 7.13

一周所得的旋转曲面方程为 $f(\pm\sqrt{x^2+y^2},z)=0$；曲线 C 绕 x 轴旋转一周所得的旋转曲面方程为 $f(x,\pm\sqrt{y^2+z^2})=0$.

③ 已知曲线 C 在 xOy 坐标面上的方程为 $f(x,y)=0$，则曲线 C 绕 x 轴旋转一周所得的旋转曲面方程为 $f(x,\pm\sqrt{y^2+z^2})=0$；曲线 C 绕 y 轴旋转一周所得的旋转曲面方程为 $f(\pm\sqrt{x^2+z^2},y)=0$.

注：以上结果只有当旋转曲面的母线位于坐标面上，并且以坐标轴为旋转曲面的轴时才成立.

柱面 平行于定直线并沿固定曲线 C 移动的直线 L 形成的轨迹称为柱面，固定曲线 C 称为柱面的准线，移动直线 L 称为柱面的母线.

【例】 方程 $x^2+y^2=R^2$ 在空间直角坐标系中表示圆柱面，其母线平行于 z 轴，准线是 xOy 面上的圆 $x^2+y^2=R^2$；方程 $y^2=2x$ 在空间直角坐标系中表示抛物柱面，其母线平行于 z 轴，准线是 xOy 面上的抛物线 $y^2=2x$.

注：在空间直角坐标系中，当柱面的准线位于坐标面上，而母线平行于第三

个坐标轴（即与准线所在的坐标面垂直的坐标轴）移动时，该柱面的方程必缺少一个坐标变量，即第三个坐标轴的变量.

空间曲面的参数方程 $\begin{cases} x = \varphi(s,t), \\ y = \psi(s,t), \quad s \in S, t \in T. \\ z = \omega(s,t), \end{cases}$

二次曲面 三元二次方程 $F(x,y,z) = 0$ 所表示的曲面称为二次曲面.

二次曲面方程 在空间直角坐标系中，常见的九种二次曲面的标准方程分别为：

① 椭圆锥面 $\dfrac{x^2}{a^2} + \dfrac{y^2}{b^2} = z^2$；

② 椭球面 $\dfrac{x^2}{a^2} + \dfrac{y^2}{b^2} + \dfrac{z^2}{c^2} = 1$，特别地，旋转椭球面 $\dfrac{x^2 + y^2}{a^2} + \dfrac{z^2}{c^2} = 1$；

③ 单页双曲面 $\dfrac{x^2}{a^2} + \dfrac{y^2}{b^2} - \dfrac{z^2}{c^2} = 1$；

④ 双叶双曲面 $\dfrac{x^2}{a^2} - \dfrac{y^2}{b^2} - \dfrac{z^2}{c^2} = 1$；

⑤ 椭圆抛物面 $\dfrac{x^2}{a^2} + \dfrac{y^2}{b^2} = z$；

⑥ 双曲抛物面　$\frac{x^2}{a^2}-\frac{y^2}{b^2}=z$，双曲抛物面又称为马鞍面；

⑦ 椭圆柱面　$\frac{x^2}{a^2}+\frac{y^2}{b^2}=1$；

⑧ 双曲柱面　$\frac{x^2}{a^2}-\frac{y^2}{b^2}=1$；

⑨ 抛物柱面　$x^2=ay$.

§7.6　空间曲线及其方程

空间曲线　空间曲线被视为空间两张曲面的交线.

空间曲线的一般方程　$\begin{cases}F(x,y,z)=0,\\G(x,y,z)=0,\end{cases}$

空间曲线的参数方程　$\begin{cases}x=\varphi(t),\\y=\psi(t),\quad t\in T.\\z=\omega(t),\end{cases}$

空间曲线在坐标面上的投影 设空间曲线 C 的一般方程：$\begin{cases} F(x,y,z)=0, \\ G(x,y,z)=0, \end{cases}$ 消去变量 z 后的方程为 $H(x,y)=0$，此方程称为空间曲线 C 关于 xOy 面的投影柱面，则投影柱面与 xOy 面的交线 $\begin{cases} H(x,y)=0 \\ z=0 \end{cases}$ 称为空间曲线 C 在 xOy 面上的投影曲线（简称投影）. 类似地可得空间曲线 C 在 yOz 面上的投影 $\begin{cases} R(y,z)=0, \\ x=0, \end{cases}$ 空间曲线 C 在 zOx 面上的投影 $\begin{cases} T(x,z)=0, \\ y=0. \end{cases}$

§7.7 平面及其方程

平面的法向量 与平面垂直的非零向量称为平面的**法向量**.

平面的一般方程 三元一次方程 $Ax+By+Cz+D=0$ 称为平面的一般方程，其中变量 x,y,z 前的系数构成了该平面的法向量 $\boldsymbol{n}=\{A,B,C\}$.

平面的点法式方程 已知平面 Π 内一点 $M_0(x_0,y_0,z_0)$ 和法向量 $\boldsymbol{n}=\{A,B,C\}$，则方程 $A(x-x_0)+B(y-y_0)+C(z-z_0)=0$ 称为平面 Π 的**点法式方程**.

平面的截距式方程　方程 $\frac{x}{a}+\frac{y}{b}+\frac{z}{c}=1$ 称为平面的截距式方程，其中 a,b,c 分别为平面在 x 轴，y 轴，z 轴上的截距.

平面的两点式方程　已知平面 Π 内两点 $M_1(x_1,y_1,z_1)$，$M_2(x_2,y_2,z_2)$，则方程

$$\begin{vmatrix} x & y & z \\ x_1 & y_1 & z_1 \\ x_2 & y_2 & z_2 \end{vmatrix}=0$$

称为平面 Π 的**两点式方程.**

平面束方程　设定直线 L 由方程组 $\begin{cases} A_1x+B_1y+C_1z+D_1=0 \\ A_2x+B_2y+C_2z+D_2=0 \end{cases}$ 所确定，其中 A_1,B_1,C_1 与 A_2,B_2,C_2 不成比例，则三元一次方程 $A_1x+B_1y+C_1z+D_1+\lambda(A_2x+B_2y+C_2z+D_2)=0$，称为过定直线 L 的**平面束方程**，其中 λ 为任意常数. 但是，该平面束方程没有包含平面 $A_2x+B_2y+C_2z+D_2=0$.

两平面的夹角　两平面的法向量的夹角（通常指锐角）称为两平面的**夹角**. 设平面 Π_1：$A_1x+B_1y+C_1z+D_1=0$，平面 Π_2：$A_2x+B_2y+C_2z+D_2=0$，Π_1 与 Π_2 的夹角为 θ，则有 $\cos\theta=\frac{|A_1A_2+B_1B_2+C_1C_2|}{\sqrt{A_1^2+B_1^2+C_1^2}\cdot\sqrt{A_2^2+B_2^2+C_2^2}}$.

两平面垂直的条件 平面 Π_1 与 Π_2 垂直 $\Leftrightarrow$ 平面 Π_1 的法向量 $\boldsymbol{n}_1$ 与平面 Π_2 的法向量 $\boldsymbol{n}_2$ 垂直 $\Leftrightarrow \boldsymbol{n}_1 \cdot \boldsymbol{n}_2 = 0$ 或 $A_1A_2 + B_1B_2 + C_1C_2 = 0$，其中 $\boldsymbol{n}_1 = \{A_1, B_1, C_1\}$，$\boldsymbol{n}_2 = \{A_2, B_2, C_2\}$.

两平面平行的条件 平面 Π_1 与 Π_2 平行 $\Leftrightarrow$ 平面 Π_1 的法向量 $\boldsymbol{n}_1$ 与平面 Π_2 的法向量 $\boldsymbol{n}_2$ 平行 $\Leftrightarrow \boldsymbol{n}_1 = \lambda \boldsymbol{n}_2 \quad (\lambda \neq 0)$ 或 $\dfrac{A_1}{A_2} = \dfrac{B_1}{B_2} = \dfrac{C_1}{C_2}$，其中 $\boldsymbol{n}_1 = \{A_1, B_1, C_1\}$，$\boldsymbol{n}_2 = \{A_2, B_2, C_2\}$.

平面外一点到平面的距离 设 $P_0(x_0, y_0, z_0)$ 是平面 $Ax + By + Cz + D = 0$ 外一点，则点 P_0 到此平面的距离 $d = \dfrac{|Ax_0 + By_0 + Cz_0 + D|}{\sqrt{A^2 + B^2 + C^2}}$.

§7.8 空间直线及其方程

直线的方向向量 平行于一条已知直线的任一非零向量，称为该直线的方向向量. 方向向量的坐标称为直线的一组方向数.

空间直线的一般方程 空间直线 L 可视为两张相交平面的交线，设平面 Π_1 与 Π_2 的方程分别为 $A_1x + B_1y + C_1z + D_1 = 0$ 和 $A_2x + B_2y + C_2z + D_2 = 0$，$\Pi_1$ 与 Π_2

相交的空间直线 L 可表示为 $\begin{cases} A_1x+B_1y+C_1z+D_1=0 \\ A_2x+B_2y+C_2z+D_2=0 \end{cases}$，此方程称为空间直线 L 的一般方程.

空间直线的对称式方程 已知空间直线 L 过点 $M_0(x_0,y_0,z_0)$，方向向量 $\boldsymbol{s}=\{m,n,p\}$，则方程 $\frac{x-x_0}{m}=\frac{y-y_0}{n}=\frac{z-z_0}{p}$ 称为空间直线 L 的对称式方程，其中 m,n,p 不全为零. 当分母为零时，理解成分子也为零.

空间直线的参数方程 已知空间直线 L 过点 $M_0(x_0,y_0,z_0)$，方向向量 $\boldsymbol{s}=\{m,n,p\}$，则方程 $\begin{cases} x=x_0+mt \\ y=y_0+nt \\ z=z_0+pt \end{cases}$ 称为空间直线 L 的参数方程.

注：令空间直线 L 的对称式方程的比例系数是 t，即 $\frac{x-x_0}{m}=\frac{y-y_0}{n}=\frac{z-z_0}{p}=t$，可解出空间直线 L 的参数方程.

两直线的夹角 两直线的方向向量的夹角（通常指锐角）称为两直线的夹角.

两直线夹角的余弦公式 设直线 L_1 和 L_2 的方向向量依次为 $\boldsymbol{s}_1=\{m_1, n_1, p_1\}$ 和 $\boldsymbol{s}_2=\{m_2, n_2, p_2\}$，$L_1$ 和 L_2 的夹角为 φ，则

$$\cos\varphi=\frac{|m_1m_2+n_1n_2+p_1p_2|}{\sqrt{m_1^2+n_1^2+p_1^2}\cdot\sqrt{m_2^2+n_2^2+p_2^2}}$$

直线与平面的夹角 当直线与平面不垂直时，直线和它在平面上的投影直线的夹角 φ $\left(0\leqslant\varphi<\frac{\pi}{2}\right)$ 称为直线与平面的夹角（图 7.14），当直线与平面垂直时，规定直线与平面的夹角为 $\frac{\pi}{2}$.

直线与平面夹角的公式 设直线的方向向量为 $\boldsymbol{s}=\{m, n, p\}$，平面的法线向量为 $\boldsymbol{n}=\{A, B, C\}$，直线与平面的夹角为 φ，则

$$\sin\varphi=\frac{|Am+Bn+Cp|}{\sqrt{A^2+B^2+C^2}\cdot\sqrt{m^2+n^2+p^2}}.$$

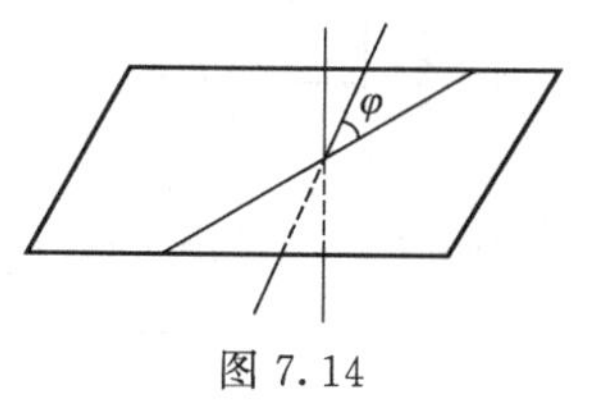

图 7.14

直线外一点到直线的距离 设 M_0 是直线 L 外一点，M 是直线 L 上任意一点，且直线的方向向量为 $\boldsymbol{s}$，则点 M_0 到直线 L 的距离 $d=\frac{|\overrightarrow{M_0M}\times\boldsymbol{s}|}{|\boldsymbol{s}|}$.

本章知识点及其关联网络

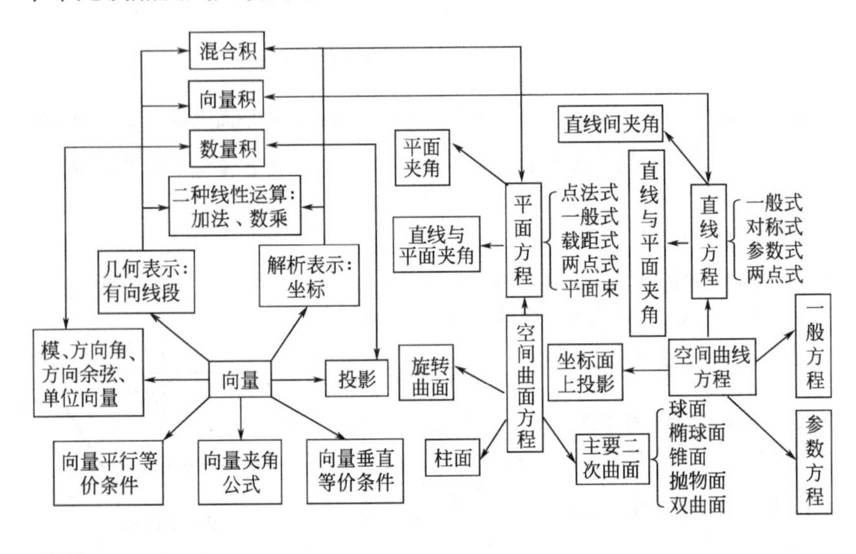

第 8 章　多元函数微分法及其应用

§8.1　多元函数的基本概念

坐标平面　当平面引入一个直角坐标系后，平面上的点 P 与二元有序实数组 (x, y) 之间建立了一一对应的关系，这种建立了坐标系的平面称为坐标平面，记作

$$\mathbf{R}^2 = \mathbf{R} \times \mathbf{R} = \{(x,y) \mid x,y \in \mathbf{R}, \text{其中 } \mathbf{R} \text{ 为全体实数}\}$$

平面点集　坐标平面上具有某种共同性质 G 的点的全体，称为平面点集，记作 $E = \{(x,y) \mid (x,y) \text{具有性质} G\}$.

注：特殊平面点集　$\mathbf{R}^2$：平面上的点全体；$\varnothing$：不包含任何点的空集.

平面上两点间的距离　设 $P_1(x_1, y_1)$ 和 $P_2(x_2, y_2)$ 是坐标平面上的任意两个点，点 $P_1(x_1, y_1)$ 与点 $P_2(x_2, y_2)$ 之间的距离记作 $|P_1P_2|$，而且有

$$|P_1P_2| = \sqrt{(x_1 - x_2)^2 + (y_1 - y_2)^2}$$

平面上点 P_0 的 δ 邻域 设 $P_0(x_0,y_0)$ 是 xOy 平面上的一个点，δ 是某一正数. 与点 $P_0(x_0,y_0)$ 距离小于 δ 的点 $P(x,y)$ 的全体，称为点 P_0 的 δ 邻域，记作

$$U(P_0,\delta)=\{P \mid |PP_0|<\delta\}=\{(x,y) \mid \sqrt{(x-x_0)^2+(y-y_0)^2}<\delta\}$$

在几何上，$U(P_0,\delta)$ 就是 xOy 平面上以点 $P_0(x_0,y_0)$ 为中心、$\delta>0$ 为半径的圆的内部点 $P(x,y)$ 的全体.

平面上点 P_0 的去心 δ 邻域

$$\mathring{U}(P_0,\delta)=\{P \mid 0<|PP_0|<\delta\}=\{(x,y) \mid 0<\sqrt{(x-x_0)^2+(y-y_0)^2}<\delta\}$$

内点 设 E 是平面上的一个点集，P 是平面上的一个点. 如果存在点 P 的某一邻域 $U(P)$ 使 $U(P)\subset E$，则称 P 为 E 的内点，如图 8.1 中的点 P_1. 显然，E 的内点属于 E.

外点 设 E 是平面上的一个点集，P 是平面上的一个点. 如果存在点 P 的某一邻域 $U(P)$ 使 $U(P)\cap E=\varnothing$，则称 P 为 E 的外点，如图 8.1 中的点 P_2. 显然，E 的外点不属于 E.

边界点与边界 如果点 P 的任一邻域内既有属于 E 的点，也有不属于 E 的点，

则称 P 为 E 的边界点，如图 8.1 中的点 P_3．E 的边界点的全体称为 E 的边界．

聚点 设 E 是平面上的一个点集，P 是平面上的一个点．如果在 P 的任一邻域内总有 E 中无穷多个点，则称 P 为 E 的聚点．

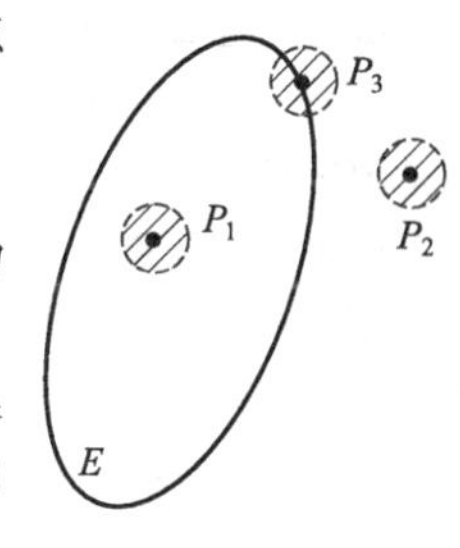

图 8.1

注：E 的内点均为 E 的聚点．E 的边界点（除单点集外）也是 E 的聚点．点集 E 的聚点可以属于 E，也可以不属于 E．

开集 如果点集 E 的点都是内点，则称 E 为**开集**．例如，点集 $E_1=\{(x,y)\mid 1<x^2+y^2<4\}$ 中每个点都是 E_1 的内点，因此 E_1 为**开集**.

闭集 如果点集 E 的余集是开集，则称点集 E 为**闭集**.

连通集 如果点集 E 内任何两点，都可用折线连接起来，且该折线上的点都属于 E，则称点集 E 为**连通集**.

区域（或开区域） 连通的开集称为**区域或开区域**．例如，$\{(x,y)\mid x+y>0\}$ 及 $\{(x,y)\mid 1<x^2+y^2<4\}$ 都是区域．

闭区域 开区域连同它的边界一起所构成的点集，称为**闭区域**，例如

$$\{(x,y)|x+y\geqslant 0\} \text{ 及 } \{(x,y)|1\leqslant x^2+y^2\leqslant 4\}$$

都是闭区域．

有界点集和无界点集 对于点集 E，如果存在正数 K，使 E 中的任意一点 P 与坐标原点 O 的距离 $|PO|$ 不超过 K，即 $|PO|\leqslant K$，则称 E 为有界点集，否则称为无界点集．例如，$\{(x,y)|1\leqslant x^2+y^2\leqslant 4\}$ 是有界闭区域，而 $\{(x,y)|x+y>0\}$ 是无界开区域．

注：平面上的点与点集的概念可以推广到 n 维空间 $\mathbf{R}^n$．

二元函数定义 设 D 是平面上的一个非空点集，称映射 $f:D\to\mathbf{R}$ 为定义在 D 上的二元函数，通常记作

$$z=f(x,y),(x,y)\in D \quad \text{或} \quad z=f(P),P\in D$$

其中点集 D 称为该函数的定义域，x，y 称为自变量，z 称为因变量. 数集 $\{z|z=f(x,y),(x,y)\in D\}$ 称为该函数的值域

***n* 元函数定义** 设 D 是 n 维空间 $\mathbf{R}^n$ 中的一个非空子集，映射 $f:D\to\mathbf{R}$ 称为定义在 D 上的 n 元函数，通常记作

$$u=f(x_1,x_2,\cdots,x_n) \quad (x_1,x_2,\cdots,x_n)\in D;$$

或 $$u=f(p)\quad P(x_1,x_2,\cdots,x_n)\in D.$$

当 $n=1$ 时，n 元函数就是一元函数．当 $n\geqslant 2$ 时，n 元函数就称为多元函数.

二元函数极限定义 设函数 $f(x,y)$ 的定义域为 D，$P_0(x_0,y_0)$ 是 D 的聚点．如果存在常数 A，对于任意给定的正数 ε，总存在正数 δ，使得对于满足不等式

$$0<|PP_0|=\sqrt{(x-x_0)^2+(y-y_0)^2}<\delta$$

的一切点 $P(x,y)\in D$，都有

$$|f(P)-A|=|f(x,y)-A|<\varepsilon$$

成立，则称常数 A 为函数 $f(x,y)$ 当 $(x,y)\to(x_0,y_0)$ 时的极限，记作

$$\lim_{\substack{x\to x_0\\y\to y_0}} f(x,y)=A \text{ 或 } \lim_{(x,y)\to(x_0,y_0)} f(x,y)=A$$

或 $f(x,y)\to A((x,y)\to(x_0,y_0))$ 或 $f(P)\to A \quad (P\to P_0)$

注：二元函数的极限运算具有与一元函数的极限运算相类似的法则.

二元函数连续定义 设二元函数 $f(x,y)$ 的定义域为 D，$P_0(x_0,y_0)$ 是 D 的聚点，且 $P_0\in D$．如果

$$\lim_{\substack{x\to x_0\\y\to y_0}} f(x,y)=f(x_0,y_0)$$

则称函数 $f(x,y)$ 在点 $P_0(x_0,y_0)$ 连续．

如果函数 $f(x,y)$ 在 D 的每一点都连续，则称函数 $f(x,y)$ 在 D 上连续，或者称 $f(x,y)$ 是 D 上的连续函数.

以上关于二元函数的连续性概念，可相应地推广到 n 元函数 $f(P)$．

二元函数间断点定义 设函数 $f(x,y)$ 的定义域为 D，$P_0(x_0,y_0)$ 是 D 的聚点，如果函数 $f(x,y)$ 在点 $P_0(x_0,y_0)$ 不连续，则称 $P_0(x_0,y_0)$ 为函数 $f(x,y)$ 的间断点.

多元连续函数的和、差、积、商的连续性 多元连续函数的和、差、积仍为连续函数；连续函数的商在分母不为零处仍连续.

多元连续函数的复合函数的连续性 多元连续函数的复合函数也是连续函数.

多元初等函数的概念 由常数和具有不同自变量的基本初等函数经过有限次的四则运算和有限次复合运算，并且用一个式子表示的多元函数称为多元初等函数，例如，$\dfrac{x+x^2-y^2}{1+y^2}$，$\tan(x+y+z)$ 等都是多元初等函数.

多元初等函数的连续性 一切多元初等函数在其定义区域内是连续的．所谓定义区域是指包含在定义域内的区域或闭区域.

有界闭区域上连续函数的性质

① 有界性定理　有界闭区域 D 上的多元连续函数一定有界．即存在常数 $M>0$，使得任意的 $P\in D$，有 $|f(P)|<M$.

② 最大最小值定理　有界闭区域 D 上的多元连续函数一定有最大值和最小值，即存在 $P_1,P_2\in D$ 使得 $f(P_1)=\max f(P)$，$f(P_2)=\min f(P)$．或者说，对于一切点 $P\in D$，有

$$f(P_2)\leqslant f(P)\leqslant f(P_1)$$

③ 介值定理　有界闭区域 D 上的多元连续函数，如果在 D 上取两个不同的函数值，则它在 D 上必取得介于这两个值之间的任何值. 特殊地，有界闭区域 D 上的多元连续函数必取到介于最大值和最小值之间的任何值.

④ 一致连续性定理　有界闭区域 D 上的多元连续函数必定在 D 上一致连续. 具体来说，若 $f(P)$ 在有界闭区域 D 上连续，那么对于任意给定的正数 ε，总存在正数 δ，使得对于 D 上的任意二点 P_1，P_2，只要当 $|P_1P_2|<\delta$ 时，都有

$$|f(P_1)-f(P_2)|<\varepsilon$$

成立.

§8.2 偏导数

二元函数偏导数定义 设函数 $z=f(x,y)$ 在点 (x_0,y_0) 的某一邻域内有定义，当 y 固定在 y_0 而 x 在 x_0 处有增量 Δx 时，相应地函数值 z 有增量 $\Delta z=f(x_0+\Delta x,y_0)-f(x_0,y_0)$，如果极限

$$\lim_{\Delta x\to 0}\frac{f(x_0+\Delta x,y)-f(x_0,y_0)}{\Delta x}$$

存在，则称此极限为函数 $z=f(x,y)$ 在点 (x_0,y_0) 处对 x 的偏导数，记作

$$\left.\frac{\partial z}{\partial x}\right|_{\substack{x=x_0\\y=y_0}},\ \left.\frac{\partial f}{\partial x}\right|_{\substack{x=x_0\\y=y_0}},\ z_x\Big|_{\substack{x=x_0\\y=y_0}} \text{或 } f_x(x_0,y_0)$$

类似地，函数 $z=f(x,y)$ 在点 (x_0,y_0) 处对 y 的偏导数定义为

$$\lim_{\Delta y\to 0}\frac{f(x_0,y_0+\Delta y)-f(x_0,y_0)}{\Delta y}$$

记作

$$\left.\frac{\partial z}{\partial y}\right|_{\substack{x=x_0\\y=y_0}},\ \left.\frac{\partial f}{\partial y}\right|_{\substack{x=x_0\\y=y_0}},\ z_y\Big|_{\substack{x=x_0\\y=y_0}} \text{或 } f_y(x_0,y_0)$$

如果函数 $z=f(x,y)$ 在区域 D 内每一点 (x,y) 处对 x 的偏导数都存在，

那么这个偏导数就是 x、y 的函数，它被称为函数 $z=f(x,y)$ 对自变量 x 的偏导函数，记作

$$\frac{\partial z}{\partial x},\ \frac{\partial f}{\partial x},\ z_x \text{ 或 } f_x(x,y)$$

类似地，可以定义函数 $z=f(x,y)$ 对自变量 y 的偏导函数，记作

$$\frac{\partial z}{\partial y},\ \frac{\partial f}{\partial y},\ z_y \text{ 或 } f_y(x,y)$$

二元函数偏导数的几何意义　设 $M_0(x_0,y_0,f(x_0,y_0))$ 为曲面 $z=f(x,y)$ 上的一点，过 M_0 做平面 $y=y_0$，截此曲面得一曲线，此曲线在平面 $y=y_0$ 上的方程为 $z=f(x,y_0)$，则导数 $\frac{\mathrm{d}}{\mathrm{d}x}f(x,y_0)\big|_{x=x_0}$ 即偏导数 $f_x(x_0,y_0)$，就是这曲线在点 M_0 处的切线 M_0T_x 对 x 轴的斜率（图 8.2）. 同样，偏导数 $f_y(x_0,y_0)$ 的几何意义是曲面被平面 $x=x_0$ 所截得的曲线在 M_0 处的切线 M_0T_y 对 y 轴的斜率.

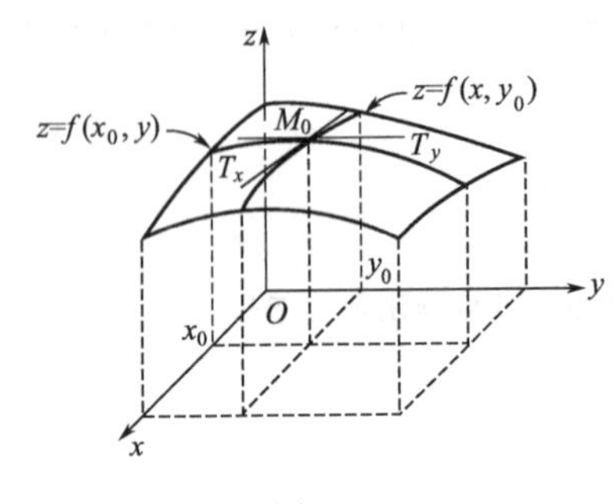

图 8.2

二元函数高阶偏导数概念 设函数 $z=f(x,y)$ 在区域 D 内具有偏导数

$$\frac{\partial z}{\partial x}=f_x(x,y)\ ,\ \frac{\partial z}{\partial y}=f_y(x,y)$$

那么在 D 内 $f_x(x,y)$，$f_y(x,y)$ 都是 x，y 的函数．如果这两个函数的偏导数也存在，则称 $f_x(x,y)$，$f_y(x,y)$ 的偏导数为函数 $z=f(x,y)$ 的二阶偏导数．按照对变量求导次序的不同有下列四个二阶偏导数

$$\frac{\partial}{\partial x}\left(\frac{\partial z}{\partial x}\right)=\frac{\partial^2 z}{\partial x^2}=f_{xx}(x,y)\ ,\quad \frac{\partial}{\partial y}\left(\frac{\partial z}{\partial x}\right)=\frac{\partial^2 z}{\partial x\,\partial y}=f_{xy}(x,y)$$

$$\frac{\partial}{\partial x}\left(\frac{\partial z}{\partial y}\right)=\frac{\partial^2 z}{\partial y\partial x}=f_{yx}(x,y)\ ,\quad \frac{\partial}{\partial y}\left(\frac{\partial z}{\partial y}\right)=\frac{\partial^2 z}{\partial y^2}=f_{yy}(x,y)$$

其中第二和第三这两个偏导数称为混合偏导数．同样可得三阶、四阶、…、n 阶偏导数．二阶及二阶以上的偏导数统称为高阶偏导数．

二阶混合偏导与求导顺序无关的条件 如果函数 $z=f(x,y)$ 的两个二阶混合偏导数 $\frac{\partial^2 z}{\partial y \partial x}$ 及 $\frac{\partial^2 z}{\partial x \partial y}$ 在区域 D 内连续，那么在该区域内这两个二阶混合偏导数必相等.

§8.3 全微分

二元函数的偏增量与偏微分的概念 由一元函数微分学的增量与微分的关系可得

$$f(x+\Delta x,y)-f(x,y)\approx f_x(x,y)\Delta x$$

$$f(x,y+\Delta y)-f(x,y)\approx f_y(x,y)\Delta y$$

上面两式的左端分别叫做二元函数对 x 和对 y 的偏增量，而右端分别叫做二元函数对 x 和对 y 的偏微分.

二元函数的全增量与全微分的定义 设函数 $z=f(x,y)$ 在点 $P(x,y)$ 的某邻域内有定义，并设 $P'(x+\Delta x,y+\Delta y)$ 为这邻域内的任意一点，则称这两点的函数值之差 $f(x+\Delta x,y+\Delta y)-f(x,y)$ 为函数在点 P 对应于自变量增量 Δx、Δy 的全增量，记作 Δz，即 $\Delta z=f(x+\Delta x,y+\Delta y)-f(x,y)$，如果此全增量

Δz 可表示为

$$\Delta z = A\Delta x + B\Delta y + o(\rho)$$

其中 A，B 不依赖于 Δx，Δy 而仅与 x，y 有关，$\rho = \sqrt{(\Delta x)^2 + (\Delta y)^2}$，则称函数 $z = f(x,y)$ 在点 (x,y) 可微分，而 $A\Delta x + B\Delta y$ 称为函数 $z = f(x,y)$ 在点 (x,y) 全微分，记作 $\mathrm{d}z$，即

$$\mathrm{d}z = A\Delta x + B\Delta y$$

如果函数在区域 D 内各点处都可微分，则称这个函数在 D 内可微分.

全微分存在的必要条件 如果函数 $z = f(x,y)$ 在点 (x,y) 可微分，则该函数在点 (x,y) 的偏导数 $\frac{\partial z}{\partial x}$，$\frac{\partial z}{\partial y}$ 必定存在，且函数 $z = f(x,y)$ 在点 (x,y) 的全微分为

$$\mathrm{d}z = \frac{\partial z}{\partial x}\Delta x + \frac{\partial z}{\partial y}\Delta y$$

全微分存在的充分条件 如果函数 $z = f(x,y)$ 的偏导数 $\frac{\partial z}{\partial x}$，$\frac{\partial z}{\partial y}$ 在点 (x,y) 连续，则函数在该点可微分.

n 元函数全微分的表达式 由二元函数的全微分表达式 $\mathrm{d}z=\frac{\partial z}{\partial x}\Delta x+\frac{\partial z}{\partial y}\Delta y$ 可知，二元函数的全微分是两个偏微分之和，由此可推广到三元函数、四元函数乃至 n 元函数的全微分表达式，全微分等于所有的偏微分之和. 例如三元函数 $u=f(x,y,z)$，其全微分为

$$\mathrm{d}u=\frac{\partial u}{\partial x}\Delta x+\frac{\partial u}{\partial y}\Delta y+\frac{\partial u}{\partial z}\Delta z$$

§8.4 多元复合函数的求导法则

中间变量均为一元函数的情形 如果函数 $u=\varphi(t)$ 及 $v=\phi(t)$ 在点 t 都可导，函数 $z=f(u,v)$ 在对应点 (u,v) 具有连续偏导数，则复合函数 $z=f(\varphi(t),\phi(t))$ 在点 t 可导，其导数为

$$\frac{\mathrm{d}z}{\mathrm{d}t}=\frac{\partial z}{\partial u}\cdot\frac{\mathrm{d}u}{\mathrm{d}t}+\frac{\partial z}{\partial v}\cdot\frac{\mathrm{d}v}{\mathrm{d}t}$$

用同样的方法，可推广到复合函数的中间变量多于两个的情景. 例如，设函数 $z=f(u,v,w)$，$u=\varphi(t)$，$v=\phi(t)$，$w=w(t)$ 复合而得的复合函数为.

$$z=f(\varphi(t),\phi(t),w(t)),$$

则在相类似的条件下，该复合函数在点 t 可导，其导数为

$$\frac{\mathrm{d}z}{\mathrm{d}t}=\frac{\partial z}{\partial u}\cdot\frac{\mathrm{d}u}{\mathrm{d}t}+\frac{\partial z}{\partial v}\cdot\frac{\mathrm{d}v}{\mathrm{d}t}+\frac{\partial z}{\partial w}\cdot\frac{\mathrm{d}w}{\mathrm{d}t}$$

其中导数 $\frac{\mathrm{d}z}{\mathrm{d}t}$ 也称为全导数.

中间变量均为多元函数的情形 设函数 $z=f(u,v)$，$u=\varphi(x,y)$，$v=\phi(x,y)$ 复合而成的复合函数为

$$z=f(\varphi(x,y),\phi(x,y))$$

如果 $u=\varphi(x,y)$ 及 $v=\phi(x,y)$ 都在点 (x,y) 具有对 x 及对 y 的偏导数，函数 $z=f(u,v)$ 在对应点 (u,v) 具有连续偏导数，则复合函数 $z=f(\varphi(x,y),\phi(x,y))$ 在点 (x,y) 的两个偏导数存在，且有

$$\frac{\partial z}{\partial x}=\frac{\partial z}{\partial u}\cdot\frac{\partial u}{\partial x}+\frac{\partial z}{\partial v}\cdot\frac{\partial v}{\partial x}\qquad\frac{\partial z}{\partial y}=\frac{\partial z}{\partial u}\cdot\frac{\partial u}{\partial y}+\frac{\partial z}{\partial v}\cdot\frac{\partial v}{\partial y}$$

类似地可推广到多个中间变量. 设 $u=\varphi(x,y)$，$v=\phi(x,y)$，$w=w(x,y)$ 都在点 (x,y) 具有对 x 及对 y 的偏导数，函数 $z=f(u,v,w)$ 在对应点 (u,v,w)

具有连续偏导数，则复合函数

$$z=f(\varphi(x,y),\phi(x,y),w(x,y))$$

在点 (x,y) 的两个偏导数存在，且有

$$\frac{\partial z}{\partial x}=\frac{\partial z}{\partial u}\cdot\frac{\partial u}{\partial x}+\frac{\partial z}{\partial v}\cdot\frac{\partial v}{\mathrm{d}x}+\frac{\partial z}{\partial w}\cdot\frac{\partial w}{\partial x}$$

$$\frac{\partial z}{\partial y}=\frac{\partial z}{\partial u}\cdot\frac{\partial u}{\partial y}+\frac{\partial z}{\partial v}\cdot\frac{\partial v}{\mathrm{d}y}+\frac{\partial z}{\partial w}\cdot\frac{\partial w}{\partial y}$$

中间变量既有一元函数又有多元函数的情形 如果 $z=f(u,x,y)$ 具有连续偏导数，而 $u=\varphi(x,y)$ 具有偏导数，则复合函数

$$z=f(\varphi(x,y),x,y)$$

在点（x，y）的两个偏导数存在，且有

$$\frac{\partial z}{\partial x}=\frac{\partial f}{\partial u}\cdot\frac{\partial u}{\partial x}+\frac{\partial f}{\mathrm{d}x}\qquad\frac{\partial z}{\partial y}=\frac{\partial f}{\partial u}\cdot\frac{\partial u}{\partial y}+\frac{\partial f}{\mathrm{d}y}$$

全微分形式的不变性 设函数 $z=f(u,v)$ 具有连续偏导数，则有全微分

$$\mathrm{d}z=\frac{\partial z}{\partial u}\mathrm{d}u+\frac{\partial z}{\partial v}\mathrm{d}v$$

如果 u ，v 又是 x ，y 的函数 $u=\varphi(x,y)$ ，$v=\phi(x,y)$ ，且这两个函数也具有连续偏导数，则复合函数

$$z=f(\varphi(x,y),\phi(x,y))$$

的全微分为

$$\begin{aligned}\mathrm{d}z&=\left(\frac{\partial z}{\partial u}\cdot\frac{\partial u}{\partial x}+\frac{\partial z}{\partial v}\cdot\frac{\partial v}{\partial x}\right)\mathrm{d}x+\left(\frac{\partial z}{\partial u}\cdot\frac{\partial u}{\partial y}+\frac{\partial z}{\partial v}\cdot\frac{\partial v}{\partial y}\right)\mathrm{d}y\\&=\frac{\partial z}{\partial u}\left(\frac{\partial u}{\partial x}\mathrm{d}x+\frac{\partial u}{\partial y}\mathrm{d}y\right)+\frac{\partial z}{\partial v}\left(\frac{\partial v}{\partial x}\mathrm{d}x+\frac{\partial v}{\partial y}\mathrm{d}y\right)\\&=\frac{\partial z}{\partial u}\mathrm{d}u+\frac{\partial z}{\partial v}\mathrm{d}v\end{aligned}$$

由此可见，无论变量 u ，v 是自变量还是中间变量，函数 $z=f(u,v)$ 的全微分形式是一样的. 这个性质称为全微分形式的不变性.

§8.5 隐函数的求导公式

单一方程情形

① 设函数 $F(x,y)$ 在点 $P(x_0,y_0)$ 的某一邻域内具有连续的偏导数，且 $F(x_0,y_0)=0$ ，$F_y(x_0,y_0)\neq 0$ ，则方程 $F(x,y)=0$ 在点 (x_0,y_0) 的某一邻

域内恒能唯一确定一个连续且具有连续导数的函数 $y=f(x)$，它满足条件 $y_0=f(x_0)$，并有

$$\frac{\mathrm{d}y}{\mathrm{d}x}=-\frac{F_x}{F_y} \tag{8.1}$$

② 设函数 $F(x,y,z)$ 在点 $P(x_0,y_0,z_0)$ 的某一邻域内具有连续的偏导数，且 $F(x_0,y_0,z_0)=0$，$F_z(x_0,y_0,z_0)\neq 0$，则方程 $F(x,y,z)=0$ 在点 (x_0,y_0,z_0) 的某一邻域内恒能唯一确定一个连续且具有连续偏导数的函数 $z=f(x,y)$，它满足条件 $z_0=f(x_0,y_0)$，并有

$$\frac{\partial z}{\partial x}=-\frac{F_x}{F_z},\ \frac{\partial z}{\partial y}=-\frac{F_y}{F_z} \tag{8.2}$$

方程组情形 设函数 $F(x,y,u,v)$，$G(x,y,u,v)$ 在点 $P(x_0,y_0,u_0,v_0)$ 的某一邻域内对各个变量具有连续的偏导数，又 $F(x_0,y_0,u_0,v_0)=0$，$G(x_0,y_0,u_0,v_0)=0$，且偏导数所组成的函数行列式［或称雅可比（Jacobi）式］

$$J=\frac{\partial(F,G)}{\partial(u,v)}=\begin{vmatrix}\dfrac{\partial F}{\partial u} & \dfrac{\partial F}{\partial v}\\ \dfrac{\partial G}{\partial u} & \dfrac{\partial G}{\partial v}\end{vmatrix}$$

在点 $P(x_0,y_0,u_0,v_0)$ 不等于零，则方程组 $F(x,y,u,v)=0$，$G(x,y,u,v)=0$ 在点 $P(x_0,y_0,u_0,v_0)$ 的某邻域内恒能唯一确定一组连续且具有连续偏导数的函数 $u=u(x,y)$，$v=v(x,y)$，它们满足条件 $u_0=u(x_0,y_0)$，$v_0=v(x_0,y_0)$，并有

$$\frac{\partial u}{\partial x}=-\frac{1}{J}\frac{\partial(F,G)}{\partial(x,v)}=-\frac{\begin{vmatrix}F_x & F_v\\ G_x & G_v\end{vmatrix}}{\begin{vmatrix}F_u & F_v\\ G_u & G_v\end{vmatrix}},\quad \frac{\partial v}{\partial x}=-\frac{1}{J}\frac{\partial(F,G)}{\partial(u,x)}=-\frac{\begin{vmatrix}F_u & F_x\\ G_u & G_x\end{vmatrix}}{\begin{vmatrix}F_u & F_v\\ G_u & G_v\end{vmatrix}},$$

$$\frac{\partial u}{\partial y}=-\frac{1}{J}\frac{\partial(F,G)}{\partial(y,v)}=-\frac{\begin{vmatrix}F_y & F_v\\ G_y & G_v\end{vmatrix}}{\begin{vmatrix}F_u & F_v\\ G_u & G_v\end{vmatrix}},\quad \frac{\partial v}{\partial y}=-\frac{1}{J}\frac{\partial(F,G)}{\partial(u,y)}=-\frac{\begin{vmatrix}F_u & F_y\\ G_u & G_y\end{vmatrix}}{\begin{vmatrix}F_u & F_v\\ G_u & G_v\end{vmatrix}}.$$

多元反函数求导公式 设函数 $x=x(u,v)$，$y=y(u,v)$ 在点 (u,v) 的某一邻域内连续且有连续偏导数，又

$$\frac{\partial(x,y)}{\partial(u,v)}\neq 0$$

方程组

$$
\begin{cases}x=x(u,v)\\ y=y(u,v)\end{cases} \tag{8.3}
$$

在点 (x,y,u,v) 的某邻域内唯一确定一组连续且具有连续偏导数的反函数 $u=u(x,y)$，$v=v(x,y)$，并可以用下述方法求得反函数的偏导数.

令 $\begin{cases}F(x,y,u,v)\equiv x-x(u,v)=0\\ G(x,y,u,v)=y-y(u,v)=0\end{cases}$ 有 $J=\dfrac{\partial(F,G)}{\partial(u,v)}=\dfrac{\partial(x,y)}{\partial(u,v)}\neq 0$

对 $\begin{cases}x\equiv x(u(x,y),v(x,y))\\ y\equiv y(u(x,y),v(x,y))\end{cases}$，两边对 x 求偏导：$\begin{cases}1=\dfrac{\partial x}{\partial u}\dfrac{\partial u}{\partial x}+\dfrac{\partial x}{\partial v}\dfrac{\partial v}{\partial x}\\ 0=\dfrac{\partial y}{\partial u}\dfrac{\partial u}{\partial x}+\dfrac{\partial y}{\partial v}\dfrac{\partial v}{\partial x}\end{cases}$

由于 $J\neq 0$，故可解得

$$
\frac{\partial u}{\partial x}=\frac{1}{J}\frac{\partial y}{\partial v},\quad \frac{\partial v}{\partial x}=-\frac{1}{J}\frac{\partial y}{\partial u}
$$

同理，可得

$$
\frac{\partial u}{\partial y}=-\frac{1}{J}\frac{\partial x}{\partial v},\quad \frac{\partial v}{\partial y}=\frac{1}{J}\frac{\partial x}{\partial u}
$$

【例】 设$\begin{cases} x=e^u+u\sin v \\ y=e^u-u\cos v \end{cases}$，求$\frac{\partial u}{\partial x}$，$\frac{\partial u}{\partial y}$，$\frac{\partial v}{\partial x}$，$\frac{\partial v}{\partial y}$.

解 令$\begin{cases} F(x,\ y,\ u,\ v)=x-e^u-u\sin v=0, \\ G(x,\ y,\ u,\ v)=y-e^u+u\cos v=0, \end{cases}$

$$J=\frac{\partial(F,\ G)}{\partial(u,\ v)}=\frac{\partial(x,\ y)}{\partial(u,\ v)}=\begin{vmatrix} \frac{\partial x}{\partial u} & \frac{\partial x}{\partial v} \\ \frac{\partial y}{\partial u} & \frac{\partial y}{\partial v} \end{vmatrix}=\begin{vmatrix} e^u+\sin v & u\cos v \\ e^u-\cos v & u\sin v \end{vmatrix}$$

$$=ue^u(\sin v-\cos v)+u\neq 0$$

所以，确定了反函数：$u=u(x,\ y)$，$v=v(x,\ y)$.

方程组$\begin{cases} x=e^u+u\sin v \\ y=e^u-u\cos v \end{cases}$两边对$x$求导，将$u$，$v$视为$x$的函数，

有
$$\begin{cases} 1=e^u\frac{\partial u}{\partial x}+\frac{\partial u}{\partial x}\sin v+\frac{\partial v}{\partial x}u\cos v \\ 0=e^u\frac{\partial u}{\partial x}-\frac{\partial u}{\partial x}\cos v+\frac{\partial v}{\partial x}u\sin v \end{cases}$$

由此方程组解出

$$\frac{\partial u}{\partial x}=\frac{\sin v}{\mathrm{e}^u(\sin v-\cos v)+1},\qquad \frac{\partial v}{\partial x}=\frac{\cos v-\mathrm{e}^u}{\mathrm{e}^u u(\sin v-\cos v)+u}$$

同理可得

$$\frac{\partial u}{\partial y}=\frac{-\cos v}{\mathrm{e}^u(\sin v-\cos v)+1},\qquad \frac{\partial v}{\partial y}=\frac{\sin v+\mathrm{e}^u}{\mathrm{e}^u u(\sin v-\cos v)+u}$$

§8.6 微分在几何上的应用

空间曲线的切线概念 设空间曲线 Γ 的参数方程为

$$x=\varphi(t),\ y=\phi(t),\ z=\omega(t)$$

并假定上述的三个函数都可导.

在曲线 Γ 上取对应于 $t=t_0$ 的一点 $M(x_0,y_0,z_0)$ 及对应于 $t=t_0+\Delta t$ 的邻近一点 $M'(x_0+\Delta x,y_0+\Delta y,z_0+\Delta z)$，根据解析几何，曲线的割线 MM' 的方程是

$$\frac{x-x_0}{\Delta x}=\frac{y-y_0}{\Delta y}=\frac{z-z_0}{\Delta z}$$

当 M' 沿着 Γ 趋于 M 时，割线 MM' 的极限位置 MT 就是曲线 Γ 在点 M 处的切线.（图 8.3).

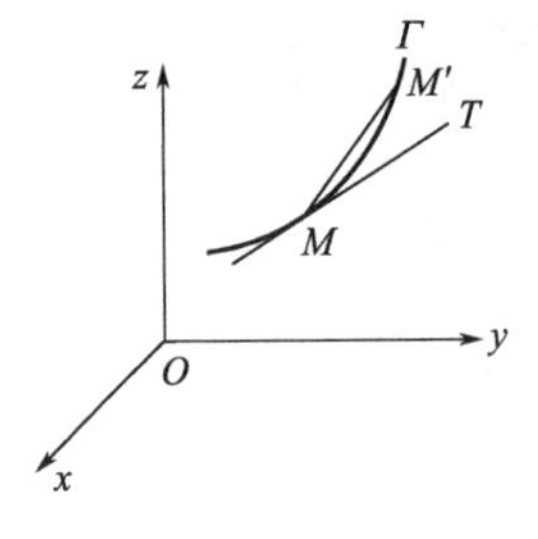

图 8.3

空间曲线的切向量 空间曲线在一点处的切线的方向向量称为曲线在该点处的切向量．当空间曲线 Γ 表示为参数方程时，切向量表示为

$$\boldsymbol{T}=\{\varphi'(t),\phi'(t),\omega'(t)\}.$$

空间曲线的切线方程 曲线在点 M 处的切线方程为

$$\frac{x-x_0}{\varphi'(t_0)}=\frac{y-y_0}{\phi'(t_0)}=\frac{z-z_0}{\omega'(t_0)}$$

这里假定 $\varphi'(t_0)$，$\phi'(t_0)$ 及 $\omega'(t_0)$ 不全为零.

空间曲线的法平面及其方程 通过空间曲线 Γ 上的点 M 而且与 M 点处的切线垂直的平面称为曲线 Γ 在点 M 处的法平面，法平面方程为

$$\varphi'(t_0)(x-x_0)+\phi'(t_0)(y-y_0)+\omega'(t_0)(z-z_0)=0$$

其他形式的空间曲线方程的切线与法平面方程

① 如果空间曲线 Γ 的方程为

$$\begin{cases} y=\varphi(x) \\ z=\psi(x) \end{cases}$$

取 x 为参数，它就可以表示为参数方程的形式

$$\begin{cases} x=x \\ y=\varphi(x) \\ z=\psi(x) \end{cases}$$

若 $y=\varphi(x)$，$z=\psi(x)$ 都在 $x=x_0$ 处可导，则切向量为 $\boldsymbol{T}=\{1, \varphi'(x), \psi'(x_0)\}$，曲线 Γ 在点 $M(x_0, y_0, z_0)$ 处的切线方程为

$$\frac{x-x_0}{1}=\frac{y-y_0}{\varphi'(x_0)}=\frac{z-z_0}{\psi'(x_0)}$$

曲线 Γ 在点 $M(x_0, y_0, z_0)$ 处的法平面方程为

$$(x-x_0)+\varphi'(x_0)(y-y_0)+\psi'(z-z_0)=0$$

② 如果空间曲线 Γ 的方程为

$$\begin{cases} F(x,y,z)=0 \\ G(x,y,z)=0 \end{cases}$$

$M(x_0, y_0, z_0)$ 是曲线 Γ 上的一个点. 设 F，G 有对各个变量的连续偏导数，且

$\left.\dfrac{\partial(F,G)}{\partial(x,y)}\right|_{(x_0,y_0,z_0)}\neq 0$. 则切向量为 $\boldsymbol{T}_1=\left\{\begin{vmatrix}F_y & F_z\\ G_y & G_z\end{vmatrix}_0, \begin{vmatrix}F_z & F_x\\ G_z & G_x\end{vmatrix}_0, \begin{vmatrix}F_x & F_y\\ G_x & G_y\end{vmatrix}_0\right\}$,

曲线 Γ 在点 $M(x_0, y_0, z_0)$ 处的切线方程为

$$\frac{x-x_0}{\begin{vmatrix}F_y & F_z\\ G_y & G_z\end{vmatrix}_0}=\frac{y-y_0}{\begin{vmatrix}F_z & F_x\\ G_z & G_x\end{vmatrix}_0}=\frac{z-z_0}{\begin{vmatrix}F_x & F_y\\ G_x & G_y\end{vmatrix}_0}$$

曲线 Γ 在点 $M(x_0, y_0, z_0)$ 处的法平面方程为

$$\begin{vmatrix}F_y & F_z\\ G_y & G_z\end{vmatrix}_0(x-x_0)+\begin{vmatrix}F_z & F_x\\ G_z & G_x\end{vmatrix}_0(y-y_0)+\begin{vmatrix}F_x & F_y\\ G_x & G_y\end{vmatrix}_0(z-z_0)=0$$

曲面的切平面和法线的概念 曲面上通过点 M 的一切曲线在点 M 的切线都在同一个平面上，这个平面称为曲面 Σ 在点 M 的**切平面**. 通过点 M 且垂直于切平面的直线称为曲面在该点处的法线（图 8.4）.

曲面法向量的概念 垂直于曲面上切平面的向量称为曲面的法向量.

曲面的切平面与法线方程

① 曲面 Σ 方程为 $F(x,y,z)=0$，$M(x_0,y_0,z_0)$ 是曲面 Σ 上的一点，函数 $F(x,y,z)$ 在点 M 处的偏导数连续且不同时为零，则向量

$\boldsymbol{n}=\{F_x(x_0,y_0,z_0),F_y(x_0,y_0,z_0),F_z(x_0,y_0,z_0)\}$

是曲面 Σ 在点 M 处的一个法向量. 过点 M 的切平面方程为

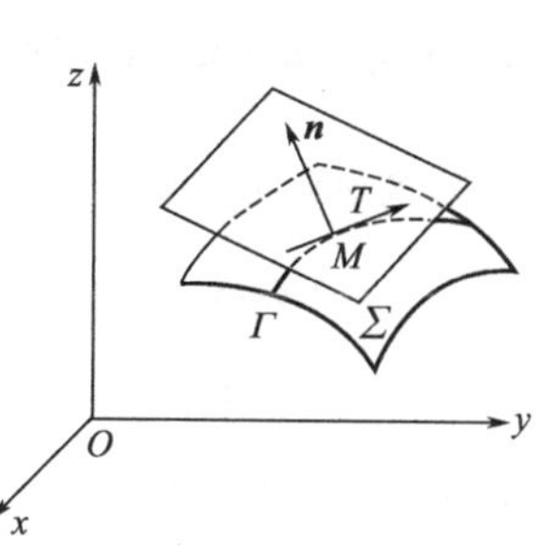

图 8.4

$$F_x(x_0,y_0,z_0)(x-x_0)+F_y(x_0,y_0,z_0)(y-y_0)+F_z(x_0,y_0,z_0)(z-z_0)=0$$

过点 M 的法线方程为

$$\frac{x-x_0}{F_x(x_0,y_0,z_0)}=\frac{y-y_0}{F_y(x_0,y_0,z_0)}=\frac{z-z_0}{F_z(x_0,y_0,z_0)}$$

② 曲面 Σ 方程为 $z=f(x,y)$，$M(x_0,y_0,z_0)$ 是曲面 Σ 上的一点，令

$$F(x,y,z)=f(x,y)-z$$

当函数 $f(x,y)$ 的偏导数 $f_x(x,y)$，$f_y(x,y)$ 在点 (x_0,y_0) 连续时，曲面 Σ 在

点 $M(x_0,y_0,z_0)$ 处的法向量为

$$\boldsymbol{n}=\{f_x(x_0,y_0),f_y(x_0,y_0),-1\}$$

过点 M 的切平面方程为

$$f_x(x_0,y_0)(x-x_0)+f_y(x_0,y_0)(y-y_0)-(z-z_0)=0$$

或 $$z-z_0=f_x(x_0,y_0)(x-x_0)+f_y(x_0,y_0)(y-y_0)$$

过点 M 的法线方程为

$$\frac{x-x_0}{f_x(x_0,y_0)}=\frac{y-y_0}{f_y(x_0,y_0)}=\frac{z-z_0}{-1}$$

曲面法向量的方向余弦

① 光滑曲面 Σ：$F(x,y,z)=0$，$M(x_0,y_0,z_0)$ 是 Σ 上一点．法向量 $\boldsymbol{n}=\{F'_x(x_0,y_0,z_0),F'_y(x_0,y_0,z_0),F'_z(x_0,y_0,z_0)\}$

$\boldsymbol{n}$ 的方向余弦为

$$\cos\alpha=\frac{F'_x(x_0,y_0,z_0)}{|\boldsymbol{n}|},\cos\beta=\frac{F'_y(x_0,y_0,z_0)}{|\boldsymbol{n}|},\cos\gamma=\frac{F'_z(x_0,y_0,z_0)}{|\boldsymbol{n}|}$$

② 曲面 Σ : $z=f(x,y)$. $M(x_0,y_0,z_0)$ 是曲面 Σ 上一点 .

法向量 $n=\{-f_x(x_0,y_0)-f_y(x_0,y_0),1\}$

n 的方向余弦为

$$\cos\alpha=\frac{-f_x(x_0,y_0)}{|n|},\ \cos\beta=\frac{-f_y(x_0,y_0)}{|n|},\ \cos\gamma=\frac{1}{|n|}$$

二元函数全微分的几何意义 函数 $z=f(x,y)$ 在点 (x_0,y_0) 的全微分表示曲面 $z=f(x,y)$ 在点 $M(x_0,y_0,z_0)$ 处的切平面上的竖坐标的增量，即

$$\begin{aligned}z-z_0&=f_x(x_0,y_0)(x-x_0)+f_y(x_0,y_0)(y-y_0)\\&=f_x(x_0,y_0)\Delta x+f_y(x_0,y_0)\Delta y=\mathrm{d}z\end{aligned}$$

上式的左端是切平面上的竖坐标的增量，右端恰好是函数 $z=f(x,y)$ 在点 (x_0,y_0) 的全微分.

§8.7 方向导数与梯度

方向导数定义 设函数 $z=f(x,y)$ 在点 $P_0(x_0,y_0)$ 的某邻域 $U(P_0)$ 内有定义. 自点 P_0 引射线 l，又设 $P'(x_0+\Delta x,y_0+\Delta y)$ 为 l 上的另一点且 $P'\in$

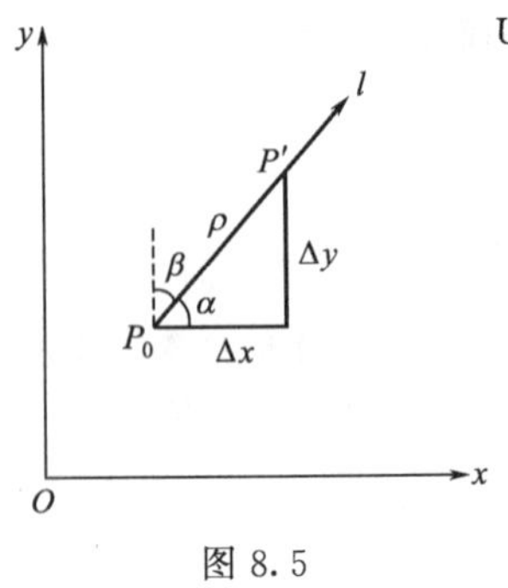

图 8.5

$U(P_0)$，考虑函数的全增量 $f(x+\Delta x,y+\Delta y)-f(x,y)$ 与 P，P' 两点间的距离 $\rho=\sqrt{(\Delta x)^2+(\Delta y)^2}$ 之比（图 8.5），当 P' 沿着 l 趋于 P 时，如果这个比值的极限存在，则称此极限为函数 $f(x,y)$ 在点 P_0 处沿方向 l 的**方向导数**，记作 $\frac{\partial f}{\partial l}$，即

$$\frac{\partial f}{\partial l}=\lim_{\rho\to 0}\frac{f(x+\Delta x,y+\Delta y)-f(x,y)}{\rho}$$

方向导数的存在条件和计算公式　如果函数 $z=f(x,y)$ 在点 $P(x,y)$ 是可微分的，则函数在该点沿任一方向 l 的方向导数都存在，且有

$$\frac{\partial f}{\partial l}=\frac{\partial f}{\partial x}\cos\alpha+\frac{\partial f}{\partial y}\cos\beta$$

其中 $\{\cos\alpha,\cos\beta\}$ 是方向 l 的**方向余弦**.

梯度的概念　设函数 $z=f(x,y)$ 在平面区域 D 内具有一阶连续偏导数，则对于

每一点 $P(x,y)\in D$，定义向量

$$\frac{\partial f}{\partial x}\boldsymbol{i}+\frac{\partial f}{\partial y}\boldsymbol{j}$$

则称此向量为函数 $z=f(x,y)$ 在点 $P(x,y)$ 的梯度，记作 $\mathrm{grad}f(x,y)$，即

$$\mathrm{grad}f(x,y)=\frac{\partial f}{\partial x}\boldsymbol{i}+\frac{\partial f}{\partial y}\boldsymbol{j}$$

梯度与方向导数的关系

① 梯度描述方向导数　如果函数 $f(x,y)$ 在点 $P_0(x_0,y_0)$ 处可微，$\boldsymbol{e}_l=\{\cos\alpha,\cos\beta\}$ 是方向 $\boldsymbol{l}$ 的方向余弦，则

$$\begin{aligned}\left.\frac{\partial f}{\partial \boldsymbol{l}}\right|_{(x_0,y_0)}&=f'_x(x_0,y_0)\cos\alpha+f'_y(x_0,y_0)\cos\beta\\&=\{f'_x(x_0,y_0),f'_y(x_0,y_0)\}\cdot\{\cos\alpha,\cos\beta\}\\&=\mathrm{grad}f(x_0,y_0)\cdot\boldsymbol{e}_l=|\mathrm{grad}f(x_0,y_0)|\cos\theta\end{aligned}$$

其中 θ 为 $\mathrm{grad}f(x_0,y_0)$ 与 $\boldsymbol{e}_l$ 的夹角.

当 $\theta=0$ 时，$\left.\dfrac{\partial f}{\partial \boldsymbol{l}}\right|_{(x_0,y_0)}$ 取得最大值，即函数 $f(x,y)$ 沿梯度方向的方向导数最大，且最大值是梯度的模 $|\mathrm{grad}f(x,y)|=\sqrt{\left(\dfrac{\partial f}{\partial x}\right)^2+\left(\dfrac{\partial f}{\partial y}\right)^2}$.

② 方向导数描述梯度　函数在某点的梯度的方向是该点处方向导数取得最大值的方向，而它的模等于方向导数的最大值. 由梯度的定义可知，梯度的模为

$$|\mathrm{grad}f(x,y)|=\sqrt{\left(\frac{\partial f}{\partial x}\right)^2+\left(\frac{\partial f}{\partial y}\right)^2}.$$

§8.8　多元函数的极值及其求法

二元函数极值的定义　设函数 $z=f(x,y)$ 的定义域为 D，$P_0(x_0,y_0)$ 为 D 的内点. 若存在 P_0 的某个邻域 $U(P_0)\in D$，使得对于该邻域内异于 P_0 的任何点 $P(x,y)$，都有 $f(x,y)<f(x_0,y_0)$，则称函数 $f(x,y)$ 在点 (x_0,y_0) 有极大值 $f(x_0,y_0)$，点 (x_0,y_0) 称为函数 $f(x,y)$ 的极大值点；若对于该邻域内异

于 P_0 的任何点 $P(x,y)$，都有 $f(x,y) > f(x_0,y_0)$，则称函数 $f(x,y)$ 在点 (x_0,y_0) 有极小值 $f(x_0,y_0)$，点 (x_0,y_0) 称为函数 $f(x,y)$ 的极小值点. 函数的极大值、极小值统称为极值，使函数取得极值的点称为极值点.

注： 推广到 n 元函数极值的情形. 设 n 元函数 $u=f(P)$ 的定义域为 D，P_0 为 D 的内点. 若存在 P_0 的某个邻域 $U(P_0)\in D$，使得该邻域内异于 P_0 的任何点 P，都有 $f(P)<f(P_0)$（或 $f(P)>f(P_0)$）则称函数 $f(P)$ 在点 P_0 有极大值（或极小值）$f(P_0)$，点 P_0 称为函数 $f(P)$ 的极大值点（或极小值点）

极值的必要条件 设函数 $z=f(x,y)$ 在点 (x_0,y_0) 具有偏导数，且在点 (x_0,y_0) 处有极值，则它在该点的偏导数必然为零.

极值的充分条件 设函数 $z=f(x,y)$ 在点 (x_0,y_0) 的某邻域内连续且有一阶及二阶偏导数，又 $f_x(x_0,y_0)=0$，$f_y(x_0,y_0)=0$，令

$$f_{xx}(x_0,y_0)=A, \quad f_{xy}(x_0,y_0)=B, \quad f_{yy}(x_0,y_0)=C$$

则 $f(x,y)$ 在 (x_0,y_0) 处是否取得极值的条件如下：

① $AC-B^2>0$ 时具有极值，且当 $A<0$ 时有极大值，当 $A>0$ 时有极小值；

② $AC-B^2<0$ 时没有极值；

③ $AC-B^2=0$ 时可能有极值，也可能没有极值，还需另作讨论.

条件极值与无条件极值 在讨论函数极值问题时，如果对于函数的自变量，除了限制在函数的定义域内以外，并无其他约束条件，则函数的这种极值称为无条件极值. 如果对于函数的自变量，除了定义域之外，还有其他附加的约束条件，则函数的这种极值称为条件极值.

拉格朗日乘子法 拉格朗日乘子法（又称为拉格朗日乘数法）是求函数条件极值的一种方法. 例如求函数 $z=f(x,y)$ 在约束条件 $\varphi(x,y)=0$ 下的极值，令

$$L(x,y,\lambda)=f(x,y)+\lambda\varphi(x,y)$$

函数 $L(x,y,\lambda)$ 称为拉格朗日函数，其中 λ 称为拉格朗日乘子. 分别求拉格朗日函数 $L(x,y,\lambda)$ 对 x，y 和 λ 的一阶偏导数，并令其为零，得联立方程组：

$$\begin{cases} f_x(x,y)+\lambda\varphi_x(x,y)=0 \\ f_y(x,y)+\lambda\varphi_y(x,y)=0 \\ \varphi(x,y)=0 \end{cases}$$

解此方程组得到 x，y 及 λ，其中 (x,y) 就是函数 $f(x,y)$ 在约束条件 $\varphi(x,y)=0$ 下的可能极值点.

这种方法还可以推广到自变量多于两个，约束条件多于一个的情形. 例如求函数 $u=f(x,y,z,t)$ 在约束条件 $\varphi(x,y,z,t)=0$，$\phi(x,y,z,t)=0$ 下的极值，令

$$L(x,y,z,t,\lambda,\mu)=f(x,y,z,t)+\lambda\varphi(x,y,z,t)+\mu\phi(x,y,z,t)$$

其中 λ，μ 为拉格朗日乘子，分别求拉格朗日函数 $L(x,y,z,t,\lambda,\mu)$ 对 x，y，t，λ 和 μ 的一阶偏导数，并令其为零，得联立方程组. 通过求解此方程组得到的 (x,y,z,t) 就是函数 $f(x,y,z,t)$ 在约束条件下的可能极值点.

拉格朗日乘子法的本质，是通过拉格朗日乘子，将约束条件引入到拉格朗日函数中，从而将原来的条件极值问题转化为无条件极值问题.

本章知识点及其关联网络①（多元函数微分法）

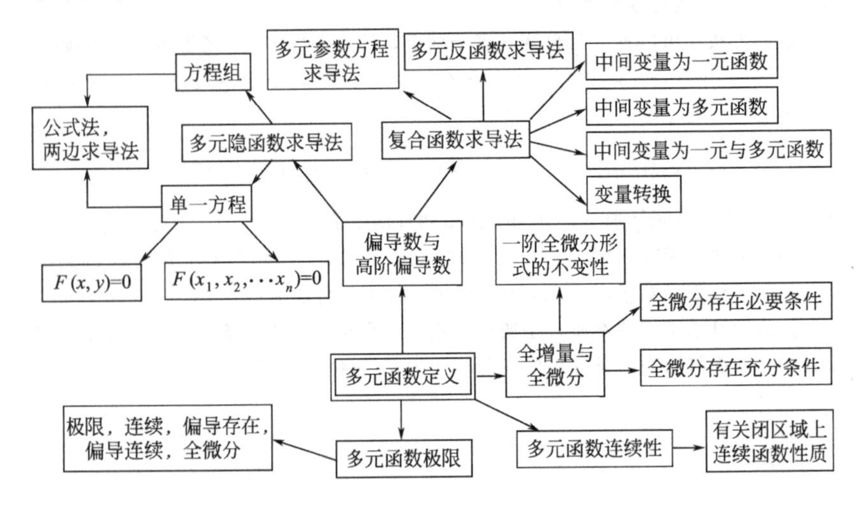

本章知识点及其关联网络②（多元函数微分法应用）

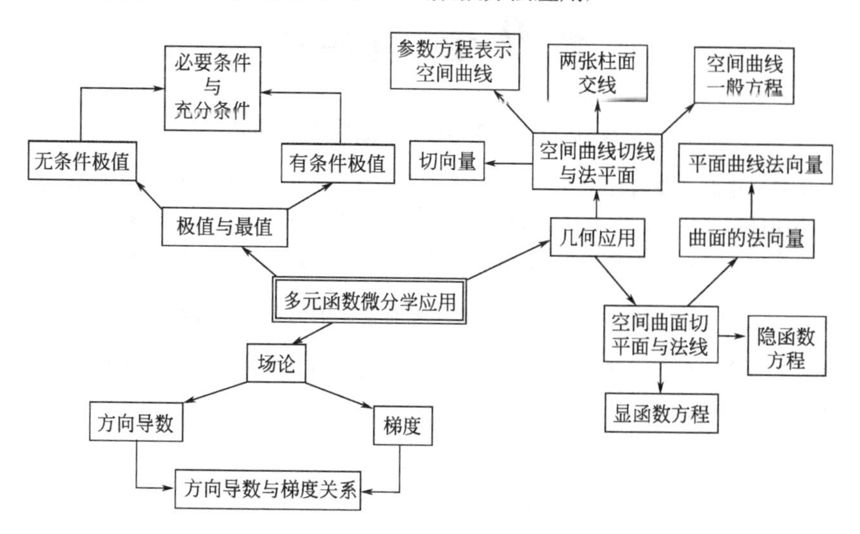

第9章 重积分

§9.1 二重积分的概念与性质

二重积分定义 设函数 $f(x,y)$ 在有界闭区域 D 上有界. 将闭区域 D 任意分成 n 个小闭区域 $\Delta\sigma_1,\Delta\sigma_2,\cdots\Delta\sigma_n$，其中 $\Delta\sigma_i$ 表示第 i 个小闭区域，也用来表示它的面积. 在每个 $\Delta\sigma_i$ 上任取一点 (ξ_i,η_i)，作乘积 $f(\xi_i,\eta_i)\Delta\sigma_i(i=1,2,\cdots n)$，并作和式 $\sum\limits_{i=1}^{n} f(\xi_i,\eta_i)\Delta\sigma_i$. 如果当各小闭区域的直径中的最大值 λ 趋于零时，这个和式的极限总存在，则称此极限为函数 $f(x,y)$ 在闭区域 D 上的二重积分，记作 $\iint\limits_D f(x,y)\mathrm{d}\sigma$，即

$$\iint\limits_D f(x,y)\mathrm{d}\sigma=\lim_{\lambda\to 0}\sum_{i=1}^{n} f(\xi_i,\eta_i)\Delta\sigma_i$$

其中 $f(x,y)$ 称为被积函数，$f(x,y)\mathrm{d}\sigma$ 称为被积表达式，$\mathrm{d}\sigma$ 称为面积微元，x 与 y 称为积分变量，D 称为积分区域，$\sum\limits_{i=1}^{n} f(\xi_i,\eta_i)\Delta\sigma_i$ 称为积分和.

二重积分性质

① 线性性质　设 α，β 为常数，则

$$\iint\limits_D [\alpha f(x,y) \pm \beta g(x,y)]\mathrm{d}\sigma = \alpha\iint\limits_D f(x,y)\mathrm{d}\sigma \pm \beta\iint\limits_D g(x,y)\mathrm{d}\sigma$$

注：此性质可推广到有限个函数的线性组合的情形.

② 分域性质　如果闭区域 D 被有限条曲线分为有限个部分闭区域，则在 D 上的二重积分等于在各部分闭区域上的二重积分的和. 例如 D 分为两个闭区域 D_1 与 D_2，则

$$\iint\limits_D f(x,y)\mathrm{d}\sigma = \iint\limits_{D_1} f(x,y)\mathrm{d}\sigma + \iint\limits_{D_2} f(x,y)\mathrm{d}\sigma$$

注：此性质表示二重积分对于积分区域具有可加性.

③ 比较性质　如果在 D 上，$f(x,y)\leqslant\varphi(x,y)$，则有不等式

$$\iint\limits_D f(x,y)\mathrm{d}\sigma\leqslant\iint\limits_D\varphi(x,y)\mathrm{d}\sigma$$

特别地，有不等式

$$\left|\iint\limits_D f(x,y)\mathrm{d}\sigma\right|\leqslant\iint\limits_D|f(x,y)|\mathrm{d}\sigma .$$

设 M，m 分别是 $f(x,y)$ 在 D 上的最大值和最小值，σ 是 D 的面积，则有

$$m\sigma\leqslant\iint\limits_D f(x,y)\mathrm{d}\sigma\leqslant M\sigma .$$

④ 几何性质　如果在 D 上，$f(x,y)\equiv 1$，σ 为 D 的面积，则

$$\sigma=\iint\limits_D 1\cdot\mathrm{d}\sigma=\iint\limits_D\mathrm{d}\sigma$$

注： 此性质从几何上可解释为高是 1 的平顶柱体的体积在数值上等于柱体的底面积.

⑤ 二重积分中值定理　设函数 $f(x,y)$ 在闭区域 D 上连续，σ 是 D 的面积，

则在 D 上至少存在一点 (ξ,η) 使得下式成立：

$$\iint_D f(x,y)\mathrm{d}\sigma = f(\xi,\eta)\cdot\sigma$$

§9.2 二重积分的计算法

二重积分计算的基本方法是将二重积分化成二次定积分. 但是在不同的坐标系下有不同的表达形式.

直角坐标系中二重积分的计算 在直角坐标系中，面积微元 $\mathrm{d}\sigma=\mathrm{d}x\mathrm{d}y$，二重积分可表作

$$\iint_D f(x,y)\mathrm{d}\sigma = \iint_D f(x,y)\mathrm{d}x\mathrm{d}y$$

① X 型积分区域 如果积分区域 D 可以用不等式 $\varphi_1(x)\leqslant y\leqslant \varphi_2(x)$，$a\leqslant x\leqslant b$ 来表示［图 9.1 (a)、(b)］，其中函数 $\varphi_1(x)$，$\varphi_2(x)$ 在区间 $[a,b]$ 上连续，则称积分区域 D 为 X 型积分区域，且有

$$\iint_D f(x,y)\mathrm{d}\sigma = \int_a^b \mathrm{d}x\int_{\varphi_1(x)}^{\varphi_2(x)} f(x,y)\mathrm{d}y$$

这种积分顺序称为“先 y 后 x”.

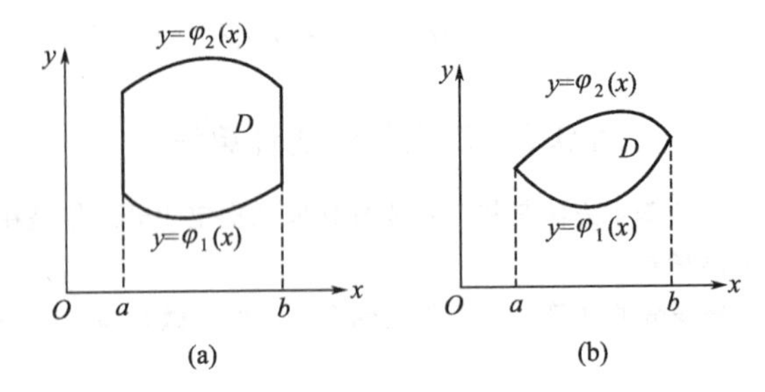

图 9.1

② Y 型积分区域　如果积分区域 D 可以用不等式 $\psi_1(y)\leqslant x\leqslant\psi_2(y)$，$c\leqslant y\leqslant d$ 来表示，[图 9.2 (a)、(b)]，其中函数 $\psi_1(y)$，$\psi_2(y)$ 在区间 $[c,d]$ 上连续，则称积分区域 D 为 Y 型积分区域，且有

$$\iint\limits_D f(x,y)\mathrm{d}\sigma=\int_c^{\mathrm{d}}\mathrm{d}y\int_{\psi_1(x)}^{\psi_2(x)}f(x,y)\mathrm{d}x$$

这种积分顺序称为“先 x 后 y”.

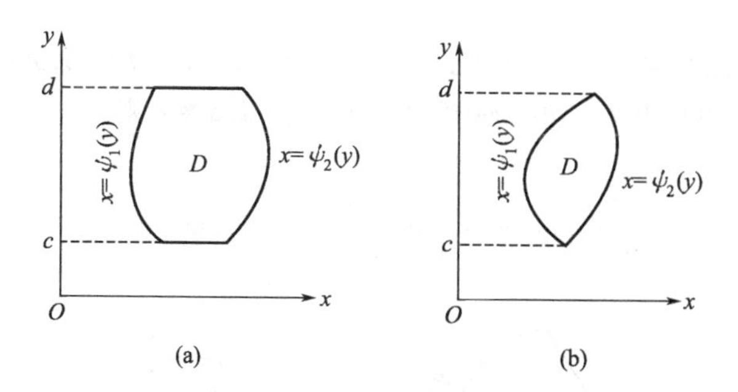

图 9.2

极坐标系中二重积分的计算 在极坐标系中，面积微元 $\mathrm{d}\sigma = r\mathrm{d}r\mathrm{d}\theta$，其中 r 为极径，θ 为极角. 二重积分可表作

$$\iint_D f(x,y)\mathrm{d}\sigma = \iint_D f(r\cos\theta, r\sin\theta) r\mathrm{d}r\mathrm{d}\theta$$

积分区域 D 在极坐标系中有三种典型的形式，它们的描述及相应的二重积分计算如下：

① 设积分区域 D 可以用不等式 $\varphi_1(\theta)\leqslant r\leqslant\varphi_2(\theta),\alpha\leqslant\theta\leqslant\beta$ 来表示，[图 9.3 (a)、(b)]，其中函数 $\varphi_1(\theta)$，$\varphi_2(\theta)$ 在区间 $[\alpha,\beta]$ 上连续，则

$$\iint_D f(x,y)\mathrm{d}\sigma=\int_\alpha^\beta \mathrm{d}\theta\int_{\varphi_1(\theta)}^{\varphi_2(\theta)} f(r\cos\theta,r\sin\theta)r\mathrm{d}r$$

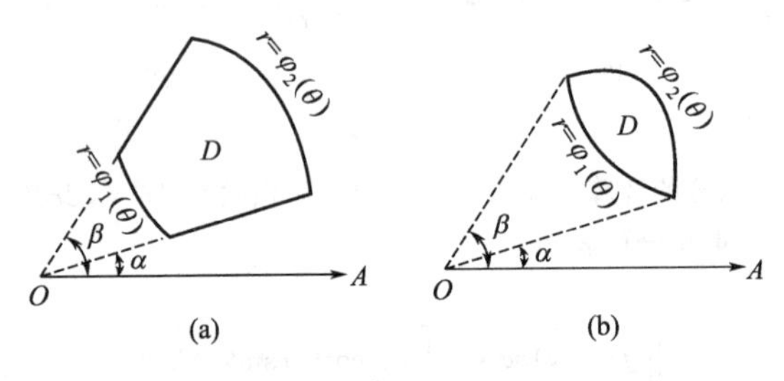

图 9.3

② 设积分区域 D 可以用不等式 $0\leqslant r\leqslant\varphi(\theta),\alpha\leqslant\theta\leqslant\beta$ 来表示［图 9.4］，其中函数 $\varphi(\theta)$ 在区间 $[\alpha,\beta]$ 上连续，则

$$\iint_D f(x,y)\mathrm{d}\sigma=\int_\alpha^\beta \mathrm{d}\theta\int_0^{\varphi(\theta)} f(r\cos\theta,r\sin\theta)r\mathrm{d}r$$

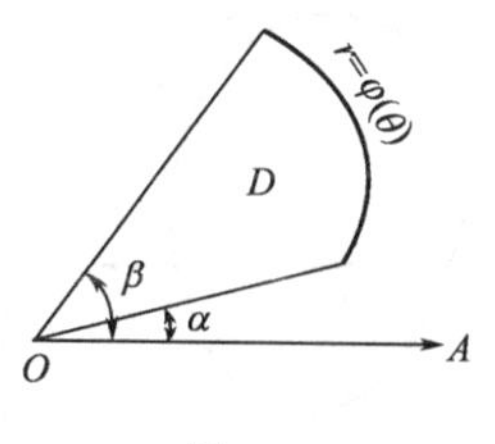

图 9.4

③ 设积分区域 D 可以用不等式

$$0\leqslant r\leqslant\varphi(\theta),0\leqslant\theta\leqslant 2\pi$$

来表示（图 9.5），其中函数 $\varphi(\theta)$ 在区间 $[0,2\pi]$ 上连续，则

$$\iint_D f(x,y)\mathrm{d}\sigma=\int_0^{2\pi} \mathrm{d}\theta\int_0^{\varphi(\theta)} f(r\cos\theta,r\sin\theta)r\mathrm{d}r$$

二重积分换元定理 设函数 $f(x,y)$ 在 xOy 平面上的闭区域 D 上连续，变换 T: $x=x(u,v),y=y(u,v)$，将 uOv 平面上的闭区域 D' 变为 xOy 平面上的 D，且满足

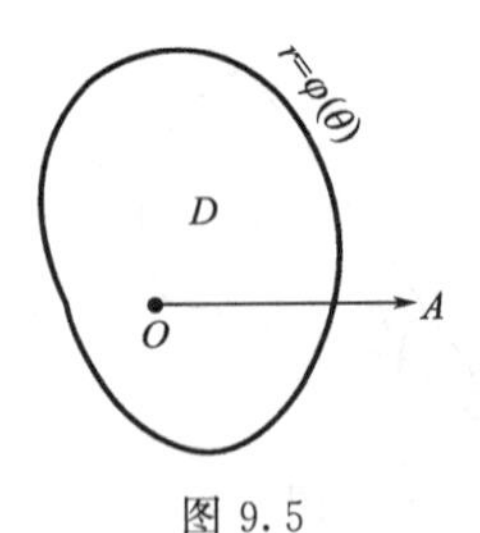

图 9.5

① $x(u,v)$，$y(u,v)$ 在 D' 上具有一阶连续偏导数；

② 在 D' 上雅可比式 $J(u,v)=\dfrac{\partial(x,y)}{\partial(u,v)}\neq 0$；

③ 变换 $T:D\to D'$ 是一对一的.

则有

$$\iint\limits_{D} f(x,y)\mathrm{d}x\mathrm{d}y=\iint\limits_{D'} f[x(u,v),y(u,v)]\,|J(u,v)|\,\mathrm{d}u\mathrm{d}v.$$

此公式称为二重积分的换元公式.

§9.3 三重积分

三重积分定义 设 $f(x,y,z)$ 是空间有界闭区域 Ω 上的有界函数. 将 Ω 任意分成 n 个小闭区域 $\Delta v_1,\Delta v_2,\cdots,\Delta v_n$，其中 Δv_i 表示第 i 个小闭区域，也用来表示它的体积. 在每个 Δv_i 上任取一点 (ξ_i,η_i,ζ_i)，作乘积 $f(\xi_i,\eta_i,\zeta_i)\Delta v_i(i=1,2,\cdots,$

n)，并作和式 $\sum_{i=1}^{n} f(\xi_i, \eta_i, \zeta_i) \Delta v_i$ ，如果当各个闭区域直径中的最大值 λ 趋于零时，这个和式的极限总存在，则称此极限为函数 $f(x,y,z)$ 在闭区域 Ω 上的三重积分. 记作 $\iiint\limits_{\Omega} f(x,y,z)\mathrm{d}v$ ，即

$$\iiint\limits_{\Omega} f(x,y,z)\mathrm{d}v = \lim_{\lambda \to 0} \sum_{i=1}^{n} f(\xi_i, \eta_i, \zeta_i) \Delta v_i$$

其中 $f(x,y,z)$ 称为**被积函数**，$f(x,y,z)\mathrm{d}v$ 称为**被积表达式**，$\mathrm{d}v$ 称为**体积微元**，x，y 与 z 称为**积分变量**，Ω 称为**积分区域**，$\sum_{i=1}^{n} f(\xi_i, \eta_i, \zeta_i) \Delta v_i$ 称为**积分和**.

三重积分性质 三重积分具有和二重积分完全类似的性质：线性性质、分域性质、比较性质、几何性质和三重积分中值定理. 这里不再重复.

直角坐标系中三重积分的计算 在直角坐标系中，体积微元 $\mathrm{d}v = \mathrm{d}x\mathrm{d}y\mathrm{d}z$ ，而把三重积分记作

$$\iiint_{\Omega} f(x,y,z)\mathrm{d}v = \iiint_{\Omega} f(x,y,z)\mathrm{d}x\mathrm{d}y\mathrm{d}z$$

① 投影法将积分区域 Ω 投影到 xOy 面，得到 xOy 面上区域 $D_{xy}\begin{cases} a \leqslant x \leqslant b, \\ y_1(x) \leqslant y \leqslant y_2(x), \end{cases}$ 任取点 $(x,y) \in D_{xy}$ ，过点 (x,y) 作垂直于 xOy 面的射线穿过积分区域 Ω，与 Ω 的边界交于 $z_1(x,y)$ 和 $z_2(x,y)$（图 9.6）。于是，积分区域 Ω 可以表示为

$$\Omega = \{(x,y,z) \mid a \leqslant x \leqslant b, y_1(x) \leqslant y \leqslant y_2(x), z_1(x,y) \leqslant z \leqslant z_2(x,y)\}$$

则有

$$\begin{aligned} \iiint_{\Omega} f(x,y,z)\mathrm{d}x\mathrm{d}y\mathrm{d}z &= \iint_{D_{xy}} \left[\int_{z_1(x,y)}^{z_2(x,y)} f(x,y,z)\mathrm{d}z\right]\mathrm{d}\sigma \\ &= \int_a^b \mathrm{d}x \int_{y_1(x)}^{y_2(x)} \mathrm{d}y \int_{z_1(x,y)}^{z_2(x,y)} f(x,y,z)\mathrm{d}z \end{aligned}$$

这里的积分顺序是先作定积分，后作二重积分，故称为先“一”后“二”积分顺序.

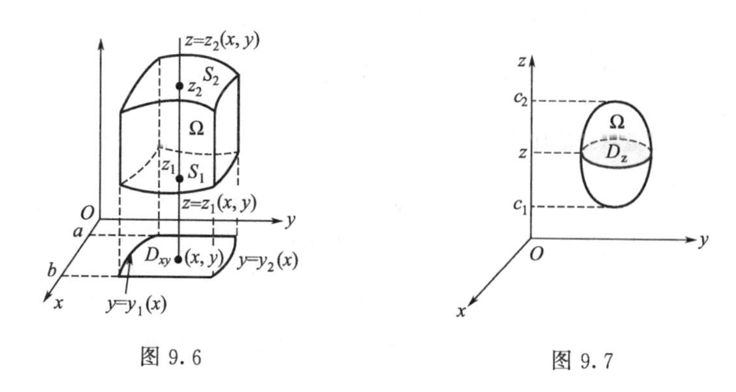

图 9.6

图 9.7

② 截面法将积分区域投影到 z 轴上，得到 z 轴上的区间 $[c_1, c_2]$，任取 $z \in [c_1, c_2]$，过点 $(0,0,z)$ 作平行于 xOy 面的平面，截闭区域 Ω 得一平面闭区域见 D_z，(图 9.7) 于是积分区域 Ω 可以表作

$$\Omega = \{(x,y,z) \mid (x,y) \in D_z; c_1 \leqslant z \leqslant c_2\}$$

则有
$$\iiint\limits_{\Omega} f(x,y,z)\mathrm{d}x\mathrm{d}y\mathrm{d}z = \int_{c_1}^{c_2}\mathrm{d}z\iint\limits_{D_z} f(x,y,z)\mathrm{d}x\mathrm{d}y$$
这里的积分顺序是先作“二”重积分，再作定积分，故称为先“二”后“一”积分顺序.

柱坐标系中三重积分的计算

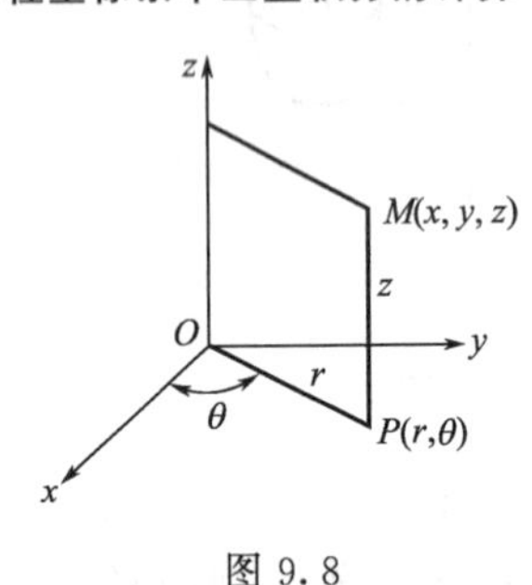

图 9.8

① 柱坐标系　设 $M(x,y,z)$ 为空间内一点，并设点 M 在 xOy 面上的投影 P 的极坐标为 r，θ，则这样的三个数 r，θ，z 就叫做点 M 的柱面坐标系（图 9.8）. 这里规定 r，θ，z 的变化范围为
$$0\leqslant r<+\infty,\ 0\leqslant\theta\leqslant 2\pi,\ \infty<z<+\infty$$
② 柱坐标与直角坐标的关系　点 M 的直角坐标与柱面坐标的关系为
$$\begin{cases} x=r\cos\theta \\ y=r\sin\theta \\ z=z \end{cases} \Leftrightarrow \begin{cases} r=\sqrt{x^2+y^2} \\ \theta=\arctan\dfrac{y}{x} \\ z=z \end{cases}$$
③ 柱坐标系下的体积微元表达式（图 9.9）
$$\mathrm{d}v = r\mathrm{d}r\mathrm{d}\theta\mathrm{d}z$$

④ 柱坐标系下将三重积分化为三次定积分

$$\iiint_{\Omega} f(x,y,z)\mathrm{d}x\mathrm{d}y\mathrm{d}z = \iiint_{\Omega} F(r,\theta,z)r\mathrm{d}r\mathrm{d}\theta\mathrm{d}z$$

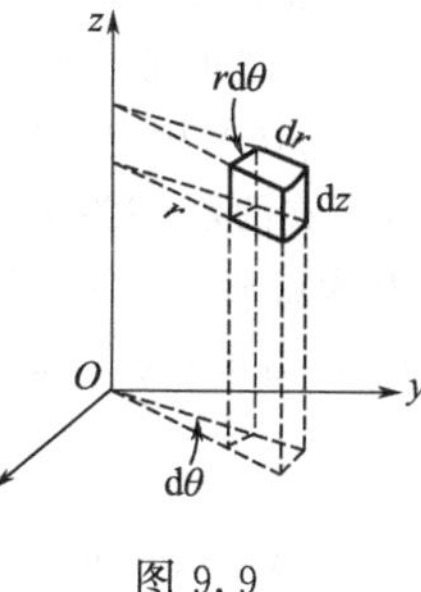

图 9.9

其中 $F(r,\theta,z)=f(r\cos\theta,r\sin\theta,z)$．上式是将三重积分的积分变量从直角坐标变换为柱面坐标，然后在柱面坐标系下将三重积分化为三次积分．具体做法：将 Ω 投影到 xOy 面上得到用极坐标表示的区域 $D_{r\theta}$，任取点 $(r,\theta)\in D_{r\theta}$，过点 (r,θ) 作垂直于 xOy 面的射线穿过积分区域 Ω，与 Ω 的边界交与 $z_1(r,\theta)$ 和 $z_2(r,\theta)$．于是，积分区域 Ω 可以表作

$$\Omega=\{(r,\theta,z)\mid(r,\theta)\sigma D_{r\theta},z_1(r,\theta)\leqslant z\leqslant z_2(r,\theta)\}$$

则先对 z 积分，然后在 xOy 面上采用二重积分中的极坐标对 r,θ 积分，即

$$\iiint_{\Omega} f(x,y,z)\mathrm{d}x\mathrm{d}y\mathrm{d}z=\iiint_{\Omega} F(r,\theta,z)r\mathrm{d}r\mathrm{d}\theta\mathrm{d}z=\iint_{D_{r\theta}} r\mathrm{d}r\mathrm{d}\theta\int_{z_1(r,\theta)}^{z_2(r,\theta)} F(r,\theta,z)\mathrm{d}z$$

球坐标系中三重积分的计算

① 球坐标系　设 $M(x,y,z)$ 为空间内一点，则点 M 也可用这样三个有次序的数 r,φ,θ 来确定，其中 r 为原点 O 与点 M 间的距离，φ 为有向线段 $\overrightarrow{OM}$ 与 z 轴正向所夹的角，θ 为从正 z 轴来看自 x 轴按逆时针方向转到有向线段 $\overrightarrow{OP}$ 的角，这里 P 为点 M 在 xOy 面上的投影，这样的三个数 r,φ,θ，叫做点 M 的球面坐标(图 9.10)．这里 r,φ,θ，的变化范围为

$$0\leqslant r<+\infty,0\leqslant\varphi\leqslant\pi,0\leqslant\theta\leqslant 2\pi$$

② 球坐标与直角坐标的关系　点 M 的直角坐标和球面坐标的关系为

$$\begin{cases}x=OP\cos\theta=r\sin\varphi\cos\theta\\ y=OP\sin\theta=r\sin\varphi\sin\theta\\ z=r\cos\varphi\end{cases}\qquad \begin{cases}r=\sqrt{x^2+y^2+z^2}\\ \varphi=\arctan\dfrac{\sqrt{x^2+y^2}}{z}\\ \theta=\arctan\dfrac{y}{x}.\end{cases}$$

③ 球坐标系中的体积微元表达式(图 9.11)：

$$dv=r^2\sin\varphi drd\varphi d\theta$$

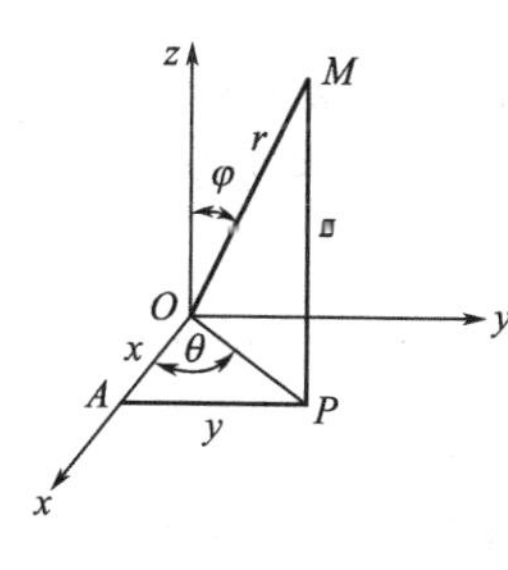

图 9.10

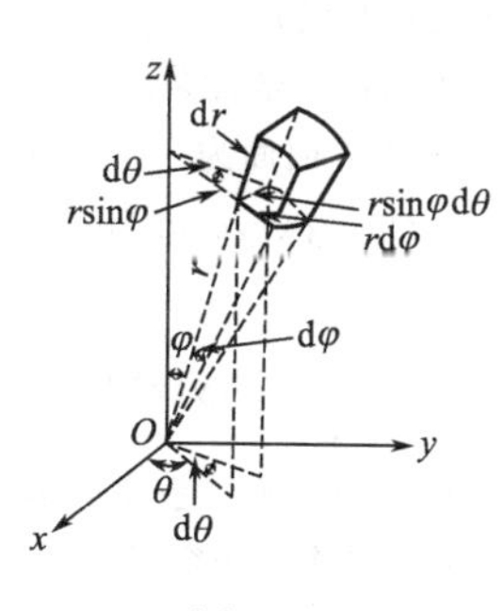

图 9.11

④ 球坐标系中将三重积分化为三次定积分

$$\iiint\limits_{\Omega} f(x,y,z)\mathrm{d}x\mathrm{d}y\mathrm{d}z = \iiint\limits_{\Omega} F(r,\varphi,\theta)r^2\sin\varphi\mathrm{d}r\mathrm{d}\varphi\mathrm{d}\theta$$

其中 $F(r,\theta,\varphi) = f(r\sin\varphi\cos\theta, r\sin\varphi\sin\theta, r\cos\varphi)$. 上式将三重积分的积分变量从直角坐标变换为球面坐标，然后在球坐标系下将三重积分化为三次定积分. 具体过程可分为两种情形.

第一种情形：坐标系原点是 Ω 的内点.

设 Ω 的边界曲面为 $r=r(\varphi,\theta)$ ，则积分区域 Ω 可以表示为

$$\Omega=\{(r,\varphi,\theta)\mid 0\leqslant r\leqslant r(\varphi,\theta),0\leqslant\varphi\leqslant\pi,0\leqslant\theta\leqslant 2\pi\}$$

则有

$$\iiint_{\Omega}f(x,y,z)\mathrm{d}v=\int_0^{2\pi}\mathrm{d}\theta\int_0^{\pi}\mathrm{d}\varphi\int_0^{r(\varphi,\theta)}F(r,\varphi,\theta)r^2\sin\varphi\mathrm{d}r$$

第二种情形：坐标系原点不是 Ω 的内点.

ⅰ. 过原点作射线穿过 Ω，与 Ω 的边界曲面交与 $r=r_1(\varphi,\theta)$ 和 $r=r_2(\varphi,\theta)$，且 $r_1(\varphi,\theta)<r_2(\varphi,\theta)$；

ⅱ. 过 z 轴作半平面 $\theta=\theta_1$ 和 $\theta=\theta_2$ 且 $\theta_1<\theta_2$，夹住 Ω；

ⅲ. 任取 $\theta\in[\theta_1,\theta_2]$ 作过 z 轴的半平面与 Ω 相交得截痕 S，在此半平面上过原点作与 z 轴正向的夹角分别为 $\varphi=\varphi_1(\theta)$ 和 $\varphi=\varphi_2(\theta)$，且 $\varphi_1(\theta)<\varphi_2(\theta)$，夹住截痕 S，则积分区域 Ω 可以表示为

$$\Omega=\{(r,\varphi,\theta)\mid r_1(\varphi,\theta)\leqslant r\leqslant r_2(\varphi,\theta),\varphi_1(\theta)\leqslant\varphi\leqslant\varphi_2(\theta),\theta_1\leqslant\theta\leqslant\theta_2\}.$$

则有三重积分在球坐标系下的三次定积分为

$$\iiint_{\Omega} f(x,y,z)\mathrm{d}v = \int_{\theta_1}^{\theta_2} \mathrm{d}\theta \int_{\varphi_1(\theta)}^{\varphi_2(\theta)} \mathrm{d}\varphi \int_{r_1(\varphi,\theta)}^{r_2(\varphi,\theta)} F(r,\varphi,\theta) r^2 \sin\varphi \mathrm{d}r$$

§9.4 重积分应用

(1) 几何应用

曲面面积

① 设曲面 S 由方程

$$z = f(x,y)$$

给出，D 为曲面 S 在 xOy 面上的投影区域，函数 $f(x,y)$ 在 D 上具有连续偏导数 $f_x(x,y)$ 和 $f_y(x,y)$，则曲面 S 的面积微元为

$$\mathrm{d}A = \sqrt{1 + f_x^2(x,y) + f_y^2(x,y)}\,\mathrm{d}\sigma$$

曲面 S 的面积为面积微元在闭区域 D 上的积分

$$A = \iint_D \sqrt{1 + f_x^2(x,y) + f_y^2(x,y)}\,\mathrm{d}\sigma$$

② 若曲面 S 由参数方程

$$\begin{cases} x = x(u,v), \\ y = y(u,v), \ (u,v) \in D \\ z = z(u,v), \end{cases}$$

给出，其中 D 是一个平面有界闭区域，又 $x(u,v)$ ，$y(u,v)$ ，$z(u,v)$ 在 D 上具有连续的一阶偏导数，且

$$\frac{\partial(x,y)}{\partial(u,v)}, \frac{\partial(y,z)}{\partial(u,v)}, \frac{\partial(z,x)}{\partial(u,v)}$$

不全为零，则曲面 S 的面积为

$$A = \iint_D \sqrt{EG - F^2} \mathrm{d}u\mathrm{d}v$$

其中 $E = x_u^2 + y_u^2 + z_u^2, F = x_u \cdot x_v + y_u \cdot y_v + z_u \cdot z_v, G = x_v^2 + y_v^2 + z_v^2$

(2) 物理应用

质心坐标

① 平面薄片质心　设有一平面薄片，占有 xOy 面上的闭区域 D ，在点 (x, y) 处的面密度为 $\rho(x,y)$ ，假定 $\rho(x,y)$ 在 D 上连续，则薄片的质量为

$$M=\iint_D \rho(x,y)\mathrm{d}\sigma,$$

薄片的质心坐标为

$$\bar{x}=\frac{\iint_D x\rho(x,y)\mathrm{d}\sigma}{\iint_D \rho(x,y)\mathrm{d}\sigma},\ \bar{y}=\frac{\iint_D y\rho(x,y)\mathrm{d}\sigma}{\iint_D \rho(x,y)\mathrm{d}\sigma}$$

如果薄片是均匀的，即面密度为常量，则均匀薄片的质心坐标为

$$\bar{x}=\frac{1}{A}\iint_D x\mathrm{d}\sigma,\ \bar{y}=\frac{1}{A}\iint_D y\mathrm{d}\sigma$$

其中 $A=\iint_D \mathrm{d}\sigma$ 为闭区域 D 的面积. 这时薄片的质心完全由闭区域 D 的形状所决定. 有时也将均匀平面薄片的质心称为该平面薄片所占平面图形的形心.

② 空间物体质心　设有一空间体，占有空间有界闭区域 Ω，在点 (x,y,z) 处的体密度为 $\rho(x,y,z)$，假定 $\rho(x,y,z)$ 在 Ω 上连续，则物体的质量为

$$M=\iiint_{\Omega}\rho(x,y,z)\mathrm{d}v$$

物体的质心坐标为

$$\bar{x}=\frac{1}{M}\iiint_{\Omega}x\rho(x,y,z)\mathrm{d}v\text{ , }\bar{y}=\frac{1}{M}\iiint_{\Omega}y\rho(x,y,z)\mathrm{d}v\text{ , }\bar{z}=\frac{1}{M}\iiint_{\Omega}z\rho(x,y,z)\mathrm{d}v$$

转动惯量

① 平面薄片关于坐标轴的转动惯量　设有一薄片，占有 xOy 面上的闭区域 D，在点 (x,y) 处的面密度为 $\rho(x,y)$，假定 $\rho(x,y)$ 在 D 上连续. 则该薄片对于 x 轴的转动惯量 I_x 以及 y 轴的转动惯量 I_y 为

$$I_x=\iint_{D}y^2\rho(x,y)\mathrm{d}\sigma\text{ , }I_y=\iint_{D}x^2\rho(x,y)\mathrm{d}\sigma$$

② 空间物体关于坐标轴的转动惯量　设有一空间体，占有空间有界闭区域 Ω，在点 (x,y,z) 处的体密度为 $\rho(x,y,z)$，假定 $\rho(x,y,z)$ 在 Ω 上连续. 则该物体对于 x,y,z 轴的转动惯量分别为

$$I_x=\iiint_{\Omega}(y^2+z^2)\rho(x,y,z)\mathrm{d}v\ ,\ I_y=\iiint_{\Omega}(z^2+x^2)\rho(x,y,z)\mathrm{d}v$$

$$I_z=\iiint_{\Omega}(x^2+y^2)\rho(x,y,z)\mathrm{d}v$$

引力

① 空间物体对物体外一点处单位质点的引力　设物体占有空间有界闭区域 Ω，在点 (x,y,z) 处的体密度为 $\rho(x,y,z)$，假定 $\rho(x,y,z)$ 在 Ω 上连续，单位质点位于点 $P_0(x_0,y_0,z_0)$ 处．在物体内任取一直径很小的闭区域 $\mathrm{d}v$，任取点 $(x,y,z)\in\mathrm{d}v$，闭区域 $\mathrm{d}v$ 的质量可表作 $\rho(x,y,z)\mathrm{d}v$．由两质点间的引力公式，可得闭区域 $\mathrm{d}v$ 与单位质点间引力 $\mathrm{d}F$ 在 x 轴、y 轴、z 轴方向的分力 $\mathrm{d}F=(\mathrm{d}F_x,\mathrm{d}F_y,\mathrm{d}F_z)$，则有

$$\mathrm{d}F_x=G\frac{\rho(x,\ y,\ z)\mathrm{d}v}{r^2}\cos\alpha=G\frac{\rho(x,\ y,\ z)\mathrm{d}v}{r^2}\cdot\frac{x-x_0}{r}=G\frac{\rho(x,\ y,\ z)(x-x_0)}{r^3}\mathrm{d}v$$

$$\mathrm{d}F_y=G\frac{\rho(x,\ y,\ z)\mathrm{d}v}{r^2}\cos\beta=G\frac{\rho(x,\ y,\ z)\mathrm{d}v}{r^2}\cdot\frac{y-y_0}{r}=G\frac{\rho(x,\ y,\ z)(y-y_0)}{r^3}\mathrm{d}v$$

$$dF_z=G\frac{\rho(x,\ y,\ z)dv}{r^2}\cos\gamma=G\frac{\rho(x,\ y,\ z)dv}{r^2}\cdot\frac{z-z_0}{r}=G\frac{\rho(x,\ y,\ z)(z-z_0)}{r^3}dv$$

其中 $r=\sqrt{(x-x_0)^2+(y-y_0)^2+(z-z_0)^2}$，$(\cos\alpha,\cos\beta,\cos\gamma)$ 是引力 dF 与 x 轴、y 轴、z 轴正方向夹角的方向余弦. 由此可得空间物体对物体外一点处单位质点的引力为

$$F=(F_x,F_y,F_z)$$

$$=\left(\iiint\limits_{\Omega}\frac{G\rho(x,y,z)(x-x_0)}{r^3}dv,\iiint\limits_{\Omega}\frac{G\rho(x,y,z)(y-y_0)}{r^3}dv,\iiint\limits_{\Omega}\frac{G\rho(x,y,z)(z-z_0)}{r^3}dv\right)$$

② 平面薄片对薄片外一点处单位质点的引力　设平面薄片占有 xOy 平面上的有界闭区域 D，其面密度为 $\rho(x,y)$，薄片外一点 $P_0(x_0,y_0,z_0)$ 处有单位质量的质点，在薄片上任取一直径很小的闭区域 $d\sigma$，任取点 $(x,y)\in d\sigma$，闭区域 $d\sigma$ 的质量可表作 $\rho(x,y)d\sigma$. 由两质点间的引力公式，可得闭区域 $d\sigma$ 与单位质点间引力 dF 在 x 轴、y 轴、z 轴方向的分力 $dF=(dF_x$，

dF_y, dF_z），则有

$$dF_x = G\frac{\rho(x,y)d\sigma}{r^2}\cos\alpha = G\frac{\rho(x,y)d\sigma}{r^2}\cdot\frac{x-x_0}{r} = G\frac{\rho(x,y)(x-x_0)}{r^3}d\sigma$$

$$dF_y = G\frac{\rho(x,y)d\sigma}{r^2}\cos\beta = G\frac{\rho(x,y)d\sigma}{r^2}\cdot\frac{y-y_0}{r} = G\frac{\rho(x,y)(y-y_0)}{r^3}d\sigma$$

$$dF_z = G\frac{\rho(x,y)d\sigma}{r^2}\cos\gamma = G\frac{\rho(x,y)d\sigma}{r^2}\cdot\frac{0-z_0}{r} = G\frac{\rho(x,y,z)(-z_0)}{r^3}d\sigma$$

其中 $r = \sqrt{(x-x_0)^2+(y-y_0)^2+(0-z_0)^2}$，$(\cos\alpha, \cos\beta, \cos\gamma)$ 是引力 dF 与 x 轴、y 轴、z 轴正方向夹角的方向余弦. 由此可得平面薄片对薄片外一点处单位质点的引力

$$\begin{aligned} F &= (F_x, F_y, F_z) \\ &= \left(\iint_D \frac{G\rho(x,y)(x-x_0)}{r^3}d\sigma, \iint_D \frac{G\rho(x,y)(y-y_0)}{r^3}d\sigma, \iint_D \frac{G\rho(x,y)(0-z_0)}{r^3}d\sigma\right) \end{aligned}$$

本章知识点及其关联网络

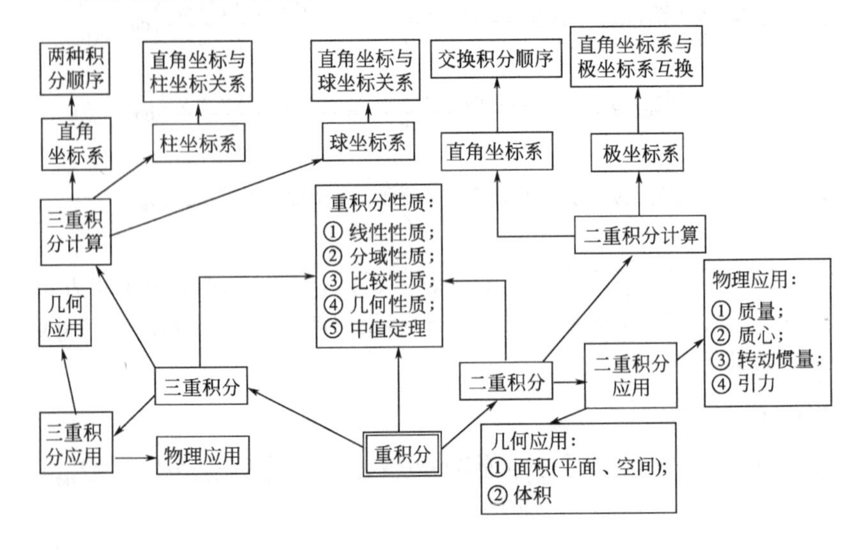

第 10 章　曲线积分与曲面积分

§10.1　对弧长的曲线积分

对弧长曲线积分的定义　设 L 为 xOy 面内的一条光滑曲线弧，函数 $f(x,y)$ 在 L 上有界，在 L 上任取 $n-1$ 个分点 $M_1,M_2,\cdots,M_{n-1}$ 把 L 分成 n 个小段. 设第 i 个小段的长度为 Δs_i，又 (ξ_i,η_i) 为第 i 个小段上的任意一点，作乘积 $f(\xi_i,\eta_i)\Delta s_i(i=1,2,\cdots,n)$，并作和 $\sum\limits_{i=1}^{n} f(\xi_i,\eta_i)\Delta s_i$，如果当各小弧段的长度的最大值 $\lambda\to 0$ 时，这个和式的极限总存在，则称此极限为函数 $f(x,y)$ 在曲线 L 上对弧长的曲线积分或第一类曲线积分，记作 $\int_L f(x,y)\mathrm{d}s$，即

$$\int_L f(x,y)\mathrm{d}s=\lim_{\lambda\to 0}\sum_{i=1}^{n} f(\xi_i,\eta_i)\Delta s_i$$

其中 $f(x,y)$ 称为**被积函数**，L 称为**积分弧段**. 如果 L 是闭曲线，那么函数 $f(x,y)$ 在闭曲线 L 上对弧长的曲线积分记为 $\oint_L f(x,y)\mathrm{d}s$.

上述定义可以类似地推广到三元函数 $f(x,y,z)$ 在空间曲线 Γ 上对弧长的曲线积分，即

$$\int_{\Gamma} f(x,y,z)\mathrm{d}s = \lim_{\lambda\to 0}\sum_{i=1}^{n} f(\xi_i,\eta_i,\zeta_i)\Delta s_i$$

对弧长曲线积分存在的充分条件　当 $f(x,y)$ 在光滑曲线弧 L 上连续时，对弧长的曲线积分 $\int_L f(x,y)\mathrm{d}s$ 是存在的.

对弧长曲线积分的性质

① 线性性质　设 α、β 为常数，则

$$\int_L [\alpha f(x,y) + \beta g(x,y)]\mathrm{d}s = \alpha\int_L f(x,y)\mathrm{d}s + \beta\int_L g(x,y)\mathrm{d}s$$

注：此性质可推广到有限的 n 个函数的线性组合的情形，即设 $C_i(i=1,2,\cdots,$

n）为常数，函数 $f_i(x,y)$ $(i=1,2,\cdots,n)$ 在曲线 L 上对弧长的曲线积分存在，则

$$\int_L \sum_{i=1}^{n} C_i f_i(x,y)\mathrm{d}s = \sum_{i=1}^{n} C_i \int_L f_i(x,y)\mathrm{d}s$$

② 分域性质　若积分弧段 L 可分成两段光滑曲线 L_1, L_2，则

$$\int_L f(x,y)\mathrm{d}s = \int_{L_1} f(x,y)\mathrm{d}s + \int_{L_2} f(x,y)\mathrm{d}s$$

③ 比较性质　设在 L 上有 $f(x,y) \leqslant g(x,y)$，则

$$\int_L f(x,y)\mathrm{d}s \leqslant \int_L g(x,y)\mathrm{d}s$$

特别地

$$\left|\int_L f(x,y)\mathrm{d}s\right| \leqslant \int_L |f(x,y)|\mathrm{d}s$$

④ 几何性质　当被积函数为 1 时，对弧长的曲线积分的结果是积分域曲线 L 的弧长.

⑤ 无方向性质　$\int_{\overset{\frown}{AB}} f(x,y)\mathrm{d}s = \int_{\overset{\frown}{BA}} f(x,y)\mathrm{d}s$，其中 $\overset{\frown}{AB}$ 或 $\overset{\frown}{BA}$ 为 xOy 面上的

曲线.

注： 以上性质均可以推广到在空间曲线上对弧长的曲线积分.

对弧长曲线积分的计算公式 对弧长曲线积分的计算是将其化为定积分. 根据积分曲线方程的不同形式，所化成的定积分的形式也会有所不同.

① 设曲线 L 由参数方程 $\begin{cases} x = \varphi(t) \\ y = \psi(t) \end{cases}$ $(\alpha \leqslant t \leqslant \beta)$ 给出. 其中 $\varphi(t),\psi(t)$ 在 $[\alpha,\beta]$ 上具有一阶连续导数，且 $\varphi^2(t) + \psi^2(t) \neq 0$，则曲线积分 $\int_L f(x,y)\mathrm{d}s$ 存在，且

$$\int_L f(x,y)\mathrm{d}s = \int_\alpha^\beta f(\varphi(t),\psi(t)) \sqrt{\varphi'^2(t) + \psi'^2(t)}\mathrm{d}t \ (\alpha < \beta)$$

必须指出，上式右边定积分的下限 α 一定要小于上限 β.

② 设曲线 L 由方程 $y = \varphi(x)$ $(a \leqslant x \leqslant b)$ 给出，则有

$$\int_L f(x,y)\mathrm{d}s = \int_a^b f(x,\varphi(x)) \sqrt{1 + \varphi'^2(x)}\mathrm{d}x \ (a < b)$$

③ 设曲线 L 由方程 $x = \psi(y)$ $(c \leqslant y \leqslant \mathrm{d})$ 给出，则有

$$\int_L f(x,y)\mathrm{d}s = \int_c^\mathrm{d} f(\psi(y),y) \sqrt{1 + \psi'^2(y)}\mathrm{d}y \ (c < \mathrm{d})$$

④ 设空间曲线弧 Γ 由参数方程 $x=\varphi(t), y=\psi(t), z=\omega(t)$ $(\alpha\leqslant t\leqslant\beta)$ 给出，则有

$$\int_\Gamma f(x,y,z)\mathrm{d}s=\int_\alpha^\beta f(\varphi(t),\psi(t),\omega(t))\sqrt{\varphi'^2(t)+\psi'^2(t)+\omega'^2(t)}\mathrm{d}t\ (\alpha<\beta)$$

对弧长曲线积分的计算步骤 第一步，根据曲线的方程，写出相应的弧微分 ds 表达式；第二步，将曲线的方程式带入被积函数；第三步：确定定积分的上下限，其中积分上限一定大于积分下限.

§10.2 对坐标的曲线积分

对坐标曲线积分的定义 设 L 为 xOy 面内从点 A 到点 B 的一条有向光滑曲线弧，函数 $P(x,y)$,$Q(x,y)$ 在 L 上有界，在 L 上沿 L 的方向任意插入 $n-1$ 个点列 $M_1(x_1,y_1),M_2(x_2,y_2),\cdots,M_{n-1}(x_{n-1},y_{n-1})$，把 L 分成 n 个有向小弧段 $\widehat{M_{i-1}M_i}$ $(i=1,2,\cdots,n;M_0=A,M_n=B)$. 设 $\Delta x_i=x_i-x_{i-1}$，$\Delta y_i=y_i-y_{i-1}$，点 (ξ_i,η_i) 为 $\widehat{M_{i-1}M_i}$ 上任意取定的点，如果当各小弧段长度的最大值 $\lambda\to 0$ 时，$\sum\limits_{i=1}^n P(\xi_i,\eta_i)\Delta x_i$ 的极限总存在，则称此极限为函数 $P(x,y)$ 在有向曲线弧 L 上**对坐**

标 x 的曲线积分，记作 $\int_L P(x,y)\mathrm{d}x$，类似地，如果 $\lim\limits_{\lambda\to 0}\sum\limits_{i=1}^{n} Q(\xi_i,\eta_i)\Delta y_i$ 总存在，则称此极限为函数 $Q(x,y)$ 在有向曲线弧 L 上**对坐标 y 的曲线积分**，记作 $\int_L Q(x,y)\mathrm{d}y$，即

$$\int_L P(x,y)\mathrm{d}x = \lim_{\lambda\to 0}\sum_{i=1}^{n} P(\xi_i,\eta_i)\Delta x_i\ ,\ \int_L Q(x,y)\mathrm{d}y = \lim_{\lambda\to 0}\sum_{i=1}^{n} Q(\xi_i,\eta_i)\Delta y_i$$

其中 $P(x,y)$,$Q(x,y)$ 称为**被积函数**，L 称为**积分弧段**. 上述两个积分统称为对坐标的曲线积分或第二类曲线积分. 上述两个积分可用合并式表示为

$$\int_L P(x,y)\mathrm{d}x + \int_L Q(x,y)\mathrm{d}y = \int_L P(x,y)\mathrm{d}x + Q(x,y)\mathrm{d}y$$

上述定义可以类似地推广到三元函数在空间有向曲线弧 Γ 上对坐标的曲线积分，即

$$\int_\Gamma P(x,y,z)\mathrm{d}x = \lim_{\lambda\to 0}\sum_{i=1}^{n} P(\xi_i,\eta_i,\zeta_i)\Delta x_i$$

$$\int_\Gamma Q(x,y,z)\mathrm{d}y = \lim_{\lambda\to 0}\sum_{i=1}^{n} Q(\xi_i,\eta_i,\zeta_i)\Delta y_i$$

$$\int_{\Gamma} R(x,y,z)\mathrm{d}z = \lim_{\lambda \to 0} \sum_{i=1}^{n} R(\xi_i, \eta_i, \zeta_i) \Delta z_i$$

它们的合并式可表示为

$$\int_{\Gamma} P(x,y,z)\mathrm{d}x + \int_{\Gamma} Q(x,y,z)\mathrm{d}y + \int_{\Gamma} R(x,y,z)\mathrm{d}z$$

$$= \int_{\Gamma} P(x,y,z)\mathrm{d}x + Q(x,y,z)\mathrm{d}y + R(x,y,z)\mathrm{d}z$$

对坐标曲线积分的向量表达式

$$\int_{L} P(x,y)\mathrm{d}x + Q(x,y)\mathrm{d}y = \int_{L} \boldsymbol{F}(x,y) \cdot \mathrm{d}\boldsymbol{r}$$

其中 $\boldsymbol{F}(x,y) = P(x,y)\boldsymbol{i} + Q(x,y)\boldsymbol{j}$ 为向量函数，$\mathrm{d}\boldsymbol{r} = \mathrm{d}x\boldsymbol{i} + \mathrm{d}y\boldsymbol{j}$.

$$\int_{\Gamma} P(x,y,z)\mathrm{d}x + Q(x,y,z)\mathrm{d}y + R(x,y,z)\mathrm{d}z = \int_{\Gamma} \boldsymbol{A}(x,y,z) \cdot \mathrm{d}\boldsymbol{r}$$

其中 $\boldsymbol{A}(x,y,z) = P(x,y,z)\boldsymbol{i} + Q(x,y,z)\boldsymbol{j} + R(x,y,z)\boldsymbol{k}$，$\mathrm{d}\boldsymbol{r} = \mathrm{d}x\boldsymbol{i} + \mathrm{d}y\boldsymbol{j} + \mathrm{d}z\boldsymbol{k}$.

对坐标曲线积分存在的充分条件 无论是平面有向积分曲线弧，还是空间有向积分曲线弧，只要被积函数在积分曲线弧上连续，则对坐标的曲线积分均存在.

对坐标曲线积分的性质

① 线性性质　设 α,β 为常数，则

$$\int_L[\alpha\boldsymbol{F}_1(x,y)+\beta\boldsymbol{F}_2(x,y)]\cdot\mathrm{d}\boldsymbol{r}=\alpha\int_L\boldsymbol{F}_1(x,y)\cdot\mathrm{d}\boldsymbol{r}+\beta\int_L\boldsymbol{F}_2(x,y)\cdot\mathrm{d}\boldsymbol{r}$$

注： 此性质可推广到有限个向量函数的线性组合情形，即设 $C_i(i=1,2,\cdots,n)$ 为常数，向量函数 $\boldsymbol{F}_i(x,y)(i=1,2,\cdots,n)$ 在曲线 L 上对坐标的曲线积分存在，则

$$\int_L\sum_{i=1}^{n}C_i\boldsymbol{F}_i(x,y)\mathrm{d}\boldsymbol{r}=\sum_{i=1}^{n}C_i\int_L\boldsymbol{F}_i(x,y)\mathrm{d}\boldsymbol{r}$$

② 分域性质　若有向曲线弧 L 可分成两段光滑的有向曲线弧 L_1,L_2，则

$$\int_L\boldsymbol{F}(x,y)\cdot\mathrm{d}\boldsymbol{r}=\int_{L_1}\boldsymbol{F}(x,y)\cdot\mathrm{d}\boldsymbol{r}+\int_{L_2}\boldsymbol{F}(x,y)\cdot\mathrm{d}\boldsymbol{r}$$

③ 方向性质　设 L 是有向光滑曲线弧，L^- 是 L 的反向曲线弧，则

$$\int_{L^-}\boldsymbol{F}(x,y)\cdot\mathrm{d}\boldsymbol{r}=-\int_L\boldsymbol{F}(x,y)\cdot\mathrm{d}\boldsymbol{r}$$

对坐标曲线积分的计算公式　对坐标曲线积分的计算是将其化为定积分，根据积

分曲线弧方程的不同形式，所化成的定积分的形式也会有所不同.

① 设有向曲线弧 L 由参数方程为 $\begin{cases} x=\varphi(t) \\ y=\psi(t) \end{cases}$ 给出 . $t=\alpha$ 对应 L 的起点，$t=\beta$ 对应 L 的终点，$\varphi(t)$，$\psi(t)$ 在以 α 及 β 为端点的闭区间上具有一阶连续导数，且 $\varphi'^2(t)+\psi'^2(t)\neq 0$，则曲线积分 $\int_L P(x,y)\mathrm{d}x+Q(x,y)\mathrm{d}y$ 存在，且

$$\int_L P(x,y)\mathrm{d}x+Q(x,y)\mathrm{d}y=\int_\alpha^\beta [P(\varphi(t),\psi(t))\varphi'(t)+Q(\varphi(t),\psi(t))\psi'(t)]\mathrm{d}t$$

必须指出，下限 $\alpha\alpha$ 不一定小于上限 β .

② 如果有向曲线弧 L 由方程 $y=f(x)$ 给出，$x=a$ 对应 L 的起点，$x=b$ 对应 L 的终点，则有

$$\begin{aligned}\int_L P(x,y)\mathrm{d}x+Q(x,y)\mathrm{d}y &= \int_a^b P(x,f(x))\mathrm{d}x+Q(x,f(x))\ \mathrm{d}f(x) \\ &= \int_a^b [P(x,f(x))+Q(x,f(x))f'(x)]\mathrm{d}x\end{aligned}$$

③ 如果有向曲线弧 L 由方程 $x=g(y)$ 给出，$y=c$ 对应 L 的起点，$y=d$ 对应 L 的终点，则有

$$\int_L P(x,y)\mathrm{d}x+Q(x,y)\mathrm{d}y=\int_c^d P(g(y),y)\mathrm{d}g(y)+Q(g(y),y)\ \mathrm{d}y$$

$$=\int_c^d [P(g(y),y)g'(y)+Q(g(y),y)]\mathrm{d}y$$

④ 如果空间有向曲线弧 Γ 由参数方程 $x=\varphi(t),y=\psi(t),z=\omega(t)$ 给出，其中 $t=\alpha$ 对应 Γ 的起点，$t=\beta$ 对应 Γ 的终点，则有

$$\int_\Gamma P(x,y,z)\mathrm{d}x+Q(x,y,z)\mathrm{d}y+R(x,y,z)\mathrm{d}z$$

$$=\int_\alpha^\beta [P(\varphi(t),\psi(t),\omega(t))\varphi'(t)+Q(\varphi(t),\psi(t),\omega(t))\psi'(t)+R(\varphi(t),\psi(t),\omega(t))\omega'(t)]\mathrm{d}t$$

对坐标曲线积分的计算步骤 以平面有向曲线弧 L 上的对坐标的曲线积分为例：

第一步，将曲线弧 L 的方程代入被积式 $P(x,y)\mathrm{d}x$ 和 $Q(x,y)\mathrm{d}y$；

第二步，确定定积分的积分限，起点对应的参数为积分下限，终点对应的参

数为积分上限.

两类曲线积分之间的联系 平面曲线弧 L 上的两类曲线积分之间有如下联系

$$\int_L P(x,y)\mathrm{d}x+Q(x,y)\mathrm{d}y=\int_L[P(x,y)\cos\alpha+Q(x,y)\cos\beta]\mathrm{d}s$$

其中 α,β 为有向曲线弧 L 上点 (x,y) 处与 L 方向一致的切向量的方向角.

类似的，空间曲线弧 Γ 上的两类曲线积分之间有如下联系

$$\int_L P\mathrm{d}x+Q\mathrm{d}y+R\mathrm{d}z=\int_L(P\cos\alpha+Q\cos\beta+R\cos\gamma)\mathrm{d}s$$

其中 α,β,γ 为有向曲线弧 Γ 上点 (x,y,z) 处与 Γ 方向一致的切向量的方向角.

两类曲线积分之间的联系也可表作向量形式. 例如，空间曲线 Γ 上的两类曲线积分之间的联系为：

$$\int_\Gamma \mathbf{A}\cdot\mathrm{d}\boldsymbol{r}=\int_\Gamma \mathbf{A}\cdot\boldsymbol{\tau}\mathrm{d}s$$

其中 $\mathbf{A}=\{P,Q,R\}$，$\boldsymbol{\tau}=\{\cos\alpha,\cos\beta,\cos\gamma\}$ 为有向曲线弧 Γ 上点 (x,y,z) 处与 Γ 方向一致的切向量的方向余弦.

§ 10.3 格林公式

单连通域与复连通域 设 D 为连通区域，如果 D 内任意闭曲线所围的部分属于 D，则称 D 为平面**单连通区域**，否则称为**复连通区域**. 通俗地理解，平面单连通区域就是不含有“洞”（包括“点洞”）的区域，复连通区域是含有“洞”（包括“点洞”）的区域. 如区域 $\{(x,y) \mid x^2+y^2<1\}$，$\{(x,y) \mid y>0\}$ 都是单连通区域，区域 $\{(x,y) \mid 1<x^2+y^2<4\}$，$\{(x,y) \mid 0<x^2+y^2<2\}$ 都是复连通区域.

平面区域边界的正方向 设平面区域 D 的边界曲线为 L，规定 L 的正方向如下：当观察者沿 L 移动时，D 内在他近处的那一部分总在他的左边，则观察者移动的方向为 L 的正方向. 例如，D 是边界曲线 L 及 l 所围成的复连通区域(图 10.1)，作为 D 的正向边界，L 的正向是逆时针方向，而 l 的正向是顺时针方向.

格林公式 设闭区域 D 由分段光滑的曲线 L 围成，函数 $P(x,y)$ 及 $Q(x,y)$ 在 D 上具有一阶连续偏导数，则

$$\iint_D \left(\frac{\partial Q}{\partial x}-\frac{\partial P}{\partial y}\right)\mathrm{d}x\mathrm{d}y=\oint_L P\mathrm{d}x+Q\mathrm{d}y$$

其中 L 是 D 的取正向的边界曲线. 此公式称为格林公式.

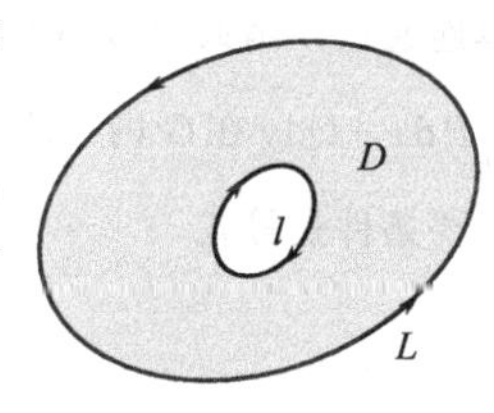

图 10.1

曲线积分与路径无关的概念 设 G 是一个区域，$P(x,y)$，$Q(x,y)$ 在区域 G 内具有一阶连续偏导数，如果对于 G 内从点 A 到点 B 的任意两条曲线 L_1，L_2（图 10.2），等式

$$\int_{L_1} P\mathrm{d}x + Q\mathrm{d}y = \int_{L_2} P\mathrm{d}x + Q\mathrm{d}y$$

恒成立，则称曲线积分 $\int_L P\mathrm{d}x + Q\mathrm{d}y$ 在 G 内与路径无关，否则与路径有关.

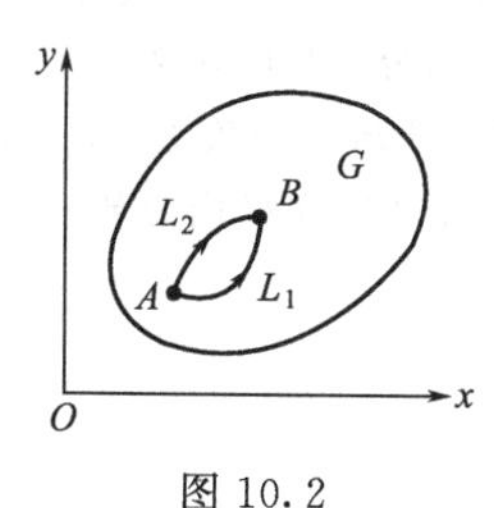

图 10.2

曲线积分与路径无关的等价条件 曲线积分 $\int_L P\mathrm{d}x + Q\mathrm{d}y$ 在 G 内与路径无关等价于沿 G 内任意闭曲线 C 的曲线积分 $\oint_C P\mathrm{d}x + Q\mathrm{d}y$ 等于零.

曲线积分与路径无关的充分必要条件 设区域 G 是一个

单连通域，函数 $P(x,y)$，$Q(x,y)$ 在 G 内具有一阶连续偏导数，则曲线积分 $\int_L P\mathrm{d}x+Q\mathrm{d}y$ 在 G 内与路径无关（或沿 G 内任意闭曲线的曲线积分为零）的充分必要条件是等式

$$\frac{\partial P}{\partial y}=\frac{\partial Q}{\partial x}$$

在 G 内恒成立.

二元函数全微分求积的概念　当函数 $P(x,y)$，$Q(x,y)$ 满足什么条件时，表达式 $P(x,y)\mathrm{d}x+Q(x,y)\mathrm{d}y$ 可以成为某个二元函数 $u(x,y)$ 的全微分，以及当这样的二元函数存在时如何求出它的表达式，这就是二元函数全微分求积的含义.

二元函数全微分求积的条件与方法　设区域 G 是一个单连通域，函数 $P(x,y)$，$Q(x,y)$ 在 G 内具有一阶连续偏导数，则 $P(x,y)\mathrm{d}x+Q(x,y)\mathrm{d}y$ 在 G 内为某一函数 $u(x,y)$ 的全微分的充分必要条件是等式

$$\frac{\partial P}{\partial y}=\frac{\partial Q}{\partial x}$$

在 G 内恒成立，而且

$$u(x,y)=\int_{(x_0,y_0)}^{(x,y)}P(x,y)\mathrm{d}x+Q(x,y)\mathrm{d}y$$

【例】 验证在整个 xOy 面内，$xy^2\mathrm{d}x+x^2y\mathrm{d}y$ 是某个函数的全微分，并求出这样一个的函数.

解 方法 1. 因为 $P=xy^2$，$Q=x^2y$，且 $\frac{\partial P}{\partial y}=2xy=\frac{\partial Q}{\partial x}$ 在整个 xOy 面内恒成立，因此在整个 xOy 面内，$xy^2\mathrm{d}x+x^2y\mathrm{d}y$ 是某个函数的全微分. 并且曲线积分与路径无关，选择积分曲线路径如图 10.3 所示

$$u(x,y)=\int_{(x_0,y_0)}^{(x,y)}xy^2\mathrm{d}x+x^2y\mathrm{d}y=\int_{OA}xy^2\mathrm{d}x+x^2y\mathrm{d}y+\int_{AB}xy^2\mathrm{d}x+x^2y\mathrm{d}y$$

$$=0+\int_0^y x^2y\mathrm{d}y=x^2\int_0^y y\mathrm{d}y=\frac{x^2y^2}{2}$$

方法 2.

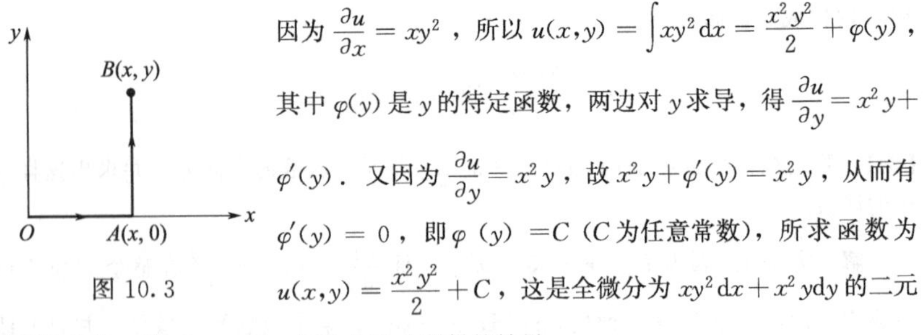

图 10.3

因为 $\dfrac{\partial u}{\partial x}=xy^2$，所以 $u(x,y)=\displaystyle\int xy^2\,\mathrm{d}x=\dfrac{x^2y^2}{2}+\varphi(y)$，其中 $\varphi(y)$ 是 y 的待定函数，两边对 y 求导，得 $\dfrac{\partial u}{\partial y}=x^2y+\varphi'(y)$. 又因为 $\dfrac{\partial u}{\partial y}=x^2y$，故 $x^2y+\varphi'(y)=x^2y$，从而有 $\varphi'(y)=0$，即 $\varphi(y)=C$（C 为任意常数），所求函数为 $u(x,y)=\dfrac{x^2y^2}{2}+C$，这是全微分为 $xy^2\mathrm{d}x+x^2y\mathrm{d}y$ 的二元函数的全体，当 $C=0$ 时，即为方法 1 所得的结果.

§ 10.4　曲线积分的应用

（1）几何应用

弧长的计算　设 L 为长度有限的光滑平面曲线，曲线 L 的长度可表示为 $\displaystyle\int_L \mathrm{d}s$，设 Γ 为长度有限的光滑空间曲线，曲线 Γ 的长度可表示为 $\displaystyle\int_\Gamma \mathrm{d}s$，其中 $\mathrm{d}s$ 是弧微分.

柱面的面积 设 $f(x,y)$ 在平面光滑曲线 L 上有定义且连续，$f(x,y)>0$，曲线积分 $\int_L f(x,y)\mathrm{d}s$ 表示以 L 为准线，母线平行于 z 轴的柱面上某一有限部分的面积．这一结果可解释为对弧长曲线积分的几何意义．

【例】 求柱面 $x^2+y^2=1$ 被曲面 $z=0$ 和 $x+y+z=1$ 所截得位于第一卦限部分的面积.

解 由 $x+y+z=1$ 可得 $z=f(x,y)=1-x-y$，所求面积微元为

$$\mathrm{d}A=(1-x-y)\mathrm{d}s$$

其中 $\mathrm{d}s$ 是平面曲线 L：$x^2+y^2=1$ 的弧微元，则

$$A=\int_L(1-x-y)\mathrm{d}s$$

将 L 表示为参数方程 $\begin{cases}x=\cos\theta,\\ y=\sin\theta,\end{cases}$ $0\leqslant\theta\leqslant\frac{\pi}{2}$，得 $\mathrm{d}s=\sqrt{x_\theta'^2+y_\theta'^2}\mathrm{d}\theta$，则所求面积为

$$A=\int_L(1-x-y)\mathrm{d}s=\int_0^{\pi/2}(1-\cos\theta-\sin\theta)\mathrm{d}\theta=2\pi$$

(2) 物理应用

线状物体的质量

① 设平面光滑线状物体 L 上有质量分布，其线密度为 $\rho(x,y)$ ，则线状物体 L 的质量为

$$M_L=\int_L\rho(x,y)\,\mathrm{d}s$$

② 设空间光滑线状物体 Γ 上有质量分布，其线密度为 $\rho(x,y,z)$ ，则线状物体 Γ 的质量为

$$M_\Gamma=\int_\Gamma\rho(x,y,z)\,\mathrm{d}s$$

线状物体的质心

① 设平面光滑线状物体 L 上有质量分布，其线密度为 $\rho(x,y)$ ，则线状物体 L 的质心坐标为

$$\bar{x}=\frac{1}{M_L}\int_L x\rho(x,y)\,\mathrm{d}s\ ,\ \bar{y}=\frac{1}{M_L}\int_L y\rho(x,y)\,\mathrm{d}s$$

② 设空间光滑线状物体 Γ 上有质量分布，其线密度为 $\rho(x,y,z)$ ，则线状物体 Γ 的质心坐标为

$$\bar{x}=\frac{1}{M_\Gamma}\int_\Gamma x\rho(x,y,z)\,\mathrm{d}s\ ,\ \bar{y}=\frac{1}{M_\Gamma}\int_\Gamma y\rho(x,y,z)\,\mathrm{d}s\ ,\ \bar{z}=\frac{1}{M_\Gamma}\int_\Gamma z\rho(x,y,z)\,\mathrm{d}s$$

线状物体的转动惯量

① 设平面光滑线状物体 L 上有质量分布，其线密度为 $\rho(x,y)$ ，则线状物体 L 关于坐标轴的转动惯量为

$$I_x=\int_L y^2\rho(x,y)\mathrm{d}s\ ,\ I_y=\int_L x^2\rho(x,y)\mathrm{d}s$$

② 设空间光滑线状物体 Γ 上有质量分布，其线密度为 $\rho(x,y,z)$ ，则线状物体 Γ 关于坐标轴及原点的转动惯量为

$$I_x=\int_\Gamma(y^2+z^2)\rho(x,y,z)\mathrm{d}s\ ,\ I_y=\int_\Gamma(x^2+z^2)\rho(x,y,z)\mathrm{d}s$$

$$I_z=\int_\Gamma(x^2+y^2)\rho(x,y,z)\mathrm{d}s\ ,\ I_0=\int_\Gamma(x^2+y^2+z^2)\rho(x,y,z)\mathrm{d}s$$

变力沿曲线作功

① 设平面力场 $\boldsymbol{F}(x,y)=P(x,y)\boldsymbol{i}+Q(x,y)\boldsymbol{j}$ ，物体在该力场的作用下，沿平面光滑曲线 L 移动时该力场所做的功为

$$W=\int_L P(x,y)\mathrm{d}x+Q(x,y)\mathrm{d}y$$

② 设空间力场 $\boldsymbol{F}(x,y,z)=P(x,y,z)\boldsymbol{i}+Q(x,y,z)\boldsymbol{j}+R(x,y,z)\boldsymbol{k}$ ，物体

在该力场的作用下，沿空间光滑曲线 Γ 移动时所做的功为

$$W=\int_{\Gamma}P(x,y,z)\mathrm{d}x+Q(x,y,z)\mathrm{d}y+R(x,y,z)\mathrm{d}z$$

§10.5 对面积的曲面积分

对面积曲面积分的定义 设曲面 Σ 是光滑的，函数 $f(x,y,z)$ 在 Σ 上有界，把 Σ 任意分成 n 小块，ΔS_i 表示第 i 个小曲面，也用来表示它的面积．在每个 ΔS_i 上任取一点 (ξ_i,η_i,ζ_i)，作乘积 $f(\xi_i,\eta_i,\zeta_i)\Delta S_i(i=1,2,3,\cdots,n)$，并作和式 $\sum\limits_{i=1}^{n}f(\xi_i,\eta_i,\zeta_i)\Delta S_i$．如果当各小块曲面的直径的最大值 $\lambda\to 0$ 时，这个和式的极限总存在，则称此极限为函数 $f(x,y,z)$ 在曲面 Σ 上对面积的**曲面积分**或**第一类曲面积分**，记作 $\iint\limits_{\Sigma}f(x,y,z)\mathrm{d}S$，即

$$\iint\limits_{\Sigma}f(x,y,z)\mathrm{d}S=\lim_{\lambda\to 0}\sum_{i=1}^{n}f(\xi_i,\eta_i,\zeta_i)\Delta S_i$$

其中 $f(x,y,z)$ 称为**被积函数**，Σ 称为**积分曲面**.

对面积曲面积分存在的充分条件 当 $f(x,y,z)$ 在光滑曲面 Σ 上连续时，对面积的曲面积分 $\iint\limits_{\Sigma} f(x,y,z)\mathrm{d}S$ 是存在的.

对面积曲面积分的性质

① 线性性质 设 α,β 为常数，则

$$\iint\limits_{\Sigma}[\alpha f(x,y,z)+\beta g(x,y,z)]\mathrm{d}S=\alpha\iint\limits_{\Sigma} f(x,y,z)\mathrm{d}S+\beta\iint\limits_{\Sigma} g(x,y,z)\mathrm{d}S$$

注：此性质可推广到有限个函数的线性组合情形，即设 $C_i(i=1,2,\cdots,n)$ 为常数，则

$$\iint\limits_{\Sigma}\sum_{i=1}^{n}C_i f_i(x,y,z)\mathrm{d}S=\sum_{i=1}^{n}C_i\iint\limits_{\Sigma} f_i(x,y,z)\mathrm{d}S$$

② 分域性质 若积分曲面 Σ 可分为两片光滑曲面 Σ_1,Σ_2，即 $\Sigma=\Sigma_1+\Sigma_2$，则

$$\iint\limits_{\Sigma} f(x,y,z)\mathrm{d}S=\iint\limits_{\Sigma_1} f(x,y,z)\mathrm{d}S+\iint\limits_{\Sigma_2} f(x,y,z)\mathrm{d}S$$

注：此结果可推广到 Σ 分成有限部分的情形.

③ 比较性质 设在积分曲面 Σ 上有 $f(x,y,z)\leqslant g(x,y,z)$，则

$$\iint\limits_{\Sigma} f(x,y,z)\mathrm{d}S\leqslant\iint\limits_{\Sigma} g(x,y,z)\mathrm{d}S$$

特别地，有

$$\left|\iint\limits_{\Sigma} f(x,y,z)\mathrm{d}S\right| \leqslant \iint\limits_{\Sigma} |f(x,y,z)|\mathrm{d}S$$

④ 几何性质　当被积函数为 1 时，对面积的曲面积分的结果是积分域曲面 Σ 的面积，即

$$S_{\Sigma} = \iint\limits_{\Sigma} \mathrm{d}S$$

其中 S_{Σ} 表示曲面 Σ 的面积.

对面积曲面积分的计算步骤和计算公式　对面积曲面积分的计算是将曲面积分化成二重积分，这个过程的步骤和公式如下.

① 计算步骤　第一步，将 Σ 投影到坐标面上，得到坐标面上的一个投影区域，这个区域就是二重积分的积分域. 如将 Σ 投影到 xOy 面，得到 xOy 面上的一个区域 D_{xy}. 需要指出的是，投影的坐标面可以根据需要任意选择，但是曲面 Σ 必须用相应的方程来表示. 如果选择的投影坐标面为 xOy 面，则曲面 Σ 的方程要表示为 $z=f(x,y)$；如果选择的投影坐标面为 yOz 面，则曲面 Σ 的方程要表示为 $x=h(y,z)$；如果选择的投影坐标面为 zOx 面，则曲面 Σ 的方程要表作 $y=g(x,z)$.

第二步，根据曲面Σ的方程写出曲面微元 dS 的表达式，并代入曲面积分.

$$\Sigma: z=f(x,y),\quad \mathrm{d}S=\sqrt{1+z'^2_x+z'^2_y}\,\mathrm{d}x\mathrm{d}y$$

$$\Sigma: x=h(y,z),\quad \mathrm{d}S=\sqrt{1+x'^2_y+x'^2_z}\,\mathrm{d}y\mathrm{d}z$$

$$\Sigma: y=g(x,z),\quad \mathrm{d}S=\sqrt{1+y'^2_x+y'^2_z}\,\mathrm{d}x\mathrm{d}z$$

第三步，将曲面Σ的方程代入到被积函数中，将对面积的曲面积分化成二重积分.

② 计算公式　设曲面 $\Sigma: z=f(x,y)$，将Σ投影到 xOy 面得到投影区域 D_{xy}，则

$$\iint_{\Sigma} f(x,y,z)\mathrm{d}S=\iint_{D_{xy}} f(x,y,z(x,y))\sqrt{1+z'^2_x(x,y)+z'^2_y(x,y)}\,\mathrm{d}x\mathrm{d}y$$

设曲面 $\Sigma: x=h(y,z)$，将Σ投影到 yOz 面得到投影区域 D_{yz}，则

$$\iint_{\Sigma} f(x,y,z)\mathrm{d}S=\iint_{D_{yz}} f(h(y,z),y,z)\sqrt{1+x'^2_y(y,z)+x'^2_z(y,z)}\,\mathrm{d}y\mathrm{d}z$$

设曲面 $\Sigma: y=g(x,z)$，将Σ投影到 zOx 面得到投影区域 D_{zx}，则

$$\iint_{\Sigma} f(x,y,z)\mathrm{d}S=\iint_{D_{xy}} f(x,g(x,z),z)\sqrt{1+y'^2_x(x,z)+y'^2_z(x,z)}\,\mathrm{d}x\mathrm{d}z$$

§10.6 对坐标的曲面积分

有向曲面的概念 在讨论对坐标的曲面积分时，需要指定曲面的侧或方向. 通过指定曲面上法向量的指向可以定出曲面的侧或方向. 如对于曲面 $z = z(x,y)$，如果取它的法向量 $\boldsymbol{n}$ 的指向朝上，则取定曲面的方向为上侧；又如，对于闭曲面如果取它的法向量 $\boldsymbol{n}$ 的指向朝外，则取定曲面的方向为外侧. 这种取定了法向量指向亦即选定了方向的曲面，被称为**有向曲面**.

有向曲面的方向 设有向曲面 Σ 的法向量的方向余弦为 $\{\cos\alpha,\cos\beta,\cos\gamma\}$，其中 α,β,γ 为法向量与坐标轴正方向的夹角.

① 若有向曲面 Σ 的方程为 $z = f(x,y)$，当 $\cos\gamma > 0$ 时，则有向曲面 Σ 的方向为上侧；当 $\cos\gamma < 0$ 时，则有向曲面 Σ 的方向为下侧.

② 若有向曲面 Σ 的方程为 $x = h(y,z)$，当 $\cos\alpha > 0$ 时，则有向曲面 Σ 的方向为前侧；当 $\cos\alpha < 0$ 时，则有向曲面 Σ 的方向为后侧.

③ 若有向曲面 Σ 的方程为 $y = g(x,z)$，当 $\cos\beta > 0$ 时，则有向曲面 Σ 的方向为右侧；当 $\cos\beta < 0$ 时，则有向曲面 Σ 的方向为左侧.

④ 若有向曲面 Σ 为闭合曲面，则 Σ 的方向可分为内侧与外侧.

有向曲面在坐标面上的投影 设Σ是有向曲面，在Σ上取一小块同向曲面ΔS，把ΔS投影到xOy面上得一投影区域，这投影区域的面积记为$(\Delta\sigma)_{xy}$，假定ΔS上各点处的法向量与z轴的夹角γ的余弦$\cos\gamma$有相同的符号（即$\cos\gamma$都是正的或都是负的），则规定ΔS在xOy面上的投影$(\Delta S)_{xy}$为

$$(\Delta S)_{xy}=\begin{cases}(\Delta\sigma)_{xy}, & \cos\gamma>0\\ -(\Delta\sigma)_{xy}, & \cos\gamma<0\\ 0, & \cos\gamma\equiv 0\end{cases}$$

其中$\cos\gamma\equiv 0$也就是$(\Delta\sigma)_{xy}=0$的情形. ΔS在xOy面上的投影$(\Delta S)_{xy}$实际就是ΔS在xOy面上的投影区域的面积附以相应的正负号. 类似地可以定义ΔS在yOz面及zOx面上的投影$(\Delta S)_{yz}$及$(\Delta S)_{zx}$. $(\Delta S)_{xy}$，$(\Delta S)_{yz}$，$(\Delta S)_{zx}$称为有向曲面ΔS在三个坐标面上的投影.

对坐标曲面积分的定义 设Σ为光滑的有向曲面，函数$R(x,y,z)$在Σ上有界. 把Σ任意分成n块小曲面ΔS_i（ΔS_i同时也代表第i小块曲面的面积），ΔS_i在xOy面上的投影为$(\Delta S_i)_{xy}$，(ξ_i,η_i,ζ_i)是ΔS_i上任意取定的一点. 如果当各小块曲面

的直径的最大值 $\lambda \to 0$ 时，极限

$$\lim_{\lambda \to 0} \sum_{i=1}^{n} R(\xi_i, \eta_i, \zeta_i)(\Delta S_i)_{xy}$$

总存在，则称此极限为函数 $R(x,y,z)$ 在有向曲面 Σ 上对坐标 x，坐标 y 的曲面积分，记作 $\iint\limits_{\Sigma} R(x,y,z)\mathrm{d}x\mathrm{d}y$

$$\iint\limits_{\Sigma} R(x,y,z)\mathrm{d}x\mathrm{d}y = \lim_{\lambda \to 0} \sum_{i=1}^{n} R(\xi_i, \eta_i, \zeta_i)(\Delta S_i)_{xy}$$

其中 $R(x,y,z)$ 称为**被积函数**，Σ 称为**积分曲面**.

类似地可以定义函数 $P(x,y,z)$ 在有向曲面 Σ 上对坐标 y，坐标 z 的曲面积分 $\iint\limits_{\Sigma} P(x,y,z)\mathrm{d}y\mathrm{d}z$，及函数 $Q(x,y,z)$ 在有向曲面 Σ 上对坐标 z，坐标 x 的曲面积分 $\iint\limits_{\Sigma} Q(x,y,z)\mathrm{d}z\mathrm{d}x$. 它们分别为

$$\iint\limits_{\Sigma} P(x,y,z)\mathrm{d}y\mathrm{d}z = \lim_{\lambda \to 0} \sum_{i=1}^{n} P(\xi_i, \eta_i, \zeta_i)(\Delta S_i)_{yz}$$

$$\iint_{\Sigma} Q(x,y,z)\mathrm{d}z\mathrm{d}x = \lim_{\lambda\to 0}\sum_{i=1}^{n} Q(\xi_i,\eta_i,\zeta_i)(\Delta S_i)_{zx}$$

以上三个曲面积分统称为对坐标的**曲面积分**或**第二类曲面积分**.

上述三个对坐标曲面积分的合并式为

$$\iint_{\Sigma} P(x,y,z)\mathrm{d}y\mathrm{d}z + \iint_{\Sigma} Q(x,y,z)\mathrm{d}z\mathrm{d}x + \iint_{\Sigma} R(x,y,z)\mathrm{d}x\mathrm{d}y$$

$$= \iint_{\Sigma} P(x,y,z)\mathrm{d}y\mathrm{d}z + Q(x,y,z)\mathrm{d}z\mathrm{d}x + R(x,y,z)\mathrm{d}x\mathrm{d}y$$

对坐标曲面积分存在的充分条件　当 $P(x,y,z)$、$Q(x,y,z)$、$R(x,y,z)$ 在有向光滑曲面 Σ 上连续时，对坐标的曲面积分是存在的.

对坐标曲面积分的性质

① 线性性质　设 α,β 为常数，则

$$\iint_{\Sigma}(\alpha f_1(x,y,z)+\beta f_2(x,y,z))\mathrm{d}x\mathrm{d}y = \alpha\iint_{\Sigma} f_1(x,y,z)\mathrm{d}x\mathrm{d}y + \beta\iint_{\Sigma} f_2(x,y,z)\mathrm{d}x\mathrm{d}y$$

注：此性质可推广到有限个函数的线性组合情形，即设 $C_i(i=1,2,\cdots,n)$ 为常数，则

$$\iint\limits_{\Sigma}\sum_{i=1}^{n}C_i f_i(x,y,z)\mathrm{d}x\mathrm{d}y=\sum_{i=1}^{n}C_i\iint\limits_{\Sigma}f_i(x,y,z)\mathrm{d}x\mathrm{d}y$$

以上性质对 $\mathrm{d}y\mathrm{d}z,\mathrm{d}z\mathrm{d}x$ 的积分也均成立.

② 分域性质　若积分曲面 Σ 分为两片曲面 Σ_1,Σ_2，则

$$\iint\limits_{\Sigma}P\mathrm{d}y\mathrm{d}z+Q\mathrm{d}z\mathrm{d}x+R\mathrm{d}x\mathrm{d}y$$

$$=\iint\limits_{\Sigma_1}P\mathrm{d}y\mathrm{d}z+Q\mathrm{d}z\mathrm{d}x+R\mathrm{d}x\mathrm{d}y+\iint\limits_{\Sigma_2}P\mathrm{d}y\mathrm{d}z+Q\mathrm{d}z\mathrm{d}x+R\mathrm{d}x\mathrm{d}y$$

此结果可推广到 Σ 分成有限部分的情形.

③ 方向性质　设 Σ 是有向曲面，$-\Sigma$ 表示与 Σ 取相反侧的有向曲面，则

$$\iint\limits_{-\Sigma}P(x,y,z)\mathrm{d}y\mathrm{d}z=-\iint\limits_{\Sigma}P(x,y,z)\mathrm{d}y\mathrm{d}z$$

$$\iint_{-\Sigma} Q(x,y,z)\mathrm{d}z\mathrm{d}x = -\iint_{\Sigma} Q(x,y,z)\mathrm{d}z\mathrm{d}x$$

$$\iint_{-\Sigma} R(x,y,z)\mathrm{d}x\mathrm{d}y = -\iint_{\Sigma} R(x,y,z)\mathrm{d}x\mathrm{d}y$$

此性质表示，当积分曲面改变为相反侧时，对坐标的曲面积分要改变符号，因此关于对坐标的曲面积分，必须指定积分曲面的侧或方向.

对坐标曲面积分的计算步骤和计算公式　对坐标的曲面积分的计算是将曲面积分化成二重积分，这个过程的步骤和公式如下.

① 计算步骤　第一步投影，将有向曲面 Σ 投影到指定的坐标面上，得到坐标面上的一个投影区域，这个区域就是二重积分的积分域. 如果是对 $\mathrm{d}y\mathrm{d}z$ 积分，则有向曲面 Σ 的方程表示成 $x=h(y,z)$，并且投影到 yOz 面. 第二步，将有向曲面 Σ 方程代入到被积函数中，将对坐标的曲面积分化成二重积分. 第三步定号，根据有向曲面 Σ 的方向，确定二重积分前面的正、负号. 具体来说，假设是对 $\mathrm{d}y\mathrm{d}z$ 积分，如果有向曲面 Σ 的方向取前侧，则二重积分前面为“正”号或不加符号；如果有向曲面 Σ 的方向取后侧，则二重积分前面为“负”号.

② 计算公式

ⅰ. 如果积分曲面 Σ 由 $z=z(x,y)$ 给出，则有

$$\iint_{\Sigma} R(x,y,z)\mathrm{d}x\mathrm{d}y = \pm \iint_{D_{xy}} R(x,y,z(x,y))\mathrm{d}x\mathrm{d}y$$

上式右端的符号这样确定：如果积分曲面 Σ 的方向取上侧，即 $\cos\gamma>0$，则应取正号；如果积分曲面 Σ 取下侧，即 $\cos\gamma<0$，则应取负号.

ⅱ. 如果积分曲面 Σ 由 $x=x(y,z)$ 给出，则有

$$\iint_{\Sigma} P(x,y,z)\mathrm{d}y\mathrm{d}z = \pm \iint_{D_{yz}} P(x(y,z),y,z)\mathrm{d}y\mathrm{d}z$$

上式右端的符号这样确定：如果积分曲面 Σ 的方向取前侧，即 $\cos\alpha>0$，则应取正号；如果积分曲面 Σ 的方向取后侧，即 $\cos\alpha<0$，则应取负号.

ⅲ. 如果积分曲面 Σ 由 $y=y(z,x)$ 给出，则有

$$\iint_{\Sigma} Q(x,y,z)\mathrm{d}z\mathrm{d}x = \pm \iint_{D_{zx}} Q(x,y(z,x),z)\mathrm{d}z\mathrm{d}x$$

上式右端的符号这样确定：如果积分曲面 Σ 的方向取右侧，即 $\cos\beta>0$，则应取正号；如果积分曲面 Σ 的方向取左侧，即 $\cos\beta<0$，则应取负号.

两类曲面积分之间的联系

$$\iint_{\Sigma} P\mathrm{d}y\mathrm{d}z+Q\mathrm{d}z\mathrm{d}x+R\mathrm{d}x\mathrm{d}y=\iint_{\Sigma}(P\cos\alpha+Q\cos\beta+R\cos\gamma)\mathrm{d}S$$

其中 $\cos\alpha,\cos\beta,\cos\gamma$ 是有向曲面 Σ 上点 (x,y,z) 处的法向量的方向余弦.

两类曲面积分之间的联系也可以写成向量形式

$$\iint_{\Sigma}\boldsymbol{A}\cdot\mathrm{d}\boldsymbol{S}=\iint_{\Sigma}\boldsymbol{A}\cdot\boldsymbol{n}\mathrm{d}S$$

其中 $\boldsymbol{A}=\{P,Q,R\}$，$\boldsymbol{n}=\{\cos\alpha,\cos\beta,\cos\gamma\}$ 为有向曲面 Σ 上点 (x,y,z) 处的单位法向量，$\mathrm{d}\boldsymbol{S}=\boldsymbol{n}\mathrm{d}S=\{\mathrm{d}y\mathrm{d}z,\mathrm{d}z\mathrm{d}x,\mathrm{d}x\mathrm{d}y\}$，称为**有向曲面元**.

§10.7 高斯公式 通量和散度

高斯公式 设空间闭区域 Ω 由分片光滑的闭曲面 Σ 所围成，Σ 是 Ω 的整个边界曲面的外侧函数 $P(x,y,z)$，$Q(x,y,z)$，$R(x,y,z)$ 在 Ω 内具有一阶连续偏导数，则有

$$\iiint_{D}\left(\frac{\partial P}{\partial x}+\frac{\partial Q}{\partial y}+\frac{\partial R}{\partial z}\right)\mathrm{d}v=\oiint_{\Sigma}P\mathrm{d}y\mathrm{d}z+Q\mathrm{d}z\mathrm{d}x+R\mathrm{d}x\mathrm{d}y$$

或

$$\iiint\limits_{D}\left(\frac{\partial P}{\partial x}+\frac{\partial Q}{\partial y}+\frac{\partial R}{\partial z}\right)\mathrm{d}v=\oiint\limits_{\Sigma}(P\cos\alpha+Q\cos\beta+R\cos\gamma)\,\mathrm{d}S$$

其中，$\cos\alpha$，$\cos\beta$，$\cos\gamma$ 是 Σ 上点 (x,y,z) 处的法向量的方向余弦. 此公式称为高斯公式.

通量和散度 设向量场 $\mathbf{A}(x,y,z)=P(x,y,z)\boldsymbol{i}+Q(x,y,z)\boldsymbol{j}+R(x,y,z)\boldsymbol{k}$，其中 P，Q，R 具有一阶连续偏导数，Σ 是向量场内的一片有向曲面，$\boldsymbol{n}$ 是 Σ 上点 (x,y,z) 处的单位法向量，则 $\iint\limits_{\Sigma}\mathbf{A}\cdot\boldsymbol{n}\mathrm{d}S$ 称为向量场 $\mathbf{A}$ 通过有向曲面 Σ 指定侧的**通量**（或**流量**），而 $\frac{\partial P}{\partial x}+\frac{\partial Q}{\partial y}+\frac{\partial R}{\partial z}$ 称为向量场 $\mathbf{A}$ 的**散度**，记作 $\mathrm{div}\mathbf{A}$，即

$$\mathrm{div}\mathbf{A}=\frac{\partial P}{\partial x}+\frac{\partial Q}{\partial y}+\frac{\partial R}{\partial z}$$

§10.8 斯托克斯公式 环流量和旋度

斯托克斯公式 设 Γ 为分段光滑的空间有向闭曲线，Σ 是以 Γ 为边界的分片光滑的有向曲面，Γ 的正向与有向曲面 Σ 的方向符合右手法则，函数 $P(x,y,z)$，$Q(x,y,z)$，$R(x,y,z)$ 在包含有向曲面 Σ 在内的一个空间区域内具有一阶连续

偏导数，则有

$$\iint_{\Sigma}\left(\frac{\partial R}{\partial y}-\frac{\partial Q}{\partial z}\right)\mathrm{d}y\mathrm{d}z+\left(\frac{\partial P}{\partial z}-\frac{\partial R}{\partial x}\right)\mathrm{d}z\mathrm{d}x+\left(\frac{\partial Q}{\partial x}-\frac{\partial R}{\partial y}\right)\mathrm{d}x\mathrm{d}y=\oint_{\Gamma}P\mathrm{d}x+Q\mathrm{d}y+R\mathrm{d}z$$

或 $$\iint_{\Sigma}\begin{vmatrix}\mathrm{d}y\mathrm{d}z & \mathrm{d}z\mathrm{d}x & \mathrm{d}x\mathrm{d}y\\ \dfrac{\partial}{\partial x} & \dfrac{\partial}{\partial y} & \dfrac{\partial}{\partial z}\\ P & Q & R\end{vmatrix}=\oint_{\Gamma}P\mathrm{d}x+Q\mathrm{d}y+R\mathrm{d}z$$

环流量和旋度 设向量场

$$\boldsymbol{A}(x,y,z)=P(x,y,z)\boldsymbol{i}+Q(x,y,z)\boldsymbol{j}+R(x,y,z)\boldsymbol{k}$$

在坐标轴上的投影为

$$\frac{\partial R}{\partial y}-\frac{\partial Q}{\partial z},\ \frac{\partial P}{\partial z}-\frac{\partial R}{\partial x},\ \frac{\partial Q}{\partial x}-\frac{\partial R}{\partial y}$$

的向量称为向量场 $\boldsymbol{A}$ 的旋度，记作 $\mathrm{rot}\boldsymbol{A}$，即

$$\mathrm{rot}\boldsymbol{A}=\left(\frac{\partial R}{\partial y}-\frac{\partial Q}{\partial z}\right)\boldsymbol{i}+\left(\frac{\partial P}{\partial z}-\frac{\partial R}{\partial x}\right)\boldsymbol{j}+\left(\frac{\partial Q}{\partial x}-\frac{\partial R}{\partial y}\right)\boldsymbol{k}$$

或 $\operatorname{rot}\boldsymbol{A}=\begin{vmatrix} \boldsymbol{i} & \boldsymbol{j} & \boldsymbol{k} \\ \dfrac{\partial}{\partial x} & \dfrac{\partial}{\partial y} & \dfrac{\partial}{\partial z} \\ P & Q & R \end{vmatrix}$

沿有向闭曲线 Γ 的曲线积分 $\oint\limits_{\Gamma} P\mathrm{d}x+Q\mathrm{d}y+R\mathrm{d}z$ 称为向量场 $\boldsymbol{A}$ 沿有向闭曲线 Γ 的环流量.

§ 10.9 曲面积分的应用

(1) 几何应用

空间曲面面积 光滑曲面 Σ 的面积可表作被积函数为 1 的对面积的曲面积分，即

$$S_{\Sigma}=\iint\limits_{\Sigma}\mathrm{d}s$$

注： 这一结果与运用二重积分计算空间曲面面积的方法，本质上是一致的.

(2) 物理应用

曲面状物体的质量 设空间光滑曲面状物体 Σ 上有质量分布，其面密度为

$\rho(x,y,z)$，则该曲面状物体 Σ 的质量为

$$M_{\Sigma}=\iint_{\Sigma}\rho(x,y,z)\mathrm{d}s$$

曲面状物体的质心　设空间光滑曲面状物体 Σ 上有质量分布，其面密度为 $\rho(x,y,z)$，则该曲面状物体 Σ 的质心为

$$\bar{x}=\frac{1}{M_{\Sigma}}\iint_{\Sigma}x\rho(x,y,z)\mathrm{d}S,\ \bar{y}=\frac{1}{M_{\Sigma}}\iint_{\Sigma}y\rho(x,y,z)\mathrm{d}S,\ \bar{z}=\frac{1}{M_{\Sigma}}\iint_{\Sigma}z\rho(x,y,z)\mathrm{d}S$$

面状物体的转动惯量　设空间光滑曲面状物体 Σ 上有质量分布，其面密度为 $\rho(x,y,z)$，则该曲面状物体 Σ 关于坐标轴和原点的转动惯量为

$$I_x=\iint_{\Sigma}(y^2+z^2)\rho(x,y,z)\mathrm{d}S$$

$$I_y=\iint_{\Sigma}(x^2+z^2)\rho(x,y,z)\mathrm{d}S$$

$$I_z=\iint_{\Sigma}(x^2+y^2)\rho(x,y,z)\mathrm{d}S$$

$$I_0=\iint_{\Sigma}(x^2+y^2+z^2)\rho(x,y,z)\mathrm{d}S$$

本章知识点及其关联网络①（曲线积分）

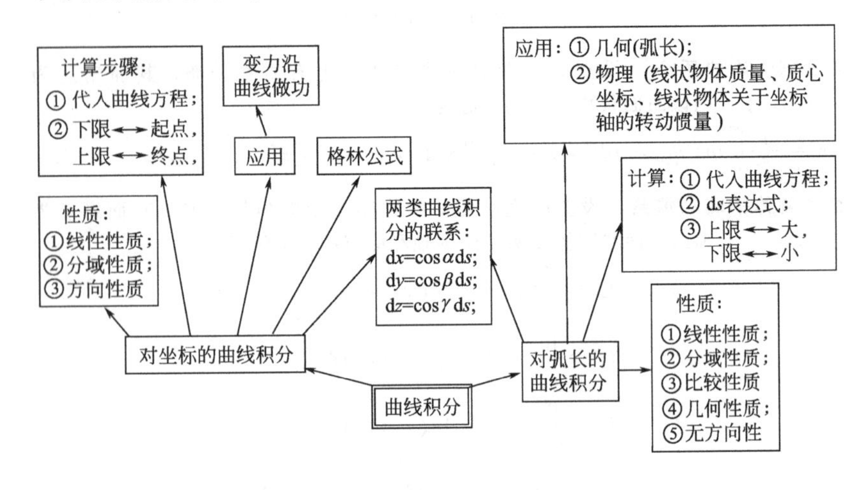

计算步骤：
① 代入曲线方程；
② 下限←→起点，
上限←→终点，
变力沿
曲线做功
应用
格林公式
性质：
①线性性质；
②分域性质；
③方向性质
两类曲线积
分的联系：
dx=cosαds;
dy=cosβds;
dz=cosγds;
对坐标的曲线积分
曲线积分
对弧长的
曲线积分
应用：① 几何(弧长)；
② 物理（线状物体质量、质心
坐标、线状物体关于坐标
轴的转动惯量）
计算：① 代入曲线方程；
② ds表达式；
③ 上限←→大，
下限←→小
性质：
①线性性质；
②分域性质；
③比较性质
④几何性质；
⑤无方向性

本章知识点及其关联网络②（曲面积分）

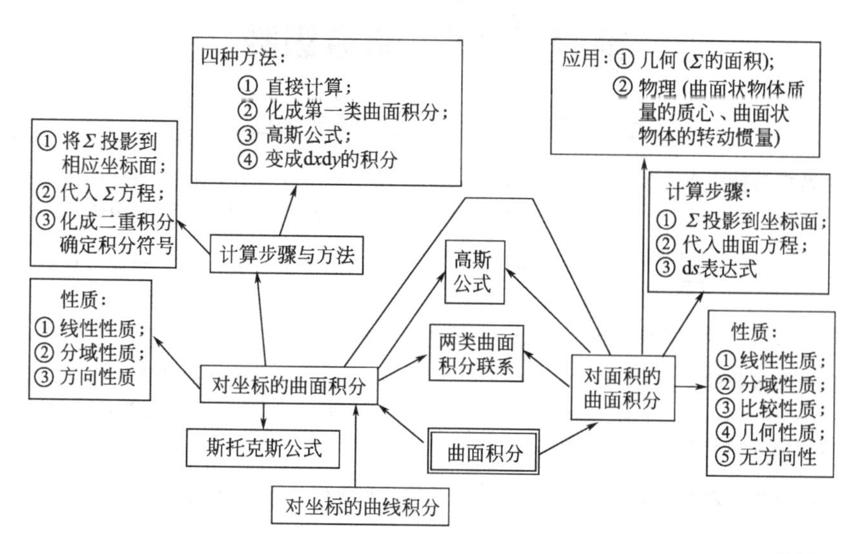

四种方法：
① 直接计算；
② 化成第一类曲面积分；
③ 高斯公式；
④ 变成dxdy的积分
应用：① 几何（Σ的面积）；
② 物理（曲面状物体质量的质心、曲面状物体的转动惯量）
① 将Σ投影到相应坐标面；
② 代入Σ方程；
③ 化成二重积分确定积分符号
计算步骤与方法
计算步骤：
① Σ投影到坐标面；
② 代入曲面方程；
③ ds表达式
高斯公式
性质：
① 线性性质；
② 分域性质；
③ 方向性质
两类曲面积分联系
性质：
① 线性性质；
② 分域性质；
③ 比较性质；
④ 几何性质；
⑤ 无方向性
对坐标的曲面积分
对面积的曲面积分
斯托克斯公式
曲面积分
对坐标的曲线积分

第 11 章 无穷级数

§ 11.1 常数项级数的概念和性质

常数项级数定义 如果给定一个数列：$u_1, u_2, u_3, \cdots, u_n, \cdots$，则由这数列构成的表达式 $u_1 + u_2 + u_3 + \cdots + u_n + \cdots$ 称为(**常数项**)**无穷级数**，简称(**常数项**)**级数**，记为 $\sum_{n=1}^{\infty} u_n$，即 $\sum_{n=1}^{\infty} u_n = u_1 + u_2 + u_3 + \cdots + u_n + \cdots$，其中第 n 项 u_n 称为**级数一般项**.

级数的前 n 项和数列 级数 $\sum_{n=1}^{\infty} u_n$ 的前 n 项之和 $s_n = u_1 + u_2 + u_3 + \cdots + u_n$，$s_n$ 称为此级数的部分和.当 n 依次取 1,2,3,… 时，它们构成一个新的数列：$s_1 = u_1$，$s_2 = u_1 + u_2$，$s_3 = u_1 + u_2 + u_3$，…，$s_n = u_1 + u_2 + \cdots + u_n$，….此数列称为级数的前 n 项和数列或部分和数列，记为 $\{s_n\}$

级数收敛和发散定义 如果级数 $\sum_{n=1}^{\infty} u_n$ 的部分和数列 $\{s_n\}$ 有极限 s，即 $\lim_{n \to \infty} s_n =$

s，则称无穷级数 $\sum_{n=1}^{\infty} u_n$ 收敛，这时极限 s 称为该级数的和，并写成 $s=\sum_{n=1}^{\infty} u_n$；如果 $\{s_n\}$ 没有极限，则称无穷级数 $\sum_{n=1}^{\infty} u_n$ 发散.

级数余项定义　当级数收敛时，级数的和 s 与其部分和 s_n 之差，称为级数的余项，记作 $r_n = s - s_n$.

收敛级数的基本性质

① 如果级数 $\sum_{n=1}^{\infty} u_n$ 收敛于和 s，则它的各项同乘以一个常数 k 所得的级数 $\sum_{n=1}^{\infty} ku_n$ 也收敛，且其和为 ks . 此性质也可表示为级数的每一项同乘一个非零常数后，它的收敛性不会改变.

② 如果级数 $\sum_{n=1}^{\infty} u_n$ ，$\sum_{n=1}^{\infty} v_n$ 分别收敛于和 s ，σ，则级数 $\sum_{n=1}^{\infty} (u_n \pm v_n)$ 也收敛，且和为 $s \pm \sigma$. 此性质也可表示为两个收敛级数可以逐项相加与逐项相减.

③ 在级数中去掉、加上或改变有限项，不会改变级数的收敛性.

④ 如果级数 $\sum_{n=1}^{\infty} u_n$ 收敛，则对此级数的项任意加括号后所成的级数

$$(u_1+\cdots+u_{n_1})+(u_{n_1+1}+\cdots+u_{n_2})+\cdots+(u_{n_{k+1}+1}+\cdots+u_{n_k})+\cdots$$

仍收敛，且其和不变. 此性质也可表示为如果加括号后所成的级数发散，则原来级数也发散.

级数收敛的必要条件 如果级数 $\sum_{n=1}^{\infty} u_n$ 收敛，则它的一般项 u_n 趋于零，即 $\lim\limits_{n\to\infty} u_n=0$.

柯西审敛原理 级数 $\sum_{n=1}^{\infty} u_n$ 收敛的充分必要条件为：对于任意给定的正数 ε，总存在自然数 N，使得当 $n>N$ 时，对于任意的自然数 p，都有 $|u_{n+1}+u_{n+2}+\cdots+u_{n+p}|<\varepsilon$ 成立.

§11.2 常数项级数的审敛法

正项级数定义 常数项级数的各项都为正数或零的级数称为正项级数.

正项级数收敛的充分必要条件 正项级数 $\sum_{n=1}^{\infty} u_n$ 收敛的充分必要条件是它的部分

和数列 $\{s_n\}$ 有界.

正项级数的比较审敛法 设 $\sum_{n=1}^{\infty} u_n$ 和 $\sum_{n=1}^{\infty} v_n$ 都是正项级数，且 $u_n \leqslant v_n\ (n=1,2,\cdots)$，若级数 $\sum_{n=1}^{\infty} v_n$ 收敛，则级数 $\sum_{n=1}^{\infty} u_n$ 收敛；反之，若级数 $\sum_{n=1}^{\infty} u_n$ 发散，则级数 $\sum_{n=1}^{\infty} v_n$ 发散.

正项级数的比较审敛法推论

① 设 $\sum_{n=1}^{\infty} u_n$ 和 $\sum_{n=1}^{\infty} v_n$ 都是正项级数，如果级数 $\sum_{n=1}^{\infty} v_n$ 收敛，且存在自然数 N，使得当 $n \geqslant N$ 时，有 $u_n \leqslant k v_n\ (k>0)$ 成立，则级数 $\sum_{n=1}^{\infty} u_n$ 收敛；如果级数 $\sum_{n=1}^{\infty} v_n$ 发散，且当 $n \geqslant N$ 时，有 $u_n \geqslant k v_n\ (k>0)$ 成立，则级数 $\sum_{n=1}^{\infty} u_n$ 发散.

② 设 $\sum_{n=1}^{\infty} u_n$ 为正项级数，如果有 $p>1$，使 $u_n \leqslant \frac{1}{n^p}\ (n=1,2,\cdots)$，则级

数 $\sum_{n=1}^{\infty} u_n$ 收敛；如果 $u_n \geqslant \frac{1}{n}(n=1,2,\cdots)$，则级数 $\sum_{n=1}^{\infty} u_n$ 发散.

三个重要级数的敛散性

① 级数 $\sum_{n=1}^{\infty} \frac{1}{n}$ 称为**调和级数**，调和级数是发散的.

② 级数 $\sum_{n=1}^{\infty} \frac{1}{n^p}$ 称为 **p 级数**. 当 $p>1$ 时，级数收敛；当 $p \leqslant 1$ 时，级数发散.

③ 级数 $\sum_{n=0}^{\infty} aq^n$ 称为**几何级数**（**或等比级数**），其中 $a \neq 0$，q 称为级数的公比. 当 $|q|<1$ 时，此级数收敛，其和为 $\frac{a}{1-q}$；当 $|q| \geqslant 1$ 时，此级数发散.

正项级数比较审敛法的极限形式 设 $\sum_{n=1}^{\infty} u_n$ 和 $\sum_{n=1}^{\infty} v_n$ 都是正项级数，

① 如果 $\lim_{n\to\infty} \frac{u_n}{v_n}=l$，$0<l<+\infty$，则级数 $\sum_{n=1}^{\infty} u_n$ 和 $\sum_{n=1}^{\infty} v_n$ 有相同的敛散性；

② 如果 $\lim\limits_{n\to\infty}\frac{u_n}{v_n}=l$，$0\leqslant l<+\infty$，且级数 $\sum\limits_{n=1}^{\infty}v_n$ 收敛，则级数 $\sum\limits_{n=1}^{\infty}u_n$ 收敛；

③ 如果 $\lim\limits_{n\to\infty}\frac{u_n}{v_n}=l$，$0<l\leqslant+\infty$，且级数 $\sum\limits_{n=1}^{\infty}v_n$ 发散，则级数 $\sum\limits_{n=1}^{\infty}u_n$ 发散.

正项级数的极限审敛法 设 $\sum\limits_{n=1}^{\infty}u_n$ 为正项级数，

① 如果 $\lim\limits_{n\to\infty}nu_n=l>0$ 或 $\lim\limits_{n\to\infty}nu_n=\infty$，则级数 $\sum\limits_{n=1}^{\infty}u_n$ 发散；

② 如果 $p>1$，$\lim\limits_{n\to\infty}n^p u_n=l$，且 $0\leqslant l<+\infty$，则级数 $\sum\limits_{n=1}^{\infty}u_n$ 收敛.

正项级数的比值审敛法（达朗贝尔（D' Alembert）判别法） 若正项级数 $\sum\limits_{n=1}^{\infty}u_n$ 的后项与前项之比值的极限等于 ρ，即 $\lim\limits_{n\to\infty}\frac{u_{n+1}}{u_n}=\rho$，则当 $\rho<1$ 时级数收敛；$\rho>1$（或 $\rho=\infty$）时级数发散；$\rho=1$ 时级数可能收敛也可能发散.

正项级数的根值审敛法（柯西（Cauchy）判别法） 设 $\sum_{n=1}^{\infty} u_n$ 为正项级数，如果 $\lim_{n\to\infty} \sqrt[n]{u_n} = \rho$，则当 $\rho < 1$ 时级数收敛；$\rho > 1$（或 $\rho = +\infty$）时级数发散；$\rho = 1$ 时级数可能收敛也可能发散.

交错级数定义 各项是正负交错的数项级数称为**交错级数**. 交错级数可表示为

$$u_1 - u_2 + u_3 - u_4 + \cdots \text{或} - u_1 + u_2 - u_3 + u_4 - \cdots$$

其中 $u_n \geqslant 0$；也可表示为 $\sum_{n=0}^{\infty}(-1)^n u_n$ 或 $\sum_{n=1}^{\infty}(-1)^n u_n$，其中 $u_n \geqslant 0$.

交错级数审敛法（莱布尼兹定理） 如果交错级数 $\sum_{n=1}^{\infty}(-1)^{n-1}u_n$ 满足条件：①$u_n \geqslant u_{n+1}$ $(n=1,2,3,\cdots)$；② $\lim_{n\to\infty} u_n = 0$. 则级数收敛，且其和 $s \leqslant u_1$，其余项 r_n 的绝对值 $|r_n| \leqslant u_{n+1}$.

绝对收敛和条件收敛 设一般数项级数 $\sum_{n=1}^{\infty} u_n$，其中 $u_n \in \mathbf{R}$，如果级数各项的

绝对值所构成的正项级数 $\sum_{n=1}^{\infty}|u_n|$ 收敛，则称级数 $\sum_{n=1}^{\infty}u_n$ **绝对收敛**；如果级数 $\sum_{n=1}^{\infty}u_n$ 收敛，而级数 $\sum_{n=1}^{\infty}|u_n|$ 发散，则称级数 $\sum_{n=1}^{\infty}u_n$ **条件收敛**.

绝对收敛级数的性质

① 如果级数 $\sum_{n=1}^{\infty}u_n$ 绝对收敛，则级数 $\sum_{n=1}^{\infty}u_n$ 必定收敛.

注：如果级数 $\sum_{n=1}^{\infty}|u_n|$ 发散，并不能断定级数 $\sum_{n=1}^{\infty}u_n$ 也发散. 但是，如果使用比值审敛法或根值审敛法判定级数 $\sum_{n=1}^{\infty}|u_n|$ 发散，则可以断定级数 $\sum_{n=1}^{\infty}u_n$ 必定发散. 这是因为这两种审敛法判定级数 $\sum_{n=1}^{\infty}|u_n|$ 发散的依据是 $|u_n|\nrightarrow 0\ (n\to\infty)$，从而 $u_n\nrightarrow 0\ (n\to\infty)$，由级数收敛的必要条件可知，级数 $\sum_{n=1}^{\infty}u_n$ 也是发散的.

② 绝对收敛级数经改变项的位置后构成的级数也收敛，且与原级数有相同的和（即绝对收敛级数具有可交换性）.

③ 设级数 $\sum_{n=1}^{\infty} u_n$ 和 $\sum_{n=1}^{\infty} v_n$ 都绝对收敛，其和分别为 s 和 σ，则它们的柯西乘积

$$u_1 v_1 + (u_1 v_2 + u_2 v_1) + \cdots + (u_1 v_n + u_2 v_{n-1} + \cdots + u_n v_1) + \cdots$$

也是绝对收敛的，且其和为 $s \cdot \sigma$.

§11.3 幂级数

函数项级数定义 如果给定一个定义在区间 I 上的函数列：$u_1(x), u_2(x), u_3(x), \cdots, u_n(x), \cdots$，则由这函数列构成的表达式：$u_1(x) + u_2(x) + u_3(x) + \cdots + u_n(x) + \cdots$ 称为定义在区间 I 上的**（函数项）无穷级数**，简称**（函数项）级数**. 记为

$$\sum_{n=1}^{\infty} u_n(x), \ x \in I.$$

函数项级数的收敛域和发散域 设函数项级数 $\sum_{n=1}^{\infty} u_n(x)$，$x \in I$，对于每一个确定的值 $x_0 \in I$，函数项级数成为常数项级数 $u_1(x_0) + u_2(x_0) + u_3(x_0) + \cdots +$

$u_n(x_0)+\cdots$. 如果此数项级数收敛，则称点 x_0 是函数项级数的收敛点；如果此数项级数发散，则称点 x_0 是函数项级数的发散点. 函数项级数的所有收敛点的全体称为它的收敛域，所有发散点的全体称为它的发散域.

函数项级数的和函数及余项　设函数项级数 $\sum_{n=1}^{\infty} u_n(x)$，$x \in I$，对应于它的收敛域内的任意一个数 x，函数项级数成为一个收敛的常数项级数，都有一确定的和 s 与之对应. 于是，在收敛域上，函数项级数的和是 x 的函数，记为 $s(x)$，通常称 $s(x)$ 为函数项级数的和函数，其定义域就是级数的收敛域，并写成 $s(x)=u_1(x)+u_2(x)+u_3(x)+\cdots+u_n(x)+\cdots$.

如果将函数项级数 $\sum_{n=1}^{\infty} u_n(x)$ 的前 n 项的部分和记作 $s_n(x)$，则在收敛域上有

$$\lim_{n\to\infty} s_n(x)=s(x)$$

在函数项级数 $\sum_{n=1}^{\infty} u_n(x)$ 的收敛域上，其和函数 $s(x)$ 与前 n 项的部分和 $s_n(x)$ 的差记作 $r_n(x)=s(x)-s_n(x)$，$r_n(x)$ 称为函数项级数的余项，（当然，

只有当 x 属于收敛域时，$r_n(x)$ 才有意义)，且有 $\lim\limits_{n\to\infty} r_n(x)=0$.

幂级数 各项都是幂函数的函数项级数：$\sum\limits_{n=0}^{\infty} a_n x^n = a_0 + a_1 x + a_2 x^2 + \cdots + a_n x^n + \cdots$，称为幂级数，其中常数 $a_0, a_1, a_2, a_3, \cdots, a_n, \cdots$ 称为幂级数的系数.

阿贝尔（Abel）定理 如果幂级数 $\sum\limits_{n=0}^{\infty} a_n x^n$ 在 $x=x_0$ $(x_0 \neq 0)$ 时收敛，则适合不等式 $|x|<|x_0|$ 的一切 x，均使这幂级数绝对收敛. 反之，如果幂级数 $\sum\limits_{n=0}^{\infty} a_n x^n$ 在 $x=x_0$ 时发散，则适合不等式 $|x|>|x_0|$ 的一切 x 均使这幂级数发散.

阿贝尔（Abel）定理推论 如果幂级数 $\sum\limits_{n=0}^{\infty} a_n x^n$ 不是仅在 $x=0$ 一点处收敛，也不是在整个实数轴上都收敛，则必有一个完全确定的正数 R 存在，使得当 $|x|<R$ 时，幂级数绝对收敛；当 $|x|>R$ 时，幂级数发散；当 $x=R$ 与 $x=-R$ 时，幂级数可能收敛也可能发散.

幂级数的收敛半径、收敛区间和收敛域 设幂级数 $\sum\limits_{n=0}^{\infty} a_n x^n$，阿贝尔（Abel）

定理推论中的正数 R 称为幂级数的收敛半径；开区间 $(-R,R)$ 称为幂级数的收敛区间；幂级数的收敛区间和幂级数在 $x=\pm R$ 处的收敛点构成幂级数的收敛域，它们可以是 $(-R,R)$，$[-R,R)$，$(-R,R]$ 或 $[-R,R]$.

注： 如果幂级数 $\sum_{n=0}^{\infty}a_nx^n$ 仅在 $x=0$ 处收敛，则规定其收敛半径 $R=0$；如果幂级数 $\sum_{n=0}^{\infty}a_nx^n$ 在任何实数 x 处均收敛，则规定其收敛半径 $R=+\infty$.

幂级数收敛半径的求法 设幂级数 $\sum_{n=0}^{\infty}a_nx^n$，如果 $\lim_{n\to\infty}\frac{|a_{n+1}|}{|a_n|}=\rho$，其中 a_n，a_{n+1} 是幂级数相邻两项的系数，则该幂级数的收敛半径为

$$R=\begin{cases}\frac{1}{\rho}, & \rho\neq 0\\ +\infty, & \rho=0\\ 0, & \rho=+\infty\end{cases}$$

幂级数的四则运算 设幂级数 $\sum_{n=0}^{\infty}a_nx^n$ 和 $\sum_{n=0}^{\infty}b_nx^n$ 的收敛区间分别为

$(-R,R)$ 和 $(-R',R')$，则有以下四则运算.

① 加减法：$\left(\sum_{n=0}^{\infty}a_nx^n\right)\pm\left(\sum_{n=0}^{\infty}b_nx^n\right)=\sum_{n=0}^{\infty}(a_n\pm b_n)x^n$

在 $(-R,R)$ 和 $(-R',R')$ 中较小的区间内成立.

② 乘法：$\left(\sum_{n=0}^{\infty}a_nx^n\right)\cdot\left(\sum_{n=0}^{\infty}b_nx^n\right)=a_0b_0+(a_0b_1+a_1b_0)x+$ $(a_0b_2+a_1b_1+a_2b_0)x^2+\cdots+(a_0b_n+a_1b_{n-1}+\cdots+a_nb_0)x^n+\cdots$ 称为这两个幂级数的柯西乘积，它在 $(-R,R)$ 和 $(-R',R')$ 中较小的区间内成立.

③ 除法：$\dfrac{a_0+a_1x+a_2x^2+\cdots+a_nx^n+\cdots}{b_0+b_1x+b_2x^2+\cdots+b_nx^n+\cdots}=c_0+c_1x+c_2x^2+\cdots+c_nx^n$ $+\cdots$，这里假设 $b_0\neq 0$. 为了确定系数 $c_0,c_1,c_2,\cdots,c_n,\cdots$，可以将级数 $\sum_{n=0}^{\infty}b_nx^n$ 与 $\sum_{n=0}^{\infty}c_nx^n$ 相乘，并令乘积中各项的系数分别等于级数 $\sum_{n=0}^{\infty}a_nx^n$ 中同次幂的系数，即得

$$a_0=b_0c_0$$

$$a_1 = b_1 c_0 + b_0 c_1$$

$$a_2 = b_2 c_0 + b_1 c_1 + b_0 c_2$$

$$\vdots$$

由这些方程就可以顺序地求出 $c_0, c_1, c_2, \cdots, c_n, \cdots$，相除后所得的幂级数 $\sum_{n=0}^{\infty} c_n x^n$ 的收敛区间可能比原来两级数的收敛区间小得多.

幂级数和函数的性质

① 和函数的连续性　设幂级数 $\sum_{n=0}^{\infty} a_n x^n$ 的收敛半径为 R，则和函数 $s(x)$ 在其收敛域 I 上连续. 特别的，如果幂级数在 $x=R$ 处收敛，则和函数 $s(x)$ 在 $x=R$ 处左连续；如果幂级数在 $x=-R$ 处收敛，则和函数 $s(x)$ 在 $x=-R$ 处右连续.

② 幂级数的逐项求导公式　设幂级数 $\sum_{n=0}^{\infty} a_n x^n$ 的收敛半径为 $R(R>0)$，则其和函数 $s(x)$ 在其收敛区间 $(-R,R)$ 内可导的，且有逐项求导公式

$$s'(x)=\left(\sum_{n=0}^{\infty}a_nx^n\right)'=\sum_{n=0}^{\infty}(a_nx^n)'=\sum_{n=1}^{\infty}na_nx^{n-1}$$

其中 $|x|<R$，逐项求导后所得到的幂级数和原级数有相同的收敛半径.

反复应用上述结论可得：若幂级数 $\sum_{n=0}^{\infty}a_nx^n$ 的收敛半径为 R，则其和函数 $s(x)$ 在其收敛区间 $(-R,R)$ 内具有任意阶导数.

③ 幂级数的逐项积分公式　幂级数 $\sum_{n=0}^{\infty}a_nx^n$ 的和函数 $s(x)$ 在其收敛域 I 上可积，且有逐项积分公式

$$\int_0^x s(x)\mathrm{d}x=\int_0^x\left[\sum_{n=0}^{\infty}a_nx^n\right]\mathrm{d}x=\sum_{n=0}^{\infty}\int_0^x a_nx^n\mathrm{d}x=\sum_{n=0}^{\infty}\frac{a_n}{n+1}x^{n+1}$$

其中 $x\in I$，逐项积分后所得到的幂级数和原幂级数有相同的收敛半径.

泰勒级数　设函数 $f(x)$ 在 x_0 的某个邻域内任意阶可导，则幂级数

$$f(x_0)+f'(x_0)(x-x_0)+\frac{f''(x_0)}{2!}(x-x_0)^2+\cdots+\frac{f^{(n)}(x_0)}{n!}(x-x_0)^n+\cdots$$

称为函数 $f(x)$ 的泰勒级数.

麦克劳林级数 设函数 $f(x)$ 在 $x=0$ 的某个邻域内任意阶可导，则幂级数

$$f(0)+f'(0)x+\frac{f''(0)}{2!}x^2+\cdots+\frac{f^{(n)}(0)}{n!}x^n+\cdots=\sum_{n=0}^{\infty}\frac{f^{(n)}(0)}{n!}x^n$$

称为函数 $f(x)$ 的麦克劳林级数.

函数展成泰勒级数 设函数 $f(x)$ 在点 x_0 的某一邻域 $U(x_0)$ 内任意阶可导，则 $f(x)$ 在该邻域内能展开成泰勒级数的充分必要条件是 $f(x)$ 的泰勒公式中的余项 $R_n(x)$，当 $n\to\infty$ 时的极限为零，即

$$\lim_{n\to\infty}R_n(x)=0 \quad (x\in U(x_0))$$

常用函数的麦克劳林级数

① $\dfrac{1}{1-x}=1+x+x^2+\cdots+x^n+\cdots\ (-1<x<1)$，

② $\dfrac{1}{1+x}=1-x+x^2-x^3+\cdots+(-1)^n x^n+\cdots\ (-1<x<1)$，

③ $e^x=1+x+\dfrac{x^2}{2!}+\cdots+\dfrac{x^n}{n!}+\cdots\ (-\infty<x<+\infty)$，

④ $\sin x = x - \frac{x^3}{3!} + \frac{x^5}{5!} - \cdots + (-1)^{n-1}\frac{x^{2n-1}}{(2n-1)!} + \cdots \ (-\infty < x < +\infty)$，

⑤ $\cos x = 1 - \frac{x^2}{2!} + \frac{x^4}{4!} - \cdots + (-1)^n \frac{x^{2n}}{(2n)!} + \cdots \ (-\infty < x < +\infty)$，

⑥ $\ln(1+x) = x - \frac{x^2}{2} + \frac{x^3}{3} - \frac{x^4}{4} + \cdots + (-1)^n \frac{x^{n+1}}{n+1} + \cdots \ (-1 < x \leqslant 1)$，

⑦ $(1+x)^m = 1 + mx + \frac{m(m-1)}{2!}x^2 + \cdots + \frac{m(m-1)\cdots(m-n+1)}{n!}x^n$
$+ \cdots \ (-1 < x < 1)$，此展开式在 $x = \pm 1$ 处是否成立，要根据 m 的取值而定. 此式称为二项展开式. 特殊地，当 m 为正整数时，级数为 x 的 m 次多项式，这就是代数中的二项式定理.

§11.4 函数项级数的一致收敛性

函数项级数的一致收敛性 设函数项级数 $\sum_{n=1}^{\infty} u_n(x)$，如果对于任意给定的正数

ε，都存在着一个只依赖于 ε 的自然数 N，使得当 $n>N$ 时，对定义区间 I 上的一切 x，都有不等式 $|r_n(x)|=|s(x)-s_n(x)|<\varepsilon$ 成立，则称函数项级数 $\sum_{n=1}^{\infty}u_n(x)$ 在区间 I 上一致收敛于和函数 $s(x)$，也称函数项序列 $\{s_n(x)\}$ 在区间 I 上一致收敛于 $s(x)$.

函数项级数一致收敛性的判别法（维尔斯特拉斯（Weierstrass）判别法） 如果函数项级数 $\sum_{n=1}^{\infty}u_n(x)$ 在区间 I 上满足条件：

① $|u_n(x)|\leqslant a_n\ (n=1,2,3,\cdots)$；

② 正项级数 $\sum_{n=1}^{\infty}a_n$ 收敛.

则函数项级数 $\sum_{n=1}^{\infty}u_n(x)$ 在区间 I 上一致收敛.

一致收敛级数的性质

① 连续性　如果级数 $\sum_{n=1}^{\infty}u_n(x)$ 的各项 $u_n(x)$ 在区间 $[a,b]$ 上都连续，

且 $\sum_{n=1}^{\infty} u_n(x)$ 在区间 $[a,b]$ 上一致收敛于 $s(x)$，则 $s(x)$ 在 $[a,b]$ 上也连续.

② 逐项求导公式　如果级数 $\sum_{n=1}^{\infty} u_n(x)$ 在区间 $[a,b]$ 上收敛于和函数 $s(x)$，它的各项 $u_n(x)$ 都具有连续导数 $u'_n(x)$，并且级数 $\sum_{n=1}^{\infty} u'_n(x)$ 在 $[a,b]$ 上一致收敛，则级数 $\sum_{n=1}^{\infty} u_n(x)$ 在 $[a,b]$ 上也一致收敛，且可逐项求导，即

$$s'(x) = u'_1(x) + u'_2(x) + \cdots + u'_n(x) + \cdots$$

③ 逐项积分公式　如果级数 $\sum_{n=1}^{\infty} u_n(x)$ 的各项 $u_n(x)$ 在区间 $[a,b]$ 上连续，且 $\sum_{n=1}^{\infty} u_n(x)$ 在 $[a,b]$ 上一致收敛于 $s(x)$，则级数 $\sum_{n=1}^{\infty} u_n(x)$ 在

$[a,b]$ 上也一致收敛，且可逐项积分，即

$$\int_{x_0}^{x} s(x)\mathrm{d}x=\int_{x_0}^{x} u_1(x)\mathrm{d}x+\int_{x_0}^{x} u_2(x)\mathrm{d}x+\cdots+\int_{x_0}^{x} u_n(x)\mathrm{d}x+\cdots$$

其中 $a \leqslant x_0 < x \leqslant b$，并且上式右端的级数在 $[a,b]$ 上也一致收敛.

幂级数的一致收敛性

① 如果幂级数 $\sum\limits_{n=0}^{\infty} a_n x^n$ 的收敛半径为 $R>0$，则此级数在 $(-R,R)$ 内的任一闭区间 $[a,b]$ 上一致收敛.

② 如果幂级数 $\sum\limits_{n=0}^{\infty} a_n x^n$ 的收敛半径为 $R>0$，则其和函数 $s(x)$ 在 $(-R,R)$ 内可导，且有逐项求导公式 $s'(x)=\left(\sum\limits_{n=0}^{\infty} a_n x^n\right)'=\sum\limits_{n=1}^{\infty} n a_n x^{n-1}$.

逐项求导后所得到的幂级数与原级数有相同的收敛半径.

§ 11.5 复数项级数和欧拉公式

复数项级数　$(u_1+\mathrm{i}v_1)+(u_2+\mathrm{i}v_2)+\cdots+(u_n+\mathrm{i}v_n)+\cdots$，其中 u_n，v_n

$(n=1,2,3,\cdots)$ 为实常数或实函数，i 为虚数单位，称为**复数项级数**.

复数项级数的收敛性 在复数项级数中，如果实部所构成的级数 $u_1+u_2+\cdots+u_n+\cdots$ 收敛于和 u，并且虚部所构成的级数 $v_1+v_2+\cdots+v_n+\cdots$ 收敛于和 v，则复数项级数收敛且其和为 $u+\mathrm{i}v$.

复数项级数的绝对收敛性 在复数项级数中，如果级数各项的模所构成的级数

$$\sqrt{u_1^2+v_1^2}+\sqrt{u_2^2+v_2^2}+\cdots+\sqrt{u_n^2+v_n^2}+\cdots$$

收敛，则称复数项级数**绝对收敛**. 如果复数项级数绝对收敛，则其实部构成的级数和虚部构成的级数也绝对收敛，从而复数项级数本身也收敛.

欧拉（Euler）公式

$$\mathrm{e}^{\mathrm{i}x}=\cos x+\mathrm{i}\sin x \Leftrightarrow \begin{cases}\cos x=\dfrac{\mathrm{e}^{\mathrm{i}x}+\mathrm{e}^{-\mathrm{i}x}}{2}\\ \sin x=\dfrac{\mathrm{e}^{\mathrm{i}x}-\mathrm{e}^{-\mathrm{i}x}}{2\mathrm{i}}\end{cases}$$

§11.6 傅里叶级数

三角级数 形如 $\frac{a_0}{2}+\sum_{n=1}^{\infty}(a_n\cos nx+b_n\sin nx)$ 的级数称为三角级数，其中 $a_0, a_n, b_n(n=1,2,3,\cdots)$ 都是常数.

傅里叶级数 设 $f(x)$ 是周期为 2π 的周期函数，$a_0=\frac{1}{\pi}\int_{-\pi}^{\pi}f(x)\mathrm{d}x$，$a_n=\frac{1}{\pi}\int_{-\pi}^{\pi}f(x)\cos nx\mathrm{d}x$，$b_n=\frac{1}{\pi}\int_{-\pi}^{\pi}f(x)\sin nx\mathrm{d}x$ $(n=1,2,3,\cdots)$，这样的 $a_0, a_n, b_n(n=1,2,3,\cdots)$ 称为函数 $f(x)$ 的傅里叶系数. 由 $f(x)$ 的傅里叶系数构成的三角级数 $\frac{a_0}{2}+\sum_{n=1}^{\infty}(a_n\cos nx+b_n\sin nx)$ 称为函数 $f(x)$ 的傅里叶级数.

收敛定理（狄利克雷（Dirichlet）充分条件） 设 $f(x)$ 是周期为 2π 的周期函数，如果它满足：

① 在一个周期内连续或只有有限个第一类间断点；

② 在一个周期内至多只有有限个极值点.

则 $f(x)$ 的傅里叶级数收敛，并且当 x 是 $f(x)$ 的连续点时，级数收敛于 $f(x)$；当 x 是 $f(x)$ 的间断点时，级数收敛于 $\frac{1}{2}[f(x-0)+f(x+0)]$.

奇函数与偶函数的傅里叶系数 设 $f(x)$ 是周期为 2π 的周期函数，在一个周期上可积，则

① 当 $f(x)$ 为奇函数时，它的傅里叶系数为

$$a_n=0(n=0,1,2,\cdots),b_n=\frac{2}{\pi}\int_0^{\pi}f(x)\sin nx\,\mathrm{d}x(n=1,2,\cdots)$$

② 当 $f(x)$ 为偶函数时，它的傅里叶系数为

$$a_n=\frac{2}{\pi}\int_0^{\pi}f(x)\cos nx\,\mathrm{d}x(n=0,1,2,\cdots),b_n=0(n=1,2,\cdots).$$

正弦级数 设 $f(x)$ 是周期为 2π 的周期函数，若 $f(x)$ 为奇函数，则 $f(x)$ 的傅里叶系数 $a_n=0(n=0,1,2,3,\cdots)$，$b_n=\frac{2}{\pi}\int_{-\pi}^{\pi}f(x)\sin nx\,\mathrm{d}x(n=1,2,3,\cdots)$，$f(x)$ 的傅里叶级数 $\sum_{n=1}^{\infty}b_n\sin nx$ 称为正弦级数.

余弦级数 设 $f(x)$ 是周期为 2π 的周期函数，若 $f(x)$ 为偶函数，则 $f(x)$ 的傅

里叶系数 $a_n=\frac{2}{\pi}\int_0^{\pi}f(x)\cos nx\,\mathrm{d}x\,(n=0,1,2,\cdots)$，$b_n=0\,(n=1,2,\cdots)$，$f(x)$ 的傅里叶级数 $\frac{a_0}{2}+\sum_{n=1}^{\infty}a_n\cos nx$ 称为余弦级数

以 $2l$ 为周期的函数的傅里叶级数 设周期为 $2l$ 的周期函数 $f(x)$ 满足收敛定理的条件，则它的傅里叶级数展开式为

$$f(x)=\frac{a_0}{2}+\sum_{n=1}^{\infty}\left(a_n\cos\frac{n\pi x}{l}+b_n\sin\frac{n\pi x}{l}\right)$$

其中系数 a_n，b_n 为

$$a_n=\frac{1}{l}\int_{-l}^{l}f(x)\cos\frac{n\pi x}{l}\mathrm{d}x\,(n=0,1,2,\cdots)$$

$$b_n=\frac{1}{l}\int_{-l}^{l}f(x)\sin\frac{n\pi x}{l}\mathrm{d}x\,(n=1,2,\cdots)$$

当 $f(x)$ 为奇函数时，$f(x)=\sum_{n=1}^{\infty}b_n\sin\frac{n\pi x}{l}$，其中系数 b_n 为

$$b_n = \frac{2}{l}\int_0^l f(x)\sin\frac{n\pi x}{l}\mathrm{d}x\,(n = 1,2,\cdots)$$

当 $f(x)$ 为偶函数时，$f(x)=\frac{a_0}{2}+\sum_{n=1}^{\infty}a_n\cos\frac{n\pi x}{l}$，其中系数 a_n 为

$$a_n = \frac{2}{l}\int_0^l f(x)\cos\frac{n\pi x}{l}\mathrm{d}x\,(n = 0,1,2,\cdots)$$

本章知识点及其关联网络 ①（数项级数）

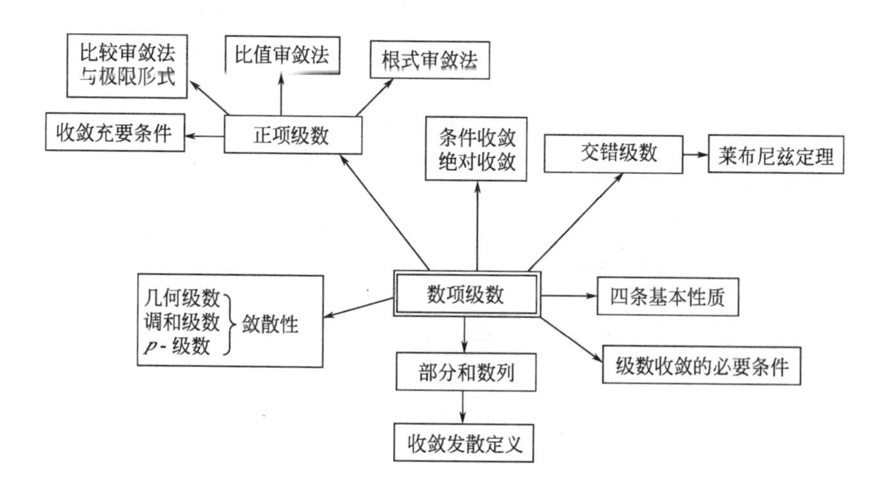

本章知识点及其关联网络②（幂级数、傅里叶级数）

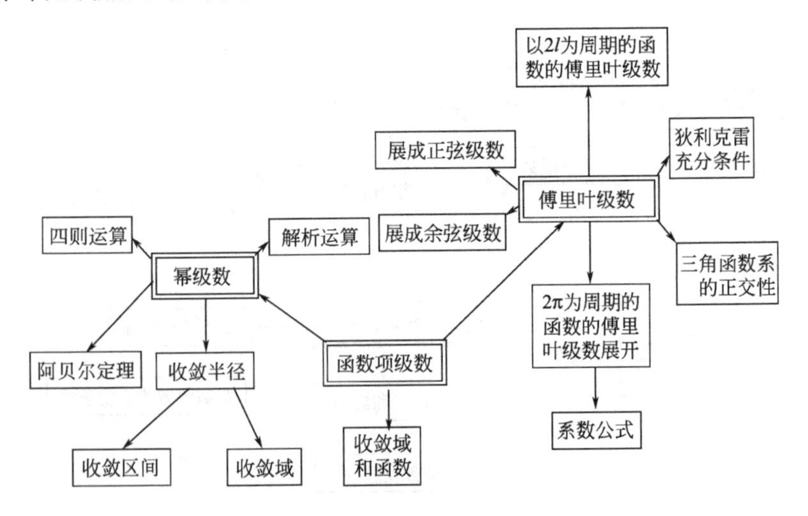

第 12 章 微分方程

§12.1 微分方程的基本概念

微分方程定义 凡表示未知函数、未知函数的导数与自变量之间关系的方程，称为**微分方程**. 未知函数是一元函数的，称为**常微分方程**；未知函数是多元函数的，称为**偏微分方程**. 微分方程有时也简称**方程**.

微分方程的阶 微分方程中所出现的未知函数的最高阶导数的阶数，称为微分方程的**阶**.

***n* 阶微分方程的一般形式** $F(x,y,y',y'',\cdots,y^{(n)})=0$

其中必须出现 $y^{(n)}$，而 $x,y,y',y'',\cdots,y^{(n-1)}$ 可以不出现. 解出 $y^{(n)}$，得到 n 阶微分方程的另一种一般形式：$y^{(n)}=f(x,y,y',y'',\cdots,y^{(n-1)})$.

微分方程的解 对于微分方程 $F(x,y,y',y'',\cdots,y^{(n)})=0$，如果函数 $y=\varphi(x)$ 在区间 I 上有 n 阶连续导数，且在区间 I 上有 $F(x,\varphi(x),\varphi'(x),\varphi''(x),\cdots,$

$\varphi^{(n)}(x))=0$,则称函数 $y=\varphi(x)$ 为微分方程 $F(x,y,y',y'',\cdots,y^{(n)})=0$ 的解.

微分方程的初始条件 给定未知函数及其导数在自变量的某个点处的值，这样的条件称为**初始条件**.

微分方程的通解和特解 如果微分方程的解中含有相互独立的任意常数，且任意常数的个数与微分方程的阶数相同，则称这样的解为微分方程的**通解**. 通过初始条件，确定了通解中的任意常数的取值后，就得到了微分方程的**特解**.

微分方程的积分曲线 设函数 $y=\varphi(x)$ 是微分方程的解，那么曲线 $y=\varphi(x)$ 称为微分方程的**积分曲线**.

§12.2 一阶微分方程

可分离变量的微分方程及其解法 如果一阶微分方程 $F(x,y,y')=0$ 可表示为 $g(y)\mathrm{d}y=f(x)\mathrm{d}x$，则原方程称为可分离变量的微分方程. 当函数 $g(y)$ 和 $f(x)$ 连续时，方程两边积分，得 $\int g(y)\mathrm{d}y=\int f(x)\mathrm{d}x$，即可得到可分离变量微分方程的通解.

齐次方程及其解法

① 一阶微分方程 $\frac{\mathrm{d}y}{\mathrm{d}x}=f\left(\frac{y}{x}\right)$ 称为**齐次方程**. 作变量代换 $u=\frac{y}{x}$，即可将齐次方程化成关于 $u=u(x)$ 的可分离变量的微分方程，由此解出 $u=u(x)$，再由 $u=\frac{y}{x}$ 可解得原方程的解 $y=y(x)$.

② 一阶微分方程 $\frac{\mathrm{d}x}{\mathrm{d}y}=f\left(\frac{x}{y}\right)$，称为**齐次方程**. 作变量代换 $u=\frac{x}{y}$，即可将齐次方程化成关于 $u=u(y)$ 的可分离变量的微分方程，由此解出 $u=u(y)$，再由 $u=\frac{x}{y}$ 可解得原方程的解 $x=x(y)$.

一阶线性微分方程 一阶微分方程 $\frac{\mathrm{d}y}{\mathrm{d}x}+P(x)y=Q(x)$ 称为**一阶线性微分方程**. 当 $Q(x)\equiv 0$ 时，则方程称为**一阶线性齐次微分方程**；当 $Q(x)$ 不恒等于零时，则方程称为**一阶线性非齐次微分方程**.

一阶线性齐次微分方程的通解 一阶线性齐次微分方程 $\frac{\mathrm{d}y}{\mathrm{d}x}+P(x)y=0$ 是可分离变量方程，其通解 $y=Ce^{-\int P(x)\mathrm{d}x}$，其中 C 为任意常数.

一阶线性非齐次微分方程的通解　对相应齐次方程的通解，采用常数变易法，可以得到非齐次方程的通解

$$y = C\mathrm{e}^{-\int P(x)\mathrm{d}x} + \mathrm{e}^{-\int P(x)\mathrm{d}x} \cdot \int Q(x)\mathrm{e}^{\int P(x)\mathrm{d}x}\mathrm{d}x$$

$$= \mathrm{e}^{-\int P(x)\mathrm{d}x} \cdot \left(\int Q(x)\mathrm{e}^{\int P(x)\mathrm{d}x}\mathrm{d}x + C\right)$$

注：一阶线性非齐次方程的通解等于相应齐次方程通解加非齐次方程的一个特解.

伯努利方程　方程 $\frac{\mathrm{d}y}{\mathrm{d}x} + P(x)y = Q(x)y^n (n \neq 0,1)$ 称为**伯努利（Bernoulli）方程**. 当 $n = 0$ 时，方程是一阶线性非齐次方程；当 $n = 1$ 时，方程是一阶线性齐次方程.

注：伯努利方程是非线性方程.

伯努利方程解法　对伯努利方程为 $\frac{\mathrm{d}y}{\mathrm{d}x} + P(x)y = Q(x)y^n (n \neq 0,1)$，作变量代

换 $z=y^{1-n}$ ，则将伯努利方程化成以 $z=z(x)$ 为未知函数的线性方程，解此线性方程并代入 $z=y^{1-n}$ 即可得到伯努利方程的通解.

全微分方程 对于一阶微分方程 $P(x,y)\mathrm{d}x+Q(x,y)\mathrm{d}y=0$ ，等式左边是某个二元函数 $u=u(x,y)$ 的全微分，即 $\mathrm{d}u(x,y)=P(x,y)\mathrm{d}x+Q(x,y)\mathrm{d}y$ ，则该方程称为**全微分方程**.

全微分方程解法 形如 $P(x,y)\mathrm{d}x+Q(x,y)\mathrm{d}y=0$ 的一阶微分方程是全微分方程的充分必要条件是 $\dfrac{\partial P}{\partial y}=\dfrac{\partial Q}{\partial x}$ ，其通解为 $u(x,y)=\int_{(x_0,y_0)}^{(x,y)}P(x,y)\mathrm{d}x+Q(x,y)\mathrm{d}y\equiv C$.

积分因子 当一阶微分方程 $P(x,y)\mathrm{d}x+Q(x,y)\mathrm{d}y=0$ 不满足 $\dfrac{\partial P}{\partial y}=\dfrac{\partial Q}{\partial x}$，则该方程就不是全微分方程，此时如果有一个适当的函数 $\mu=\mu(x,y)$，且 $\mu(x,y)\neq 0$ ，使得方程

$$\mu(x,y)P(x,y)\mathrm{d}x+\mu(x,y)Q(x,y)\mathrm{d}y=0$$

是全微分方程，则函数 $\mu(x,y)$ 称为方程 $P(x,y)\mathrm{d}x+Q(x,y)\mathrm{d}y=0$ 的**积分因子**.

§12.3 高阶可降阶微分方程

$y^{(n)}=f(x)$ 型的微分方程 n 阶微分方程 $y^{(n)}=f(x)$ 的右端仅含有自变量 x 两边对 x 积分，可得到一个 $n-1$ 阶的微分方程，即 $y^{(n-1)}=\int f(x)\mathrm{d}x+C_1$；两边再对 x 积分，可得 $n-2$ 阶的微分方程，即 $y^{(n-2)}=\int\left[\int f(x)\mathrm{d}x+C_1\right]\mathrm{d}x+C_2$． 依此继续积分，$n$ 次后便得到该方程含有 n 个任意常数的通解．

$y''=f(x,y')$ 型的微分方程 方程 $y''=f(x,y')$ 的右端不显含未知函数 y．设 $y'=p(x)$，则有 $y''=\dfrac{dp}{\mathrm{d}x}=p'$，而原方程就成为 $p'=f(x,p)$，这是一个关于变量 x,p 的一阶微分方程．设其通解为 $p=\varphi(x,C_1)$，由 $y'=p(x)$ 可得 $\dfrac{\mathrm{d}y}{\mathrm{d}x}=\varphi(x,C_1)$，两边积分，便得方程通解 $y=\int\varphi(x,C_1)\,\mathrm{d}x+C_2$．

$y''=f(y,y')$ 型的微分方程 二阶微分方程 $y''=f(y,y')$ 的右端不显含自变量 x．

令 $y' = p(y)$，利用复合函数的求导法则有 $y''=\frac{\mathrm{d}p}{\mathrm{d}x}=\frac{\mathrm{d}p}{\mathrm{d}y}\cdot\frac{\mathrm{d}y}{\mathrm{d}x}=p\frac{\mathrm{d}p}{\mathrm{d}y}$，而原方程就成为 $p\frac{\mathrm{d}p}{\mathrm{d}y}=f(y,p)$，这是一个关于变量 y,p 的一阶微分方程. 设其通解为 $y'=p=\varphi(y,C_1)$，分离变量并积分，便得方程通解 $\int\frac{\mathrm{d}y}{\varphi(y,c_1)}=x+C_2$.

§12.4 高阶线性微分方程

二阶线性微分方程 方程 $\frac{\mathrm{d}^2y}{\mathrm{d}x^2}+P(x)\frac{\mathrm{d}y}{\mathrm{d}x}+Q(x)y=f(x)$ 称为**二阶线性微分方程**，当方程右端 $f(x)\equiv 0$ 时，方程称为齐次的；当 $f(x)\neq 0$ 时，方程称为非齐次的.

二阶齐次线性微分方程解的叠加原理 设二阶齐次线性微分方程 $y''+P(x)y'+Q(x)y=0$，如果函数 $y_1(x)$ 与 $y_2(x)$ 是方程两个解，则 $y=C_1y_1(x)+C_2y_2(x)$ 也是方程的解，其中 C_1,C_2 是任意常数.

注：这个性质称为齐次线性方程解的叠加原理.

函数的线性相关与线性无关 设 $y_1(x),y_2(x),\cdots,y_n(x)$ 为定义在区间 I 上的 n 个函数. 如果存在 n 个不全为零的常数 $k_1,k_2,\cdots,k_n$，使得当 $x\in I$ 时有恒等式：

$k_1y_1+k_2y_2+\cdots+k_ny_n\equiv 0$ 成立，则称这 n 个函数在区间 I 上**线性相关**；否则称**线性无关**.

例如函数 $1,\cos^2x,\sin^2x$ 在整个数轴上是线性相关的，因为取 $k_1=1,k_2=k_3=-1$，就有恒等式 $1-\cos^2x-\sin^2x\equiv 0$.

二阶齐次线性微分方程的通解结构 设 $y_1(x)$ 与 $y_2(x)$ 是二阶齐次线性微分方程 $y''+P(x)y'+Q(x)y=0$ 的两个线性无关的特解，则方程的通解为 $y=C_1y_1(x)+C_2y_2(x)$（C_1,C_2 是任意常数）.

n 阶齐次线性微分方程的通解结构 如果 $y_1(x),y_2(x),\cdots,y_n(x)$ 是 n 阶齐次线性方程

$$y^{(n)}+a_1(x)y^{(n-1)}+\cdots+a_{n-1}(x)y'+a_n(x)y=0$$

的 n 个线性无关的特解，则此方程的通解为

$$y=C_1y_1(x)+C_2y_2(x)+\cdots+C_ny_n(x)$$

其中 $C_1,C_2,\cdots,C_n$ 为任意常数.

二阶非齐次线性微分方程的通解结构 设 $y^*(x)$ 是二阶非齐次线性方程

$$y''+P(x)y'+Q(x)y=f(x)$$

的一个特解，$Y(x)$ 是相应的齐次方程 $y''+P(x)y'+Q(x)y=0$ 的通解，则

$$y = Y(x) + y^*(x)$$

是二阶非齐次线性微分方程的通解.

二阶非齐次线性微分方程解的叠加原理 设非齐次线性方程的非齐次项 $f(x)$ 是几个函数之和，如

$$y'' + P(x)y' + Q(x)y = f_1(x) + f_2(x)$$

而 $y_1^*(x)$ 与 $y_2^*(x)$ 分别是对应非齐次方程 $y''+P(x)y'+Q(x)y=f_1(x)$ 与 $y''+P(x)y'+Q(x)y=f_2(x)$ 的特解，则 $y_1^*(x)+y_2^*(x)$ 就是原方程的特解.

注：这一性质也称为非齐次线性微分方程解的广义叠加原理.

§12.5 常系数齐次线性微分方程

二阶常系数齐次线性微分方程 设二阶齐次线性微分方程

$$y'' + P(x)y' + Q(x)y = 0$$

如果 y' 和 y 的系数 $P(x)$,$Q(x)$ 均为常数，即

$$y'' + py' + qy = 0$$

其中 p,q 是常数，则称此方程为**二阶常系数齐次线性微分方程**．如果 p,q 不全为常数，则称此方程为**二阶变系数齐次线性微分方程**．

二阶常系数齐次线性微分方程的特征方程　代数方程 $r^2+pr+q=0$ 称为二阶常系数齐次线性微分方程 $y''+py'+qy=0$ 的**特征方程**．

二阶常系数齐次线性微分方程的求解步骤

第一步，写出微分方程的特征方程 $r^2+pr+q=0$；第二步，求出特征方程的两个根 r_1,r_2；第三步，根据特征方程两个根的不同情形，按照下表所示，写出微分方程的通解．

特征方程 $r^2+pr+q=0$ 的两个根 r_1,r_2	微分方程 $y''+py'+qy=0$ 的通解
两个不相等的实根 r_1,r_2	$y=C_1e^{r_1x}+C_2e^{r_2x}$
两个相等的实根 $r_1=r_2$	$y=(C_1+C_2x)e^{r_1x}$
一对共轭复根 $r_{1,2}=\alpha\pm i\beta$	$y=e^{\alpha x}(C_1\cos\beta x+C_2\sin\beta x)$

***n* 阶常系数齐次线性微分方程**　n 阶常系数齐次线性微分方程的一般形式为

$$y^{(n)}+p_1y^{(n-1)}+p_2y^{(n-2)}+\cdots+p_{n-1}y'+p_ny=0$$

其中 $p_1, p_2, \cdots, p_n$ 都是常数.

n 阶常系数齐次线性微分方程的特征方程 n 次代数方程

$$r^n + p_1 r^{n-1} + p_2 r^{n-2} + \cdots + p_{n-1} r + p_n = 0$$

称为方程 $y^{(n)} + p_1 y^{(n-1)} + p_2 y^{(n-2)} + \cdots + p_{n-1} y' + p_n y = 0$ 的**特征方程.**

n 阶常系数齐次线性微分方程的通解 n 阶常系数齐次线性微分方程

$$y^{(n)} + p_1 y^{(n-1)} + p_2 y^{(n-2)} + \cdots + p_{n-1} y' + p_n y = 0$$

的求解步骤与二阶常系数齐次线性微分方程类似.所不同的是,由于特征方程为 n 次代数方程,所以有 n 个特征根.根据特征根的不同情形,按照下表所示,对应着微分方程通解中的不同的项.

特征方程的根	微分方程通解中的对应项
单实根 r	给出一项:Ce^{rx}
一对单复根 $r_{1,2} = \alpha \pm i\beta$	给出两项:$e^{\alpha x}(C_1\cos\beta x + C_2\sin\beta x)$
k 重实根 r	给出 k 项:$e^{rx}(C_1 + C_2 x + \cdots + C_k x^{k-1})$
一对 k 重复根 $r_{1,2} = \alpha \pm i\beta$	给出 $2k$ 项:$e^{\alpha x}[(C_1 + C_2 x + \cdots + C_k x^{k-1})\cos\beta x + (D_1 + D_2 x + \cdots + D_k x^{k-1})\sin\beta x]$

§12.6 常系数非齐次线性微分方程

二阶常系数非齐次线性微分方程 一般式 $y''+py'+qy=f(x)$ 其中 p,q 是常数.

$f(x)=e^{\lambda x}P_m(x)$ 型 λ 是常数，$P_m(x)$ 是 x 的一个 m 次多项式，则方程 $y''+py'+qy=f(x)$ 具有形如

$$y^*=x^kQ_m(x)e^{\lambda x}$$

的特解，其中 $Q_m(x)$ 是与 $P_m(x)$ 次数相同（m 次）的多项式，k 的取值如下：当 λ 不是特征方程的根时，$k=0$；当 λ 是特征方程的单根时，$k=1$；当 λ 是特征方程的重根时，$k=2$.

注：上述结论可推广到 n 阶常系数非齐次线性微分方程，但是特解 $y^*=x^kQ_m(x)e^{\lambda x}$ 中的 k 是 λ 为特征方程根的重复次数（即若 λ 不是特征方程的根，k 取为 0；若 λ 是重复 s 次的特征方程根，k 取为 s）.

$f(x)=e^{\lambda x}[P_l(x)\cos\omega x+P_n(x)\sin\omega x]$ 型 λ,ω 是常数，$P_l(x)$，$P_n(x)$ 分别是 x 的 l 次、n 次多项式，其中有一个可为零. 则方程 $y''+py'+qy=f(x)$ 具有形如

$$y^*=x^ke^{\lambda x}[R_m^{(1)}(x)\cos\omega x+R_m^{(2)}(x)\sin\omega x]$$

的特解，其中 $R_m^{(1)}(x)$，$R_m^{(2)}(x)$ 是 m 次多项式，$m=\max\{l,n\}$．k 的取值如下：当 $\lambda\pm \mathrm{i}\omega$ 不是特征方程的根时，$k=0$；当 $\lambda\pm \mathrm{i}\omega$ 是特征方程的根时，$k=1$．

注：上述结论可推广到 n 阶常系数非齐次线性微分方程，特解

$$y^*=x^k \mathrm{e}^{\lambda x}\left[R_m^{(1)}(x)\cos\omega x+R_m^{(2)}(x)\sin\omega x\right]$$

中的 k 是特征方程中含根 $\lambda\pm \mathrm{i}\omega$ 的重复次数.

本章知识点及其关联网络

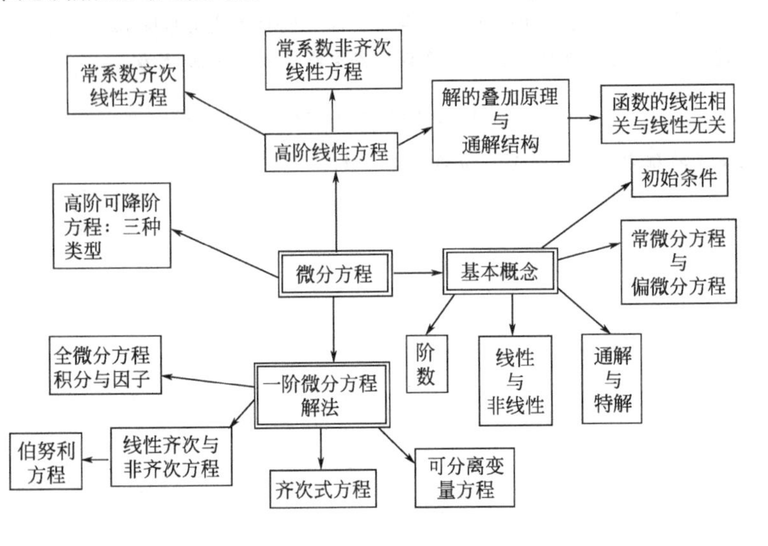

第 13 章　行列式

§ 13.1　行列式的概念

排列　由 $1,2,\cdots,n$ 组成的一个有序数组 $i_1,i_2,\cdots,i_n$ 称为一个 n 级排列，n 级排列的种数是 $n!$.

排列的逆序与逆序数　在一个排列 $i_1,i_2,\cdots i_t,\cdots i_s,\cdots i_n$ 中，如果 $i_t > i_s$，则称这两个数 i_t,i_s 组成一个逆序，一个排列中逆序的总数称为这个排列的逆序数，记作 $\tau(i_1 i_2\cdots i_n)$. 逆序数为奇数的排列称为奇排列，逆序数为偶数的排列称为偶排列.

n 阶行列式的定义　n^2 个数排成 n 行 n 列，即

$$\begin{vmatrix} a_{11} & a_{12} & \cdots & a_{1n} \\ a_{21} & a_{22} & \cdots & a_{2n} \\ \cdots & \cdots & \cdots & \cdots \\ a_{n1} & a_{n2} & \cdots & a_{nn} \end{vmatrix} = \sum_{j_1,j_2\cdots,j_n} (-1)^{\tau(j_1 j_2\cdots j_n)} a_{1j_1} a_{2j_2}\cdots a_{nj_n}$$

其中 $a_{1j_1}a_{2j_2}\cdots a_{nj_n}$ 是取自不同行不同列的 n 个元素的乘积，此时行标排列为自然数由小到大标准次序，$\tau(j_1j_2\cdots j_n)$ 为列标排列的逆序数，决定该项符号，$\sum\limits_{j_1j_2\cdots j_n}$ 表示对所有 n 元排列求和，共有 $n!$ 项.

n 阶行列式还可以定义为

$$\begin{vmatrix} a_{11} & a_{12} & \cdots & a_{1n} \\ a_{21} & a_{22} & \cdots & a_{2n} \\ \cdots & \cdots & \cdots & \cdots \\ a_{n1} & a_{n2} & \cdots & a_{nn} \end{vmatrix} = \sum_{i_1,i_2\cdots,i_n}(-1)^{\tau(i_1i_2\cdots i_n)}a_{i_11}a_{i_22}\cdots a_{i_nn}$$

其中 $\tau(i_1i_2\cdots i_n)$ 为行标排列的逆序数；

几种特殊行列式的值

① 对角形行列式 $\begin{vmatrix} a_{11} & & & \\ & a_{22} & & \\ & & \ddots & \\ & & & a_{nn} \end{vmatrix} = a_{11}a_{22}\cdots a_{nn}$

② 上三角形行列式 $\begin{vmatrix} a_{11} & a_{12} & \cdots & a_{1n} \\ & a_{22} & \cdots & a_{2n} \\ & & \ddots & \vdots \\ & & & a_{nn} \end{vmatrix} = a_{11}a_{22}\cdots a_{nn}$

③ 下三角形行列式 $\begin{vmatrix} a_{11} & & & \\ a_{21} & a_{22} & & \\ \vdots & \vdots & \ddots & \\ a_{n1} & a_{n2} & \cdots & a_{nn} \end{vmatrix} = a_{11}a_{22}\cdots a_{nn}$

④ 副对角形行列式 $\begin{vmatrix} & & & a_{1n} \\ & & a_{2n-1} & \\ & \iddots & & \\ a_{n1} & & & \end{vmatrix} = (-1)^{\frac{n(n-1)}{2}} a_{1n}a_{2n-1}\cdots a_{n1}$

§ 13.2　行列式的基本性质

行列式的基本性质

① 行列互换，行列式不变(行列式对行成立的性质对列也成立)

$$\begin{vmatrix} a_{11} & a_{12} & \cdots & a_{1n} \\ a_{21} & a_{22} & \cdots & a_{2n} \\ \cdots & \cdots & \cdots & \cdots \\ a_{n1} & a_{n2} & \cdots & a_{nn} \end{vmatrix} = \begin{vmatrix} a_{11} & a_{21} & \cdots & a_{n1} \\ a_{12} & a_{22} & \cdots & a_{n2} \\ \cdots & \cdots & \cdots & \cdots \\ a_{1n} & a_{2n} & \cdots & a_{nn} \end{vmatrix}$$

② 行列式的某一行(列)的公因子可以提到行列式符号的外面，或者说数 k 乘以行列式的一行，就相当于数 k 乘以此行列式．

$$\begin{vmatrix} a_{11} & a_{12} & \cdots & a_{1n} \\ \cdots & \cdots & \cdots & \cdots \\ a_{i1} & a_{i2} & \cdots & a_{in} \\ \cdots & \cdots & \cdots & \cdots \\ a_{j1} & a_{j2} & \cdots & a_{jn} \\ \cdots & \cdots & \cdots & \cdots \\ a_{n1} & a_{n2} & \cdots & a_{nn} \end{vmatrix} = -\begin{vmatrix} a_{11} & a_{12} & \cdots & a_{1n} \\ \cdots & \cdots & \cdots & \cdots \\ a_{j1} & a_{j2} & \cdots & a_{jn} \\ \cdots & \cdots & \cdots & \cdots \\ a_{i1} & a_{i2} & \cdots & a_{in} \\ \cdots & \cdots & \cdots & \cdots \\ a_{n1} & a_{n2} & \cdots & a_{nn} \end{vmatrix}$$

③ 若行列式的某一列(行)是两组数之和，则此行列式等于两个行列式的和，且

这两个行列式除该列以外全与原行列式对应的列一样．例如第 i 列是两组数之和

④ 对换行列式两行(列)的位置,行列式变号

$$\begin{vmatrix} a_{11} & a_{12} & \cdots & a_{1n} \\ \cdots & \cdots & \cdots & \cdots \\ ka_{i1} & ka_{i2} & \cdots & ka_{in} \\ \cdots & \cdots & \cdots & \cdots \\ a_{n1} & a_{n2} & \cdots & a_{nn} \end{vmatrix} = k \begin{vmatrix} a_{11} & a_{12} & \cdots & a_{1n} \\ \cdots & \cdots & \cdots & \cdots \\ a_{i1} & a_{i2} & \cdots & a_{in} \\ \cdots & \cdots & \cdots & \cdots \\ a_{n1} & a_{n2} & \cdots & a_{nn} \end{vmatrix}$$

⑤ 若行列式有两行(列)相同,则行列式为零.

⑥ 行列式若有两行(列)成比例,则此行列式为零.

$$D = \begin{vmatrix} a_{11} & a_{12} & \cdots & (a_{1i} + a'_{1i}) & \cdots & a_{1n} \\ a_{21} & a_{22} & \cdots & (a_{2i} + a'_{2i}) & \cdots & a_{2n} \\ \cdots & \cdots & \cdots & \cdots & \cdots & \cdots \\ a_{n1} & a_{n2} & \cdots & (a_{ni} + a'_{ni}) & \cdots & a_{nn} \end{vmatrix}$$

则 D 等于下列两个行列式之和

$$D=\begin{vmatrix} a_{11} & a_{12} & \cdots & a_{1i} & \cdots & a_{1n} \\ a_{21} & a_{22} & \cdots & a_{2i} & \cdots & a_{2n} \\ \cdots & \cdots & \cdots & \cdots & \cdots & \cdots \\ a_{n1} & a_{n2} & \cdots & a_{ni} & \cdots & a_{nn} \end{vmatrix}+\begin{vmatrix} a_{11} & a_{12} & \cdots & a'_{1i} & \cdots & a_{1n} \\ a_{21} & a_{22} & \cdots & a'_{2i} & \cdots & a_{2n} \\ \cdots & \cdots & \cdots & \cdots & \cdots & \cdots \\ a_{n1} & a_{n2} & \cdots & a'_{ni} & \cdots & a_{nn} \end{vmatrix}$$

⑦ 把行列式的某一列(行)的倍数加到另一列(行),行列式不变.

$$\begin{vmatrix} a_{11} & a_{12} & \cdots & a_{1i} & \cdots & a_{1n} \\ a_{21} & a_{22} & \cdots & a_{2i} & \cdots & a_{2n} \\ \cdots & \cdots & \cdots & \cdots & \cdots & \cdots \\ a_{n1} & a_{n2} & \cdots & a_{ni} & \cdots & a_{nn} \end{vmatrix}\xlongequal{c_i+kc_j}\begin{vmatrix} a_{11} & a_{12} & \cdots & (a_{1i}+ka'_{1i}) & \cdots & a_{1n} \\ a_{21} & a_{22} & \cdots & (a_{2i}+ka'_{2i}) & \cdots & a_{2n} \\ \cdots & \cdots & \cdots & \cdots & \cdots & \cdots \\ a_{n1} & a_{n2} & \cdots & (a_{ni}+ka'_{ni}) & \cdots & a_{nn} \end{vmatrix}$$

下列公式成立

$$D=\begin{vmatrix} a_{11} & \cdots & a_{1k} & & & \\ \vdots & & \vdots & & 0 & \\ a_{k1} & \cdots & a_{kk} & & & \\ c_{11} & \cdots & c_{1k} & b_{11} & \cdots & b_{1n} \\ \vdots & & \vdots & \vdots & & \vdots \\ c_{n1} & \cdots & c_{nk} & b_{n1} & \cdots & b_{nn} \end{vmatrix}=\begin{vmatrix} a_{11} & \cdots & a_{1k} \\ \vdots & & \vdots \\ a_{k1} & \cdots & a_{kk} \end{vmatrix}\cdot\begin{vmatrix} b_{11} & \cdots & b_{1n} \\ \vdots & & \vdots \\ b_{n1} & \cdots & b_{nn} \end{vmatrix}$$

余子式和代数余子式　在 n 阶行列式中，划去元 a_{ij} 所在的第 i 行和第 j 列，剩下的 $(n-1)^2$ 个元素按原来的排法构成一个 $n-1$ 阶行列式称为元 a_{ij} 的余子式，记作 M_{ij}，取 $A_{ij}=(-1)^{i+j}M_{ij}$，称 A_{ij} 为元 a_{ij} 的代数余子式.

§13.3 行列式按行（列）展开定理

行列式按行（列）展开定理

① 行列式等于某一行（列）的元素分别与其对应的代数余子式乘积之和，即

$$\begin{vmatrix} a_{11} & \cdots & a_{1j} & \cdots & a_{1n} \\ \cdots & \cdots & \cdots & \cdots & \cdots \\ a_{i1} & \cdots & a_{ij} & \cdots & a_{in} \\ \cdots & \cdots & \cdots & \cdots & \cdots \\ a_{n1} & \cdots & a_{n2} & \cdots & a_{nn} \end{vmatrix} \begin{aligned} &= a_{i1}A_{i1}+a_{i2}A_{i2}+\cdots+a_{in}A_{in}\text{（按第 } i \text{ 行展开）} \\ &= a_{1j}A_{1j}+a_{2j}A_{2j}+\cdots+a_{nj}A_{nj}\text{（按第 } j \text{ 列展开）} \end{aligned}$$

② 行列式中一行（列）的元素与另一行（列）的对应元素的代数余子式乘积之和等于零，即

$$a_{i1}A_{j1}+a_{i2}A_{j2}+\cdots+a_{in}A_{jn}=0(i=1,2,\cdots,n,i\neq j)$$

$$a_{1i}A_{1j}+a_{2i}A_{2j}+\cdots+a_{ni}A_{nj}=0(j=1,2,\cdots,n,j\neq i)$$

范德蒙行列式

$$D_n=\begin{vmatrix}1 & 1 & \cdots & 1\\ x_1 & x_2 & \cdots & x_n\\ x_1^2 & x_2^2 & \cdots & x_n^2\\ \cdots & \cdots & \cdots & \cdots\\ x_1^{n-1} & x_2^{n-1} & \cdots & x_n^{n-1}\end{vmatrix}=\prod_{1\leqslant j<i\leqslant n}(x_i-x_j)$$

§13.4 克莱姆法则解线性方程组

克莱姆法则 对于线性方程组

$$\begin{cases}a_{11}x_1+a_{12}x_2+\cdots+a_{1n}x_n=b_1\\ a_{21}x_1+a_{22}x_2+\cdots+a_{2n}x_n=b_2\\ \cdots\cdots\\ a_{n1}x_1+a_{n2}x_2+\cdots+a_{nn}x_n=b_n\end{cases}\tag{13.1}$$

的系数行列式 $D=\begin{vmatrix}a_{11} & a_{12} & \cdots & a_{1n}\\ a_{21} & a_{22} & \cdots & a_{2n}\\ \cdots & \cdots & \cdots & \cdots\\ a_{n1} & a_{n2} & \cdots & a_{nn}\end{vmatrix}\neq 0$，则方程组有唯一解，其解为

$$x_1=\frac{D_1}{D}, x_2=\frac{D_2}{D}, \cdots, x_n=\frac{D_n}{D}$$

其中 D_j 是系数行列式 D 中第 j 列换成方程组的常数项 $b_1, b_2, \cdots, b_n$ 的行列式，

即 $D_j=\begin{vmatrix} a_{11} & \cdots & a_{1j-1} & b_1 & a_{1j+1} & \cdots & a_{1n} \\ \vdots & & \vdots & \vdots & \vdots & & \vdots \\ a_{n1} & \cdots & a_{nj-1} & b_n & a_{nj+1} & \cdots & a_{nn} \end{vmatrix} \quad (j=1,2,\cdots,n).$

克莱姆法则的等价定理 如果线性方程组（13.1）无解或有两组不同解，则它的系数行列式必为零.

对于齐次线性方程组
$$\begin{cases} a_{11}x_1+a_{12}x_2+\cdots+a_{1n}x_n=0 \\ a_{21}x_1+a_{22}x_2+\cdots+a_{2n}x_n=0 \\ \vdots \\ a_{n1}x_1+a_{n2}x_2+\cdots+a_{nn}x_n=0 \end{cases} \tag{13.2}$$

有下列定理：

① 如果方程组（13.2）的系数行列式不等于零，则齐次线性方程组有唯一零解即没有非零解；

② 如果方程组（13.2）有非零解，则其系数行列式必为零.

本章知识点及其关联网络

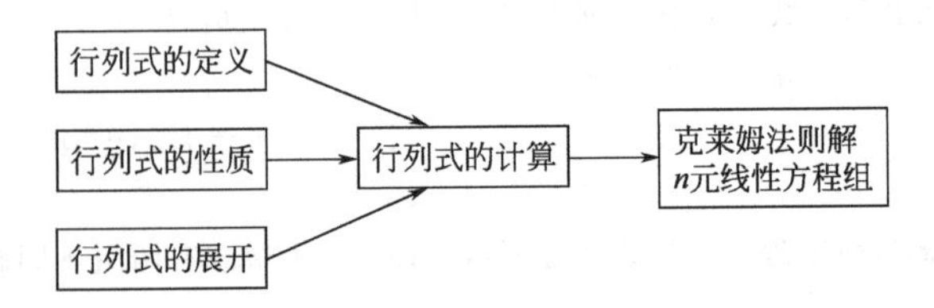

第 14 章　矩阵及其运算

§14.1　矩阵的概念

矩阵定义　$m\times n$ 个数排成的 m 行 n 列的数表

$$\boldsymbol{A}=\begin{pmatrix} a_{11} & a_{12} & \cdots & a_{1n} \\ a_{21} & a_{22} & \cdots & a_{2n} \\ \cdots & \cdots & \cdots & \cdots \\ a_{m1} & a_{m2} & \cdots & a_{mn} \end{pmatrix}$$

称为 m 行 n 列**矩阵**，简记为 $\boldsymbol{A}=(a_{ij})_{m\times n}$，$(i=1,2,\cdots,m;j=1,2,\cdots n)$，$a_{ij}$ 称为矩阵 $\boldsymbol{A}$ 的第 i 行第 j 列的**元素**，元素为实数时，称矩阵为**实矩阵**，元素为复数时，称矩阵为**复矩阵**.

几种特殊矩阵

① n 阶方阵　$m=n$ 时，称为 **n 阶方阵**；

② 行矩阵　$\boldsymbol{A}=(a_1 \quad a_2 \quad \cdots \quad a_n)$；

③ 列矩阵　$\boldsymbol{A}=\begin{pmatrix} b_1 \\ b_2 \\ \vdots \\ b_n \end{pmatrix}$；

④ 零矩阵　元素都是零的矩阵称为零矩阵，记作 $\boldsymbol{0}$；

⑤ 负矩阵　$-\boldsymbol{A}=(-a_{ij})_{m\times n}$；

⑥ 对角矩阵 $\boldsymbol{\Lambda}=\begin{pmatrix} \lambda_1 & & & \\ & \lambda_2 & & \\ & & \ddots & \\ & & & \lambda_n \end{pmatrix}$，也记作 $\boldsymbol{\Lambda}=\mathrm{diag}(\lambda_1,\lambda_2,\cdots,\lambda_n)$；

⑦ 单位矩阵 $\boldsymbol{E}=\begin{pmatrix} 1 & & & \\ & 1 & & \\ & & \ddots & \\ & & & 1 \end{pmatrix}$；

⑧ 纯量矩阵　$\lambda\boldsymbol{E}=\begin{pmatrix}\lambda & & & \\ & \lambda & & \\ & & \ddots & \\ & & & \lambda\end{pmatrix}$；

⑨ 同型矩阵　两个矩阵的行数相等且列数相等时，就称它们是同型矩阵；

⑩ 两矩阵相等　矩阵 $\boldsymbol{A}=(a_{ij})$ 与矩阵 $\boldsymbol{B}=(b_{ij})$ 是同型矩阵，且 $a_{ij}=b_{ij}$，$(i=1,2,\cdots,m,j=1,2,\cdots,n)$，称矩阵 $\boldsymbol{A}$ 和矩阵 $\boldsymbol{B}$ 相等，记作 $\boldsymbol{A}=\boldsymbol{B}$.

§14.2　矩阵的运算

矩阵的线性运算

① 加法运算　矩阵 $\boldsymbol{A}=(a_{ij})_{m\times n}$ 与矩阵 $\boldsymbol{B}=(b_{ij})_{m\times n}$ 是两个同型矩阵，矩阵 $\boldsymbol{A}$ 与矩阵 $\boldsymbol{B}$ 的和为

$$\boldsymbol{A}+\boldsymbol{B}=(a_{ij}+b_{ij})_{m\times n}$$

② 数与矩阵的乘法　数 λ 与矩阵 $\boldsymbol{A}=(a_{ij})_{m\times n}$ 的乘积，记作 $\lambda\boldsymbol{A}$ 或 $\boldsymbol{A}\lambda$，即

$$\lambda\boldsymbol{A}=(\lambda a_{ij})_{m\times n}$$

矩阵线性运算的性质

① 加法交换律　$\boldsymbol{A}+\boldsymbol{B}=\boldsymbol{B}+\boldsymbol{A}$；

② 加法结合律　$(\boldsymbol{A}+\boldsymbol{B})+\boldsymbol{C}=\boldsymbol{A}+(\boldsymbol{B}+\boldsymbol{C})$；

③ 存在零矩阵　$\boldsymbol{0}$，$\boldsymbol{A}+\boldsymbol{0}=\boldsymbol{A}$；

④ 存在负矩阵　$-\boldsymbol{A}$，$\boldsymbol{A}-\boldsymbol{A}=\boldsymbol{0}$；

⑤ $1\boldsymbol{A}=\boldsymbol{A}$；

⑥ 结合律　$(\lambda\mu)\boldsymbol{A}=\lambda(\mu\boldsymbol{A})$　（λ,μ 为常数）；

⑦ 分配律　$(\lambda+\mu)\boldsymbol{A}=\lambda\boldsymbol{A}+\mu\boldsymbol{A}$；$\lambda(\boldsymbol{A}+\boldsymbol{B})=\lambda\boldsymbol{A}+\lambda\boldsymbol{B}$　（λ,μ 为常数）.

矩阵的乘法　设 $\boldsymbol{A}=(a_{ij})_{m\times s}$，$\boldsymbol{B}=(b_{ij})_{s\times n}$，则

$$\boldsymbol{AB}=\boldsymbol{C}=(c_{ij})_{m\times n}\qquad\left(c_{ij}=\sum_{k=1}^{s}a_{ik}b_{kj}\right)$$

矩阵乘法满足的运算规律

① 结合律　$(\boldsymbol{AB})\boldsymbol{C}=\boldsymbol{A}(\boldsymbol{BC})$；

② 左分配律　$\boldsymbol{A}(\boldsymbol{B}+\boldsymbol{C})=\boldsymbol{AB}+\boldsymbol{AC}$；

③ 右分配律　$(\boldsymbol{B}+\boldsymbol{C})\boldsymbol{A}=\boldsymbol{BA}+\boldsymbol{CA}$；

④ 数与矩阵乘积的分配律　$\lambda(\boldsymbol{AB})=(\lambda\boldsymbol{A})\boldsymbol{B}=\boldsymbol{A}(\lambda\boldsymbol{B})$，其中 λ 为实数或复数.

注意：矩阵乘法不适合交换律，即一般来说，$\boldsymbol{AB} \neq \boldsymbol{BA}$，从而在一般情况下，

$$(\boldsymbol{A}+\boldsymbol{B})^2 \neq \boldsymbol{A}^2+2\boldsymbol{AB}+\boldsymbol{B}^2$$

$$(\boldsymbol{A}+\boldsymbol{B})(\boldsymbol{A}-\boldsymbol{B}) \neq \boldsymbol{A}^2-\boldsymbol{B}^2$$

$$(\boldsymbol{AB})^k \neq \boldsymbol{A}^k\boldsymbol{B}^k$$

也就是一般情况下，消去律不成立，即 $\boldsymbol{AB}=\boldsymbol{AC}$，在 $\boldsymbol{A}\neq \boldsymbol{0}$ 时，一般推不出 $\boldsymbol{B}=\boldsymbol{C}$.

方阵的幂 设 $\boldsymbol{A}$ 是 n 阶方阵，则 $\boldsymbol{A}^k=\underbrace{\boldsymbol{AA}\cdots\boldsymbol{A}}_{k}$

方阵的幂的运算规律

$$\boldsymbol{A}^\lambda\boldsymbol{A}^\mu=\boldsymbol{A}^{\lambda+\mu}\text{，}(\boldsymbol{A}^\lambda)^\mu=\boldsymbol{A}^{\lambda\mu}\qquad(\lambda,\mu\text{ 为正整数})$$

矩阵的转置 设 $\boldsymbol{A}=(a_{ij})_{m\times n}$，称 $(a_{ji})_{n\times m}$ 为 $\boldsymbol{A}$ 的转置矩阵，记作 $\boldsymbol{A}^{\mathrm{T}}$ 或 $\boldsymbol{A}'$，即

$$\boldsymbol{A}^{\mathrm{T}}=\begin{pmatrix} a_{11} & a_{21} & \cdots & a_{m1} \\ a_{12} & a_{22} & \cdots & a_{m2} \\ \cdots & \cdots & \cdots & \cdots \\ a_{1n} & a_{2n} & \cdots & a_{mn} \end{pmatrix}$$

矩阵转置的运算规律

$$(\boldsymbol{A}^{\mathrm{T}})^{\mathrm{T}}=\boldsymbol{A},\ (\boldsymbol{A}+\boldsymbol{B})^{\mathrm{T}}=\boldsymbol{A}^{\mathrm{T}}+\boldsymbol{B}^{\mathrm{T}}$$

$$(\boldsymbol{AB})^{\mathrm{T}}=\boldsymbol{B}^{\mathrm{T}}\boldsymbol{A}^{\mathrm{T}}\ (\lambda\boldsymbol{A})^{\mathrm{T}}=\lambda\boldsymbol{A}^{\mathrm{T}}$$（λ 为实数或复数），

方阵的行列式 由 n 阶方阵 $\boldsymbol{A}=(a_{ij})_{n\times n}$ 的元素所构成的 n 阶行列式叫做方阵 $\boldsymbol{A}$ 的行列式，记作 $|\boldsymbol{A}|$ 或 det$\boldsymbol{A}$.

方阵的行列式的运算性质

$$|\boldsymbol{A}^{\mathrm{T}}|=|\boldsymbol{A}|,\ |\lambda\boldsymbol{A}|=\lambda^n|\boldsymbol{A}|,\ |\boldsymbol{AB}|=|\boldsymbol{BA}|=|\boldsymbol{A}||\boldsymbol{B}|$$

共轭矩阵 设 $\boldsymbol{A}=(a_{ij})_{m\times n}$ 为复矩阵，称 $\overline{\boldsymbol{A}}=(\overline{a}_{ij})_{m\times n}$ 为矩阵 $\boldsymbol{A}$ 的**共轭矩阵**.

共轭矩阵的运算规律

$$\overline{\boldsymbol{A}+\boldsymbol{B}}=\overline{\boldsymbol{A}}+\overline{\boldsymbol{B}},\ \overline{\lambda\boldsymbol{A}}=\overline{\lambda}\,\overline{\boldsymbol{A}},\ \overline{\boldsymbol{AB}}=\overline{\boldsymbol{A}}\,\overline{\boldsymbol{B}}$$

对称矩阵

① 宏观定义 满足 $\boldsymbol{A}^{\mathrm{T}}=\boldsymbol{A}$ 的 n 阶方阵 $\boldsymbol{A}$ 称为**对称矩阵**.

② 微观定义 满足 $a_{ij}=a_{ji}(i,j=1,2,\cdots,n)$ 的 n 阶方阵 $\boldsymbol{A}$ 称为**对称矩阵**.

反对称矩阵

① 宏观定义　满足 $\boldsymbol{A}^{\mathrm{T}}=-\boldsymbol{A}$ 的 n 阶方阵 $\boldsymbol{A}$ 称为**反对称矩阵.**

② 微观定义　满足 $a_{ij}=-a_{ji}(i,j=1,2,\cdots,n)$ 的 n 阶方阵 $\boldsymbol{A}$ 称为**反对称矩阵.**

伴随矩阵

① 微观定义　行列式 $|\boldsymbol{A}|$ 的各个元素的代数余子式 A_{ij} 所构成的矩阵 $\boldsymbol{A}^*=\begin{pmatrix} A_{11} & A_{21} & \cdots & A_{n1} \\ A_{12} & A_{22} & \cdots & A_{n2} \\ \cdots & \cdots & \cdots & \cdots \\ A_{1n} & A_{2n} & \cdots & A_{nn} \end{pmatrix}$ 称为矩阵 $\boldsymbol{A}$ 的**伴随矩阵.**

② 宏观定义　满足 $\boldsymbol{A}\boldsymbol{A}^*=\boldsymbol{A}^*\boldsymbol{A}=|\boldsymbol{A}|\boldsymbol{E}$ 的 n 阶方阵 $\boldsymbol{A}^*$ 称为矩阵 $\boldsymbol{A}$ 的伴随矩阵.

§14.3　逆矩阵

逆矩阵的定义　对 n 阶方阵 $\boldsymbol{A}$，如果存在一个 n 阶方阵 $\boldsymbol{B}$，使得

$$\boldsymbol{A}\boldsymbol{B}=\boldsymbol{B}\boldsymbol{A}=\boldsymbol{E}$$

这里 $\boldsymbol{E}$ 是 n 阶单位矩阵，则称方阵 $\boldsymbol{A}$ 是**可逆的**，方阵 $\boldsymbol{B}$ 称为矩阵 $\boldsymbol{A}$ 的**逆矩阵**．当矩阵可逆时，它的逆矩阵是唯一的．$\boldsymbol{A}$ 的逆矩阵记为 $\boldsymbol{A}^{-1}$．

可逆的充分必要条件　矩阵 $\boldsymbol{A}$ 可逆 $\Leftrightarrow |\boldsymbol{A}| \neq 0 \Leftrightarrow \boldsymbol{A}$ 是非奇异矩阵；矩阵 $\boldsymbol{A}$ 不可逆 $\Leftrightarrow |\boldsymbol{A}| = 0 \Leftrightarrow \boldsymbol{A}$ 是奇异矩阵．

逆矩阵的运算性质

① 若 $\boldsymbol{AB} = \boldsymbol{E}$ 或 $\boldsymbol{BA} = \boldsymbol{E}$，则 $\boldsymbol{B} = \boldsymbol{A}^{-1}$；

② 若 $\boldsymbol{A}$ 可逆，则 $\boldsymbol{A}^{-1}$ 也可逆，且 $(\boldsymbol{A}^{-1})^{-1} = \boldsymbol{A}$；

③ 若 $\boldsymbol{A}$ 可逆，数 $\lambda \neq 0$，则 $\lambda\boldsymbol{A}$ 也可逆，且 $(\lambda\boldsymbol{A})^{-1} = \dfrac{1}{\lambda}\boldsymbol{A}^{-1}$；

④ 若 $\boldsymbol{A}$，$\boldsymbol{B}$ 为同阶可逆矩阵，则 $\boldsymbol{AB}$ 也可逆，且 $(\boldsymbol{AB})^{-1} = \boldsymbol{B}^{-1}\boldsymbol{A}^{-1}$；

⑤ 若 $\boldsymbol{A}$ 可逆，则 $\boldsymbol{A}^{\mathrm{T}}$ 也可逆，且 $(\boldsymbol{A}^{\mathrm{T}})^{-1} = (\boldsymbol{A}^{-1})^{\mathrm{T}}$；

⑥ 若定义 $\boldsymbol{A}^{0} = \boldsymbol{E}$，$\boldsymbol{A}^{-k} = (\boldsymbol{A}^{-1})^{k}$，$k$ 为正整数，则

$$\boldsymbol{A}^{\lambda}\boldsymbol{A}^{\mu} = \boldsymbol{A}^{\lambda+\mu},\ (\boldsymbol{A}^{\lambda})^{\mu} = \boldsymbol{A}^{\lambda\mu} \quad (\text{其中 } \lambda,\mu \text{ 为整数})$$

矩阵方程的求解　设 A，B 为方阵

① 对矩阵方程 $\boldsymbol{AX} = \boldsymbol{B}$，当方阵 $\boldsymbol{A}$ 可逆时，$\boldsymbol{X} = \boldsymbol{A}^{-1}\boldsymbol{B}$；

② 对矩阵方程 $\boldsymbol{XA} = \boldsymbol{B}$，当方阵 $\boldsymbol{A}$ 可逆时，$\boldsymbol{X} = \boldsymbol{BA}^{-1}$；

③ 对矩阵方程 $\boldsymbol{AXB}=\boldsymbol{C}$，当方阵 $\boldsymbol{A}$，$\boldsymbol{B}$ 可逆时，$\boldsymbol{X}=\boldsymbol{A}^{-1}\boldsymbol{C}\boldsymbol{B}^{-1}$.

逆矩阵的求法

① 伴随矩阵法　当 $\boldsymbol{A}$ 可逆时　$\boldsymbol{A}^{-1}=\dfrac{1}{|\boldsymbol{A}|}\boldsymbol{A}^{*}$，其中 $\boldsymbol{A}^{*}$ 是 $\boldsymbol{A}$ 的**伴随矩阵**.

特别地，$\boldsymbol{A}=\begin{pmatrix} a & b \\ c & d \end{pmatrix}$，$\boldsymbol{A}^{*}=\begin{pmatrix} d & -b \\ -c & a \end{pmatrix}$，当 $ad-bc\neq 0$ 时，

$$\boldsymbol{A}^{-1}=\frac{1}{ad-bc}\begin{pmatrix} d & -b \\ -c & a \end{pmatrix}$$

② 利用初等变换　当 $\boldsymbol{A}$ 可逆时，

$$(\boldsymbol{A}\quad \boldsymbol{E})\xrightarrow{\text{初等行变换}}(\boldsymbol{E}\quad \boldsymbol{A}^{-1}),\ \begin{pmatrix} \boldsymbol{A} \\ \boldsymbol{E} \end{pmatrix}\xrightarrow{\text{初等列变换}}\begin{pmatrix} \boldsymbol{E} \\ \boldsymbol{A}^{-1} \end{pmatrix}$$

③ 利用定义　当 $\boldsymbol{A}$ 可逆时，存在方阵 $\boldsymbol{B}$，使得 $\boldsymbol{AB}=\boldsymbol{E}$，且 $\boldsymbol{B}=\boldsymbol{A}^{-1}$.

④ 利用可逆矩阵的性质　若 $\boldsymbol{A}$，$\boldsymbol{B}$ 为可逆矩阵，则 $\boldsymbol{AB}$ 也可逆，且 $(\boldsymbol{AB})^{-1}$

$= \boldsymbol{B}^{-1}\boldsymbol{A}^{-1}$.

§ 14.4 矩阵的初等变换

矩阵初等变换定义 下面三种变换称为矩阵的**初等行变换**:

① 对换矩阵两行的位置;

② 以数 $k \neq 0$ 乘矩阵的某一行;

③ 把某一行 k 倍加到矩阵的另一行 .

同样对列施行以上三种变换，称为矩阵的**初等列变换** . 矩阵的初等行、列变换统称为矩阵的**初等变换**.

等价矩阵 若矩阵 $\boldsymbol{A}$ 经过有限次初等变换变为 $\boldsymbol{B}$ ，则称 $\boldsymbol{A}$ 与 $\boldsymbol{B}$ 等价，记为 $\boldsymbol{A} \sim \boldsymbol{B}$.

等价的性质

① 反身性 $\boldsymbol{A} \sim \boldsymbol{A}$

② 对称性 $\boldsymbol{A} \sim \boldsymbol{B}$，则 $\boldsymbol{B} \sim \boldsymbol{A}$

③ 传递性 $\boldsymbol{A} \sim \boldsymbol{B}$，$\boldsymbol{B} \sim \boldsymbol{C}$，则 $\boldsymbol{A} \sim \boldsymbol{C}$

初等矩阵 单位矩阵经过一次初等变换得到的矩阵称为**初等矩阵**.

① 互换单位矩阵的某两行（列）的位置 $r_i \leftrightarrow r_j$（$c_i \leftrightarrow c_j$）：

$$E(i,j)=\begin{pmatrix} 1 & & & & & & & & \\ & \ddots & & & & & & & \\ & & 1 & & & & & & \\ & & & 0 & \cdots & 1 & & & \\ & & & & 1 & & & & \\ & & & \vdots & \ddots & \vdots & & & \\ & & & & & 1 & & & \\ & & & 1 & \cdots & 0 & & & \\ & & & & & & 1 & & \\ & & & & & & & \ddots & \\ & & & & & & & & 1 \end{pmatrix}\begin{matrix} \\ \\ \\ \leftarrow 第\,i\,行 \\ \\ \\ \\ \leftarrow 第\,j\,行 \\ \\ \\ \\ \end{matrix}$$

② 以数 $k \neq 0$ 乘单位矩阵的某一行（列）kr_i（kc_i）：

$$
\boldsymbol{E}(i(k))=\begin{pmatrix}1 & & & & & & \\ & \ddots & & & & & \\ & & 1 & & & & \\ & & & k & & & \\ & & & & 1 & & \\ & & & & & \ddots & \\ & & & & & & 1\end{pmatrix}\begin{matrix} \\ \\ \\ \leftarrow \text{第 } i \text{ 行} \\ \\ \\ \\ \end{matrix}
$$

③ 把单位矩阵的某一行（列）k 倍加到另一行（列）$r_i+kr_j(c_j+kc_i)$

$$
\boldsymbol{E}(i,j(k))=\begin{pmatrix}1 & & & & & & \\ & \ddots & & & & & \\ & & 1 & \cdots & k & & \\ & & & \ddots & \vdots & & \\ & & & & 1 & & \\ & & & & & \ddots & \\ & & & & & & 1\end{pmatrix}\begin{matrix} \\ \\ \leftarrow \text{第 } i \text{ 行} \\ \\ \leftarrow \text{第 } j \text{ 行} \\ \\ \\ \end{matrix}
$$

初等矩阵都是可逆矩阵，且

$$\boldsymbol{E}(i,j)^{-1}=\boldsymbol{E}(i,j)\ ,\ \boldsymbol{E}(i(k))^{-1}=\boldsymbol{E}(i(\frac{1}{k}))\ ,\ \boldsymbol{E}(i,j(k))^{-1}=\boldsymbol{E}(i,j(-k))$$

初等矩阵的性质

① 对一个 $m\times n$ 矩阵 $\boldsymbol{A}$ 施行一次初等行变换，相当于在 $\boldsymbol{A}$ 的左边乘以相应的 m 阶初等矩阵；对 $\boldsymbol{A}$ 施行一次初等列变换，相当于在 $\boldsymbol{A}$ 的右边乘以相应的 n 阶初等矩阵.

② 方阵 $\boldsymbol{A}$ 可逆的充要条件是存在有限个初等矩阵 $\boldsymbol{P}_1,\boldsymbol{P}_2,\cdots,\boldsymbol{P}_s$ ，使得

$$\boldsymbol{A}=\boldsymbol{P}_1\boldsymbol{P}_2\cdots\boldsymbol{P}_s$$

③ 设 $\boldsymbol{A}$, $\boldsymbol{B}$ 为 $m\times n$ 矩阵，则

ⅰ. $\boldsymbol{A}\overset{r}{\sim}\boldsymbol{B}\Leftrightarrow$ 存在 m 阶可逆矩阵 $\boldsymbol{P}$ ，使得 $\boldsymbol{PA}=\boldsymbol{B}$；

ⅱ. $\boldsymbol{A}\overset{c}{\sim}\boldsymbol{B}\Leftrightarrow$ 存在 n 阶可逆矩阵 $\boldsymbol{Q}$ ，使得 $\boldsymbol{AQ}=\boldsymbol{B}$；

ⅲ. $\boldsymbol{A}\sim\boldsymbol{B}\Leftrightarrow$ 存在 m 阶可逆矩阵 $\boldsymbol{P}$ ，n 阶可逆矩阵 $\boldsymbol{Q}$ ，使得 $\boldsymbol{PAQ}=\boldsymbol{B}$.

④ 方阵 $\boldsymbol{A}$ 可逆的充分必要条件是 $\boldsymbol{A}\overset{r}{\sim}\boldsymbol{E}$.

⑤ $\boldsymbol{A}_{m\times n}\xrightarrow{\text{初等行变换}}$行阶梯形矩阵$\xrightarrow{\text{初等行变换}}$行最简形矩阵$\xrightarrow{\text{初等列变换}}$标准形矩阵

注：

行阶梯形矩阵 $\begin{pmatrix} a_{11} & a_{12} & \cdots & a_{1r} & \cdots & a_{1n} \\ 0 & a_{22} & \cdots & a_{2r} & \cdots & a_{2n} \\ \vdots & \vdots & \ddots & \vdots & & \vdots \\ 0 & 0 & \cdots & a_{rr} & \cdots & a_{rn} \\ 0 & 0 & \cdots & 0 & \cdots & 0 \\ \vdots & \vdots & & \vdots & \ddots & \vdots \\ 0 & 0 & \cdots & 0 & \cdots & 0 \end{pmatrix}$

$(a_{ii} \neq 0, i = 1,2,\cdots,r)$

行最简形矩阵 $\begin{pmatrix} 1 & 0 & \cdots & 0 & \cdots & a_{1n} \\ 0 & 1 & \cdots & 0 & \cdots & a_{2n} \\ \vdots & \vdots & \ddots & \vdots & & \vdots \\ 0 & 0 & \cdots & 1 & \cdots & a_{rn} \\ 0 & 0 & \cdots & 0 & \cdots & 0 \\ \vdots & \vdots & & \vdots & \ddots & \vdots \\ 0 & 0 & \cdots & 0 & \cdots & 0 \end{pmatrix}$

$$\text{标准形矩阵}\quad \begin{pmatrix} \boldsymbol{E}_r & \boldsymbol{0} \\ \boldsymbol{0} & \boldsymbol{0} \end{pmatrix}$$

§14.5 矩阵的秩

r 阶子式 $m\times n$ 矩阵 $\boldsymbol{A}$ 中，任取 r 行 r 列（$r\leqslant m, r\leqslant n$），位于这些行列交叉处的 r^2 个元素，不改变它们在 $\boldsymbol{A}$ 中所处的位置次序而得的 r 阶行列式称为矩阵 $\boldsymbol{A}$ 的 **r 阶子式**. $m\times n$ 矩阵 $\boldsymbol{A}$ 的 r 阶子式共有 $C_m^r C_n^r$ 个.

矩阵秩的定义 设在矩阵 $\boldsymbol{A}$ 中有一个不等于 0 的 r 阶子式 $\boldsymbol{D}$，且所有 $r+1$ 阶子式（如果存在的话）全为 0，那么 $\boldsymbol{D}$ 称为 $\boldsymbol{A}$ 的最高阶非零子式，数 r 称为矩阵的 $\boldsymbol{A}$ 的**秩**. 记作 $R(\boldsymbol{A})$，并规定零矩阵的秩为 0.

矩阵秩的性质

① $0\leqslant R(\boldsymbol{A}_{m\times n})\leqslant \min\{m,n\}$；

② $R(\boldsymbol{A}^{\mathrm{T}})=R(\boldsymbol{A})$；

③ 若 $\boldsymbol{A}\sim\boldsymbol{B}$，则 $R(\boldsymbol{A})=R(\boldsymbol{B})$；

④ 若 $\boldsymbol{P},\boldsymbol{Q}$ 可逆，则 $R(\boldsymbol{PAQ})=R(\boldsymbol{A})$；

⑤ $\max\{R(\boldsymbol{A}),R(\boldsymbol{B})\}\leqslant R(\boldsymbol{A},\boldsymbol{B})\leqslant R(\boldsymbol{A})+R(\boldsymbol{B})$；

⑥ $R(\boldsymbol{A}+\boldsymbol{B}) \leqslant R(\boldsymbol{A})+R(\boldsymbol{B})$；

⑦ $R(\boldsymbol{AB}) \leqslant \min\{R(\boldsymbol{A}), R(\boldsymbol{B})\}$；

⑧ $R\begin{pmatrix} \boldsymbol{A} & \\ & \boldsymbol{B} \end{pmatrix} \leqslant R(\boldsymbol{A})+R(\boldsymbol{B})$；

⑨ 若 $\boldsymbol{A}_{m\times s}\boldsymbol{B}_{s\times n}=\boldsymbol{0}$，则 $R(\boldsymbol{A})+R(\boldsymbol{B}) \leqslant n$；

⑩ n 阶方阵 $\boldsymbol{A}$ 可逆的充要条件是 $R(\boldsymbol{A})=n$（可逆阵 $\boldsymbol{A}$ 也称为满秩矩阵）；

⑪ n 阶方阵 $\boldsymbol{A}$ 不可逆的充要条件是 $R(\boldsymbol{A})<n$（不可逆阵 $\boldsymbol{A}$ 也称为降秩矩阵）.

利用初等变换求矩阵的秩　$\boldsymbol{A}_{m\times n} \xrightarrow{\text{初等行变换}}$ 行阶梯形矩阵

$R(\boldsymbol{A}_{m\times n})=$ 行阶梯形矩阵中非零行的行数.

§14.6　分块矩阵法

分块矩阵定义　设 $\boldsymbol{A}$ 是 $m\times n$ 矩阵，在行的方向分成 s 块，在列的方向分成 t 块，则 $\boldsymbol{A}$ 称为 $s\times t$ **分块矩阵**，记作 $\boldsymbol{A}_{m\times n}=(\boldsymbol{A}_{ij})_{s\times t}$，其中 $\boldsymbol{A}_{ij}$ $(i=1,2,\cdots,s,j=1,2,\cdots,t)$ 称为 $\boldsymbol{A}$ 的**子块**.

常用分块法

① 按行分块

$$\boldsymbol{A}=\begin{pmatrix} a_{11} & a_{12} & \cdots & a_{1n} \\ a_{21} & a_{22} & \cdots & a_{2n} \\ \cdots & \cdots & \cdots & \cdots \\ a_{m1} & a_{m2} & \cdots & a_{mn} \end{pmatrix}=\begin{pmatrix} \alpha_1 \\ \alpha_2 \\ \vdots \\ \alpha_m \end{pmatrix}$$

其中 $\alpha_i=(a_{i1} \quad a_{i2} \quad \cdots \quad a_{in})(i=1,2,\cdots,m)$.

② 按列分块

$$\boldsymbol{A}=\begin{pmatrix} a_{11} & a_{12} & \cdots & a_{1n} \\ a_{21} & a_{22} & \cdots & a_{2n} \\ \cdots & \cdots & \cdots & \cdots \\ a_{m1} & a_{m2} & \cdots & a_{mn} \end{pmatrix}=(\beta_1 \quad \beta_2 \quad \cdots \quad \beta_n)$$

其中 $\beta_i=(a_{1i} \quad a_{2i} \quad \cdots \quad a_{ni})^{\mathrm{T}}(i=1,2,\cdots,n)$.

③ 分块对角阵

$$\boldsymbol{B}=\begin{pmatrix}\boldsymbol{B}_1 & & & \\ & \boldsymbol{B}_2 & & \\ & & \ddots & \\ & & & \boldsymbol{B}_s\end{pmatrix},\ \boldsymbol{C}=\begin{pmatrix} & & & \boldsymbol{C}_1 \\ & & \boldsymbol{C}_2 & \\ & \iddots & & \\ \boldsymbol{C}_t & & & \end{pmatrix}$$

④ $\boldsymbol{A}=\begin{pmatrix}\boldsymbol{B} & \boldsymbol{0} \\ \boldsymbol{D} & \boldsymbol{C}\end{pmatrix}$ （$\boldsymbol{B}$，$\boldsymbol{C}$ 为方阵）.

分块矩阵的运算

① 分块矩阵的加法　设 $\boldsymbol{A}$、$\boldsymbol{B}$ 为同型矩阵，采用相同的分块法，有

$$\boldsymbol{A}=\begin{pmatrix}\boldsymbol{A}_{11} & \cdots & \boldsymbol{A}_{1s} \\ \cdots & \cdots & \cdots \\ \boldsymbol{A}_{t1} & \cdots & \boldsymbol{A}_{ts}\end{pmatrix},\ \boldsymbol{B}=\begin{pmatrix}\boldsymbol{B}_{11} & \cdots & \boldsymbol{B}_{1s} \\ \cdots & \cdots & \cdots \\ \boldsymbol{B}_{t1} & \cdots & \boldsymbol{B}_{ts}\end{pmatrix}$$

$$\boldsymbol{A}+\boldsymbol{B}=\begin{pmatrix}\boldsymbol{A}_{11}+\boldsymbol{B}_{11} & \cdots & \boldsymbol{A}_{1s}+\boldsymbol{B}_{1s} \\ \cdots & \cdots & \cdots \\ \boldsymbol{A}_{t1}+\boldsymbol{B}_{t1} & \cdots & \boldsymbol{A}_{ts}+\boldsymbol{B}_{ts}\end{pmatrix}$$

② 数与分块矩阵的乘法　设 $\boldsymbol{A}=\begin{pmatrix}\boldsymbol{A}_{11} & \cdots & \boldsymbol{A}_{1s}\\ \cdots\cdots & \cdots\cdots & \cdots\cdots\\ \boldsymbol{A}_{t1} & \cdots & \boldsymbol{A}_{ts}\end{pmatrix}$，$\lambda$ 为数，则

$$\lambda\boldsymbol{A}=\begin{pmatrix}\lambda\boldsymbol{A}_{11} & \cdots & \lambda\boldsymbol{A}_{1s}\\ \cdots\cdots & \cdots\cdots & \cdots\cdots\\ \lambda\boldsymbol{A}_{t1} & \cdots & \lambda\boldsymbol{A}_{ts}\end{pmatrix}$$

③ 分块矩阵的乘法　设 $\boldsymbol{A}$ 是 $m\times s$ 矩阵，$\boldsymbol{B}$ 是 $s\times n$ 矩阵，$\boldsymbol{A}$ 的列分块与 $\boldsymbol{B}$ 的行分块一致，即

$$\boldsymbol{A}=\begin{pmatrix}\boldsymbol{A}_{11} & \cdots & \boldsymbol{A}_{1l}\\ \cdots\cdots & \cdots\cdots & \cdots\cdots\\ \boldsymbol{A}_{t1} & \cdots & \boldsymbol{A}_{tl}\end{pmatrix}_{m\times s},\ \boldsymbol{B}=\begin{pmatrix}\boldsymbol{B}_{11} & \cdots & \boldsymbol{B}_{1r}\\ \cdots\cdots & \cdots\cdots & \cdots\cdots\\ \boldsymbol{B}_{l1} & \cdots & \boldsymbol{B}_{lr}\end{pmatrix}_{s\times n}$$

其中 $\boldsymbol{A}_{i1},\boldsymbol{A}_{i2},\cdots,\boldsymbol{A}_{il}$ 的列数分别与 $\boldsymbol{B}_{1j},\boldsymbol{B}_{2j},\cdots,\boldsymbol{B}_{lj}$ 的行数相同，则

$$\boldsymbol{AB}=\boldsymbol{C}=\begin{pmatrix}\boldsymbol{C}_{11} & \cdots & \boldsymbol{C}_{1r}\\ \cdots\cdots & \cdots\cdots & \cdots\cdots\\ \boldsymbol{C}_{t1} & \cdots & \boldsymbol{C}_{tr}\end{pmatrix}_{m\times n}$$

其中 $\boldsymbol{C}_{ij}=\boldsymbol{A}_{i1}\boldsymbol{B}_{1j}+\boldsymbol{A}_{i2}\boldsymbol{B}_{2j}+\cdots+\boldsymbol{A}_{il}\boldsymbol{B}_{lj}$（$i=1,2,\cdots,t;j=1,2,\cdots,r$）

④ 分块矩阵的转置　设 $\boldsymbol{A}=\begin{pmatrix}\boldsymbol{A}_{11} & \cdots & \boldsymbol{A}_{1s}\\ \cdots & \cdots & \cdots\\ \boldsymbol{A}_{t1} & \cdots & \boldsymbol{A}_{ts}\end{pmatrix}$，则 $\boldsymbol{A}^{\mathrm{T}}=\begin{pmatrix}\boldsymbol{A}_{11}^{\mathrm{T}} & \cdots & \boldsymbol{A}_{t1}^{\mathrm{T}}\\ \cdots & \cdots & \cdots\\ \boldsymbol{A}_{1s}^{\mathrm{T}} & \cdots & \boldsymbol{A}_{ts}^{\mathrm{T}}\end{pmatrix}$

⑤ 分块矩阵的逆　设 $\boldsymbol{A}=\begin{pmatrix}\boldsymbol{A}_1 & & & \\ & \boldsymbol{A}_2 & & \\ & & \ddots & \\ & & & \boldsymbol{A}_s\end{pmatrix}$，其中 $|\boldsymbol{A}_i|\neq 0(i=1,2,\cdots,$

$s)$，则 $\boldsymbol{A}$ 可逆

$$\boldsymbol{A}^{-1}=\begin{pmatrix}\boldsymbol{A}_1^{-1} & & & \\ & \boldsymbol{A}_2^{-1} & & \\ & & \ddots & \\ & & & \boldsymbol{A}_s^{-1}\end{pmatrix}$$

设 $\boldsymbol{B}=\begin{pmatrix} & & & \boldsymbol{B}_1 \\ & & \boldsymbol{B}_2 & \\ & \iddots & & \\ \boldsymbol{B}_t & & & \end{pmatrix}$，其中 $|\boldsymbol{B}_i|\neq 0(i=1,2,\cdots,t)$，则 $\boldsymbol{B}$ 可逆

$$\boldsymbol{B}^{-1}=\begin{pmatrix} & & & \boldsymbol{B}_t^{-1} \\ & & \boldsymbol{B}_{t-1}^{-1} & \\ & \iddots & & \\ \boldsymbol{B}_1^{-1} & & & \end{pmatrix}$$

设 $\boldsymbol{A}=\begin{pmatrix} \boldsymbol{B} & \boldsymbol{0} \\ \boldsymbol{D} & \boldsymbol{C} \end{pmatrix}$，其中 $\boldsymbol{B},\boldsymbol{C}$ 可逆，则 $\boldsymbol{A}^{-1}=\begin{pmatrix} \boldsymbol{B}^{-1} & \boldsymbol{0} \\ -\boldsymbol{C}^{-1}\boldsymbol{D}\boldsymbol{B}^{-1} & \boldsymbol{C}^{-1} \end{pmatrix}$

⑥ 分块矩阵的行列式　设 $\boldsymbol{A}$ 是 n 阶方阵，$\boldsymbol{B}$ 是 m 阶方阵，则

$$\begin{vmatrix} \boldsymbol{A} & \boldsymbol{0} \\ \boldsymbol{0} & \boldsymbol{B} \end{vmatrix}=\begin{vmatrix} \boldsymbol{A} & \boldsymbol{0} \\ \boldsymbol{C} & \boldsymbol{B} \end{vmatrix}=\begin{vmatrix} \boldsymbol{A} & \boldsymbol{D} \\ \boldsymbol{0} & \boldsymbol{B} \end{vmatrix}=|\boldsymbol{A}|\,|\boldsymbol{B}|$$

$$\begin{vmatrix} \mathbf{0} & \boldsymbol{A} \\ \boldsymbol{B} & \mathbf{0} \end{vmatrix} = \begin{vmatrix} \mathbf{0} & \boldsymbol{A} \\ \boldsymbol{B} & \boldsymbol{C} \end{vmatrix} = \begin{vmatrix} \boldsymbol{D} & \boldsymbol{A} \\ \boldsymbol{B} & \mathbf{0} \end{vmatrix} = (-1)^{m \times n} |\boldsymbol{A}| |\boldsymbol{B}|$$

当 $m = n$ 时，

$$\begin{vmatrix} \mathbf{0} & \boldsymbol{A} \\ \boldsymbol{B} & \mathbf{0} \end{vmatrix} = \begin{vmatrix} \mathbf{0} & \boldsymbol{A} \\ \boldsymbol{B} & \boldsymbol{C} \end{vmatrix} = \begin{vmatrix} \boldsymbol{C} & \boldsymbol{A} \\ \boldsymbol{B} & \mathbf{0} \end{vmatrix} = (-1)^{n^2} |\boldsymbol{A}| |\boldsymbol{B}| = (-1)^{n} |\boldsymbol{A}| |\boldsymbol{B}|$$

本章知识点及其关联网络

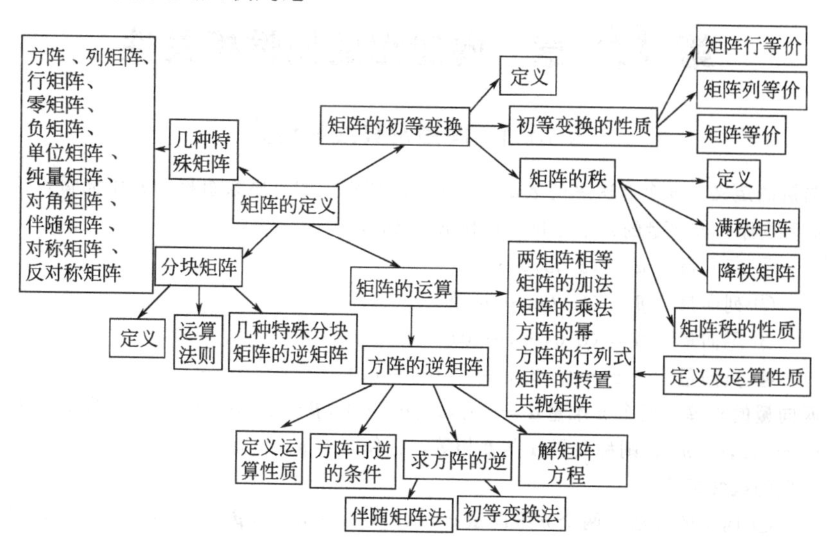

第 15 章 向量组的线性相关性

§15.1 向量及其线性运算

向量的定义 n 个有次序的数 $a_1, a_2, \cdots, a_n$ 所组成的有序数组称为 n 维向量，这 n 个数称为该向量的 n 个分量，记作 $\boldsymbol{\alpha} = (a_1, a_2, \cdots, a_n)$.

① 行向量 $\boldsymbol{\alpha} = (a_1, a_2, \cdots, a_n)$

② 列向量 $\boldsymbol{\beta} = (b_1, b_2, \cdots, b_n)^{\mathrm{T}}$

③ 零向量 $\mathbf{0} = (0, 0, \cdots, \cdots, 0)$

④ 负向量 $-\boldsymbol{\alpha} = (-a_1, -a_2, \cdots, -a_n)$

两向量的相等 两个 n 维量 $\boldsymbol{\alpha} = (a_1, a_2, \cdots, a_n)$，$\boldsymbol{\beta} = (b_1, b_2, \cdots, b_n)$，若 $a_i = b_i$ $(i = 1, 2, \cdots, n)$，则称向量 $\boldsymbol{\alpha}$ 与 $\boldsymbol{\beta}$ 相等，记作 $\boldsymbol{\alpha} = \boldsymbol{\beta}$.

向量的线性运算

① 向量的加法 两个 n 维向量 $\boldsymbol{\alpha} = (a_1, a_2, \cdots, a_n)$，$\boldsymbol{\beta} = (b_1, b_2, \cdots, b_n)$，则

$\boldsymbol{\alpha}+\boldsymbol{\beta}=(a_1+b_1,a_2+b_2,\cdots,a_n+b_n)$ 称为 $\boldsymbol{\alpha}$ 与 $\boldsymbol{\beta}$ 的和.

② 数与向量的乘积 $k\boldsymbol{\alpha}=(ka_1,ka_2,\cdots,ka_n)$ 称为数 k 与向量 $\boldsymbol{\alpha}$ 的乘积

向量线性运算的性质 设 $\boldsymbol{\alpha}$，$\boldsymbol{\beta}$，$\boldsymbol{\gamma}$ 为 n 维向量.

① $\boldsymbol{\alpha}+\boldsymbol{\beta}=\boldsymbol{\beta}+\boldsymbol{\alpha}$；

② $(\boldsymbol{\alpha}+\boldsymbol{\beta})+\boldsymbol{\gamma}=\boldsymbol{\alpha}+(\boldsymbol{\beta}+\boldsymbol{\gamma})$；

③ $\boldsymbol{\alpha}+\boldsymbol{0}=\boldsymbol{\alpha}$；

④ $\boldsymbol{\alpha}+(-\boldsymbol{\alpha})=\boldsymbol{0}$；

⑤ $1\boldsymbol{\alpha}=\boldsymbol{\alpha}$；

⑥ $k(l\boldsymbol{\alpha})=l(k\boldsymbol{\alpha})=(lk)\boldsymbol{\alpha}$；

⑦ $k(\boldsymbol{\alpha}+\boldsymbol{\beta})=k\boldsymbol{\alpha}+k\boldsymbol{\beta}$；

⑧ $(k+l)\boldsymbol{\alpha}=k\boldsymbol{\alpha}+l\boldsymbol{\alpha}$.

§15.2 向量的线性相关性

线性组合 给定向量组 $\boldsymbol{\alpha}_1,\boldsymbol{\alpha}_2,\cdots,\boldsymbol{\alpha}_m$，对于任何一组实数 $k_1,k_2,\cdots,k_m$，则有 $k_1\boldsymbol{\alpha}_1+k_2\boldsymbol{\alpha}_2+\cdots+k_m\boldsymbol{\alpha}_m=\boldsymbol{\beta}$. 称向量 $\boldsymbol{\beta}$ 为向量组 $\boldsymbol{\alpha}_1,\boldsymbol{\alpha}_2,\cdots,\boldsymbol{\alpha}_m$ 的一个线性组合，其中 $k_1,k_2,\cdots,k_m$ 称为这个线性组合的系数.

向量的线性表示 对于向量 $\boldsymbol{\beta}$，若有一组数 $k_1,k_2,\cdots,k_m$，使得

$$\boldsymbol{\beta}=k_1\boldsymbol{\alpha}_1+k_2\boldsymbol{\alpha}_2+\cdots+k_m\boldsymbol{\alpha}_m$$

则称向量 $\boldsymbol{\beta}$ 可由向量组 $\boldsymbol{\alpha}_1,\boldsymbol{\alpha}_2,\cdots,\boldsymbol{\alpha}_m$ 线性表示，其中 $k_1,k_2,\cdots,k_m$ 称为**线性表示系数**.

向量能由一组向量线性表示的充分必要条件 向量 $\boldsymbol{\beta}$ 能由向量组 $\boldsymbol{\alpha}_1,\boldsymbol{\alpha}_2,\cdots,\boldsymbol{\alpha}_m$ 线性表示 $\Leftrightarrow$ 非齐次线性方程组 $x_1\boldsymbol{\alpha}_1+x_2\boldsymbol{\alpha}_2+\cdots+x_m\boldsymbol{\alpha}_m=\boldsymbol{\beta}$ 有解，其解为表示系数 $\Leftrightarrow R(\boldsymbol{A})=R(\boldsymbol{A}\quad\boldsymbol{\beta})$，其中 $\boldsymbol{A}=(\boldsymbol{\alpha}_1,\boldsymbol{\alpha}_2,\cdots,\boldsymbol{\alpha}_n)$，$(\boldsymbol{A}\quad\boldsymbol{\beta})=(\boldsymbol{\alpha}_1,\boldsymbol{\alpha}_2,\cdots,\boldsymbol{\alpha}_n,\boldsymbol{\beta})$.

两个向量组的线性表示与等价 设向量组 $\boldsymbol{\beta}_1,\boldsymbol{\beta}_2,\cdots,\boldsymbol{\beta}_l$ 中每一个向量都能由向量组 $\boldsymbol{\alpha}_1,\boldsymbol{\alpha}_2,\cdots,\boldsymbol{\alpha}_m$ 线性表示，就称向量组 $\boldsymbol{\beta}_1,\boldsymbol{\beta}_2,\cdots,\boldsymbol{\beta}_l$ 能由向量组 $\boldsymbol{\alpha}_1,\boldsymbol{\alpha}_2,\cdots,\boldsymbol{\alpha}_m$ 线性表示，如果向量组 $\boldsymbol{\alpha}_1,\boldsymbol{\alpha}_2,\cdots,\boldsymbol{\alpha}_m$ 与向量组 $\boldsymbol{\beta}_1,\boldsymbol{\beta}_2,\cdots,\boldsymbol{\beta}_l$ 能相互表示，就称向量组 $\boldsymbol{\alpha}_1,\boldsymbol{\alpha}_2,\cdots,\boldsymbol{\alpha}_m$ 与向量组 $\boldsymbol{\beta}_1,\boldsymbol{\beta}_2,\cdots,\boldsymbol{\beta}_l$ 等价.

两个向量组的线性表示与等价的充要条件 向量组 $\boldsymbol{\beta}_1,\boldsymbol{\beta}_2,\cdots,\boldsymbol{\beta}_l$ 能由向量组 $\boldsymbol{\alpha}_1,\boldsymbol{\alpha}_2,\cdots,\boldsymbol{\alpha}_m$ 线性表示 $\Leftrightarrow R(\boldsymbol{A})=R(\boldsymbol{A}\quad\boldsymbol{B})$，其中 $\boldsymbol{A}=(\boldsymbol{\alpha}_1,\boldsymbol{\alpha}_2,\cdots,\boldsymbol{\alpha}_m)$，$(\boldsymbol{A}\quad\boldsymbol{B})=(\boldsymbol{\alpha}_1,\boldsymbol{\alpha}_2,\cdots,\boldsymbol{\alpha}_m,\boldsymbol{\beta}_1,\boldsymbol{\beta}_2,\cdots,\boldsymbol{\beta}_l)$.

向量组 $\boldsymbol{\alpha}_1,\boldsymbol{\alpha}_2,\cdots,\boldsymbol{\alpha}_m$ 与向量组 $\boldsymbol{\beta}_1,\boldsymbol{\beta}_2,\cdots,\boldsymbol{\beta}_l$ 等价 $\Leftrightarrow R(\boldsymbol{A})=R(\boldsymbol{B})=R(\boldsymbol{A}\quad\boldsymbol{B})$，其中矩阵 $\boldsymbol{A}$ 和 $\boldsymbol{B}$ 是由向量组 $\boldsymbol{\alpha}_1,\boldsymbol{\alpha}_2,\cdots,\boldsymbol{\alpha}_m$ 和向量组 $\boldsymbol{\beta}_1,\boldsymbol{\beta}_2,\cdots,\boldsymbol{\beta}_l$ 构成的矩阵.

线性相关与线性无关 给定向量组 $\boldsymbol{\alpha}_1,\boldsymbol{\alpha}_2,\cdots,\boldsymbol{\alpha}_n$，如果存在一组不全为零的实数 $k_1,k_2,\cdots,k_n$，使得 $k_1\boldsymbol{\alpha}_1+k_2\boldsymbol{\alpha}_2+\cdots+k_n\boldsymbol{\alpha}_n=\boldsymbol{0}$，则称向量组 $\boldsymbol{\alpha}_1,\boldsymbol{\alpha}_2,\cdots,\boldsymbol{\alpha}_n$ 是线性相关的，否则称它线性无关.

向量的线性相关性的判别定理

① 向量组 $\boldsymbol{\alpha}_1,\boldsymbol{\alpha}_2,\cdots,\boldsymbol{\alpha}_m$ $(m\geqslant 2)$ 线性相关的充分必要条件是 $\boldsymbol{\alpha}_1,\boldsymbol{\alpha}_2,\cdots,\boldsymbol{\alpha}_m$ 中至少有一个向量可以由其余 $m-1$ 个向量线性表示（不是任意一个向量都可以由其余 $m-1$ 个向量线性表示）.

② 向量组 $\boldsymbol{\alpha}_1,\boldsymbol{\alpha}_2,\cdots,\boldsymbol{\alpha}_m$ $(m\geqslant 2)$ 线性相关的充分必要条件是齐次线性方程组 $x_1\boldsymbol{\alpha}_1+x_2\boldsymbol{\alpha}_2+\cdots+x_m\boldsymbol{\alpha}_m=\boldsymbol{0}$，也可写成 $\boldsymbol{Ax}=\boldsymbol{0}$ 有非零解，其中 $\boldsymbol{A}$ 是由 $\boldsymbol{\alpha}_1,\boldsymbol{\alpha}_2,\cdots,\boldsymbol{\alpha}_m$ 作为列向量组构成的矩阵.

③ 向量组 $\boldsymbol{\alpha}_1,\boldsymbol{\alpha}_2,\cdots,\boldsymbol{\alpha}_m$ 线性相关 $\Leftrightarrow R(\boldsymbol{A})<m$，其中矩阵 $\boldsymbol{A}=(\boldsymbol{\alpha}_1,\boldsymbol{\alpha}_2,\cdots,$

$\boldsymbol{\alpha}_m$).

向量组 $\boldsymbol{\alpha}_1,\boldsymbol{\alpha}_2,\cdots,\boldsymbol{\alpha}_m$ 线性无关 $\Leftrightarrow R(\mathbf{A})=m$，其中矩阵 $\mathbf{A}=(\boldsymbol{\alpha}_1,\boldsymbol{\alpha}_2,\cdots,\boldsymbol{\alpha}_m)$.

向量线性相关性的几个重要定理

① 一个向量组若有线性相关的部分组，则该向量组线性相关；一个向量组若线性无关，则它的任何部分组都线性无关. 如若向量组 $\boldsymbol{\alpha}_1,\boldsymbol{\alpha}_2,\cdots,\boldsymbol{\alpha}_m$ 线性相关，则向量组 $\boldsymbol{\alpha}_1,\boldsymbol{\alpha}_2,\cdots,\boldsymbol{\alpha}_m,\boldsymbol{\alpha}_{m+1}$ 也线性相关；反之，若向量组 $\boldsymbol{\alpha}_1,\boldsymbol{\alpha}_2,\cdots,\boldsymbol{\alpha}_m,\boldsymbol{\alpha}_{m+1}$ 线性无关，则向量组 $\boldsymbol{\alpha}_1,\boldsymbol{\alpha}_2,\cdots,\boldsymbol{\alpha}_m$ 也线性无关.

② 设 $\boldsymbol{\alpha}_j=\begin{pmatrix}a_{1j}\\ \vdots\\ a_{rj}\end{pmatrix},\boldsymbol{\beta}_j=\begin{pmatrix}a_{1j}\\ \vdots\\ a_{rj}\\ a_{r+1,j}\end{pmatrix}$ $(j=1,2,\cdots,m)$. 若向量组 $\boldsymbol{\alpha}_1,\boldsymbol{\alpha}_2,\cdots,\boldsymbol{\alpha}_m$ 线性无关，则向量组 $\boldsymbol{\beta}_1,\boldsymbol{\beta}_2,\cdots,\boldsymbol{\beta}_m$ 也线性无关；反之，若向量组 $\boldsymbol{\beta}_1,\boldsymbol{\beta}_2,\cdots,\boldsymbol{\beta}_m$ 线性相关，则向量组 $\boldsymbol{\alpha}_1,\boldsymbol{\alpha}_2,\cdots,\boldsymbol{\alpha}_m$ 也线性相关.

③ m 个 n 维向量组成的向量组，当维数 n 小于向量的个数 m 时一定线性相关.

④ 设向量组 $\boldsymbol{\alpha}_1,\boldsymbol{\alpha}_2,\cdots,\boldsymbol{\alpha}_m$ 线性无关，而向量组 $\boldsymbol{\alpha}_1,\boldsymbol{\alpha}_2,\cdots,\boldsymbol{\alpha}_m,\boldsymbol{\beta}$ 线性相关，

则向量 $\boldsymbol{\beta}$ 必能由向量组 $\boldsymbol{\alpha}_1,\boldsymbol{\alpha}_2,\cdots,\boldsymbol{\alpha}_m$ 线性表示，且表示法唯一.

向量线性相关性的几个重要结论

① 单个向量 $\boldsymbol{\alpha}\neq\mathbf{0}$ 则线性无关，$\boldsymbol{\alpha}=\mathbf{0}$ 则线性相关；

② 几何向量中两个向量 $\boldsymbol{\alpha}_1,\boldsymbol{\alpha}_2$ 线性相关（无关）$\Leftrightarrow\boldsymbol{\alpha}_1,\boldsymbol{\alpha}_2$ 共线（不共线）；

③ 几何向量中三个向量 $\boldsymbol{\alpha}_1,\boldsymbol{\alpha}_2,\boldsymbol{\alpha}_3$ 线性相关（无关）$\Leftrightarrow\boldsymbol{\alpha}_1,\boldsymbol{\alpha}_2,\boldsymbol{\alpha}_3$ 共面（不共面）；

④ n 个 n 维向量 $\boldsymbol{\alpha}_1,\boldsymbol{\alpha}_2,\cdots,\boldsymbol{\alpha}_n$ 线性相关（无关）$\Leftrightarrow|\boldsymbol{A}|=0(|\boldsymbol{A}|\neq0)$，其中矩阵 $\boldsymbol{A}=(\boldsymbol{\alpha}_1,\boldsymbol{\alpha}_2,\cdots,\boldsymbol{\alpha}_m)$；

⑤ $n+1$ 个 n 维向量一定线性相关；

⑥ 当 $m<n$ 时，$\boldsymbol{A}_{m\times n}$ 的列向量组线性相关；

⑦ n 个 n 维向量 $\boldsymbol{\alpha}_1,\boldsymbol{\alpha}_2,\cdots,\boldsymbol{\alpha}_n$ 线性无关，则任意一个 n 维向量均可由 $\boldsymbol{\alpha}_1,\boldsymbol{\alpha}_2,\cdots,\boldsymbol{\alpha}_n$ 线性表示，且表示法唯一.

§15.3 最大无关组与向量组的秩

最大无关组定义 一个向量组的部分向量组 $\boldsymbol{\alpha}_1,\boldsymbol{\alpha}_2,\cdots,\boldsymbol{\alpha}_r$ 满足：

① 部分向量组 $\boldsymbol{\alpha}_1,\boldsymbol{\alpha}_2,\cdots,\boldsymbol{\alpha}_r$ 线性无关；

② 向量组中任意 $r+1$ 个向量（如果有的话）都线性相关.

则称这个部分向量组 $\boldsymbol{\alpha}_1,\boldsymbol{\alpha}_2,\cdots,\boldsymbol{\alpha}_r$ 是该向量组的一个最大线性无关组，简称**最大无关组**.

向量组的秩　向量组的最大无关组所含向量的个数称为向量组的**秩**，记为 $R(\boldsymbol{\alpha}_1,\boldsymbol{\alpha}_2,\cdots,\boldsymbol{\alpha}_n)$.

向量组的秩的重要定理

① 矩阵的秩等于它的列向量组的秩，也等于它的行向量组的秩.

② 向量组与它的最大无关组等价.

③ 设向量组 $\boldsymbol{B}$ 能够由向量组 $\boldsymbol{A}$ 线性表示，则 $R_{\boldsymbol{B}}\leqslant R_{\boldsymbol{A}}$.

④ 等价的向量组的秩相等.

§15.4　向量空间

向量空间　设 $\mathbf{V}$ 为 n 维向量构成的非空集合，如果集合 $\mathbf{V}$ 对于向量的加法及数乘两种运算封闭，且满足以下运算规律 ($\boldsymbol{\alpha},\boldsymbol{\beta},\boldsymbol{\gamma}\in\mathbf{V},k,l\in F$(数域))，则称 $\mathbf{V}$ 为向量空间

① $\boldsymbol{\alpha}+\boldsymbol{\beta}=\boldsymbol{\beta}+\boldsymbol{\alpha}$；

② $(\boldsymbol{\alpha}+\boldsymbol{\beta})+\boldsymbol{\gamma}=\boldsymbol{\alpha}+(\boldsymbol{\beta}+\boldsymbol{\gamma})$；

③ $\boldsymbol{\alpha}+\mathbf{0}=\boldsymbol{\alpha}$；

④ $\boldsymbol{\alpha}+(-\boldsymbol{\alpha})=\mathbf{0}$；

⑤ $1\boldsymbol{\alpha}=\boldsymbol{\alpha}$；

⑥ $k(l\boldsymbol{\alpha})=l(k\boldsymbol{\alpha})=(lk)\boldsymbol{\alpha}$；

⑦ $k(\boldsymbol{\alpha}+\boldsymbol{\beta})=k\boldsymbol{\alpha}+k\boldsymbol{\beta}$；

⑧ $(k+l)\boldsymbol{\alpha}=k\boldsymbol{\alpha}+l\boldsymbol{\alpha}$.

向量空间的基　设 $\mathbf{V}$ 为向量空间，如果 r 个向量 $\boldsymbol{\alpha}_1,\boldsymbol{\alpha}_2,\cdots,\boldsymbol{\alpha}_r\in\mathbf{V}$，满足：

① $\boldsymbol{\alpha}_1,\boldsymbol{\alpha}_2,\cdots,\boldsymbol{\alpha}_r$ 线性无关；

② $\mathbf{V}$ 中任一向量都可由 $\boldsymbol{\alpha}_1,\boldsymbol{\alpha}_2,\cdots,\boldsymbol{\alpha}_r$ 线性表示.

那么向量组 $\boldsymbol{\alpha}_1,\boldsymbol{\alpha}_2,\cdots,\boldsymbol{\alpha}_r$ 就称为向量空间 $\mathbf{V}$ 的一组基.

向量空间的维数　向量空间中基向量的个数称为向量空间的维数.

向量在某组基下的坐标　如果在向量空间 $\mathbf{V}$ 中取定一组基 $\boldsymbol{\alpha}_1,\boldsymbol{\alpha}_2,\cdots,\boldsymbol{\alpha}_r$，那么 $\mathbf{V}$

中任一向量 $\boldsymbol{x}$ 可唯一表示为

$$\boldsymbol{x}=k_1\boldsymbol{\alpha}_1+k_2\boldsymbol{\alpha}_2+\cdots+k_r\boldsymbol{\alpha}_r$$

则有序数组 $k_1,k_2,\cdots,k_r$ 称为向量 $\boldsymbol{x}$ 在基 $\boldsymbol{\alpha}_1,\boldsymbol{\alpha}_2,\cdots,\boldsymbol{\alpha}_r$ 下的坐标.

注：在 n 维向量空间 $\mathbf{R}^n$ 中取单位坐标向量 $\boldsymbol{e}_1,\boldsymbol{e}_2,\cdots,\boldsymbol{e}_n$ 为基，则以 $x_1,x_2,\cdots,x_n$ 为分量的向量 $\boldsymbol{x}$，可表示为

$$\boldsymbol{x}=x_1\boldsymbol{e}_1+x_2\boldsymbol{e}_2+\cdots+x_r\boldsymbol{e}_r$$

向量 $\boldsymbol{x}$ 在基 $\boldsymbol{e}_1,\boldsymbol{e}_2,\cdots,\boldsymbol{e}_n$ 下的坐标就是该向量的分量. $\boldsymbol{e}_1,\boldsymbol{e}_2,\cdots,\boldsymbol{e}_n$ 叫 $\mathbf{R}^n$ 中的**自然基**.

子空间　设 $\boldsymbol{U}\subset\boldsymbol{V}$（向量空间），对任意 $\boldsymbol{\alpha},\boldsymbol{\beta}\in\boldsymbol{U}$，$k\in F$（数域）

$$k\boldsymbol{\alpha}\in\boldsymbol{U}\ ,\ \boldsymbol{\alpha}+\boldsymbol{\beta}\in\boldsymbol{U}$$

则称 $\boldsymbol{U}$ 为 $\boldsymbol{V}$ 的**子空间**. 类似地可定义子空间的基、维数、坐标的概念.

基变换公式　设 $\boldsymbol{\alpha}_1,\boldsymbol{\alpha}_2,\cdots,\boldsymbol{\alpha}_n$ 是 n 维向量空间 $\boldsymbol{V}$ 中的一组基，$\boldsymbol{\beta}_1,\boldsymbol{\beta}_2,\cdots,\boldsymbol{\beta}_n$ 是 n 维向量空间 $\boldsymbol{V}$ 中的一组向量，且

$$
(\boldsymbol{\beta}_1,\boldsymbol{\beta}_2,\cdots,\boldsymbol{\beta}_n)=(\boldsymbol{\alpha}_1,\boldsymbol{\alpha}_2,\cdots,\boldsymbol{\alpha}_n)\begin{pmatrix} c_{11} & c_{12} & \cdots & c_{1n} \\ c_{21} & c_{22} & \cdots & c_{2n} \\ \cdots & \cdots & \cdots & \cdots \\ c_{n1} & c_{n2} & \cdots & c_{nn} \end{pmatrix}=(\boldsymbol{\alpha}_1,\boldsymbol{\alpha}_2,\cdots,\boldsymbol{\alpha}_n)\boldsymbol{C}
$$

则 $\boldsymbol{\beta}_1,\boldsymbol{\beta}_2,\cdots,\boldsymbol{\beta}_n$ 也为 n 维向量空间 $\boldsymbol{V}$ 的一组基的充要条件是矩阵 $\boldsymbol{C}$ 可逆，此时上式称为**基变换公式**，矩阵 $\boldsymbol{C}$ 称为由基 $\boldsymbol{\alpha}_1,\boldsymbol{\alpha}_2,\cdots,\boldsymbol{\alpha}_n$ 到基 $\boldsymbol{\beta}_1,\boldsymbol{\beta}_2,\cdots,\boldsymbol{\beta}_n$ 的**过渡矩阵**.

坐标变换公式 设 $\boldsymbol{\alpha}\in\boldsymbol{V}$，$\boldsymbol{\alpha}$ 在基 $\boldsymbol{\alpha}_1,\boldsymbol{\alpha}_2,\cdots,\boldsymbol{\alpha}_n$ 下的坐标为 $\boldsymbol{X}=(x_1,x_2,\cdots,x_n)^{\mathrm{T}}$，在基 $\boldsymbol{\beta}_1,\boldsymbol{\beta}_2,\cdots,\boldsymbol{\beta}_n$ 下的坐标为 $\boldsymbol{Y}=(y_1,y_2,\cdots,y_n)^{\mathrm{T}}$，由基 $\boldsymbol{\alpha}_1,\boldsymbol{\alpha}_2,\cdots,\boldsymbol{\alpha}_n$ 到基 $\boldsymbol{\beta}_1,\boldsymbol{\beta}_2,\cdots,\boldsymbol{\beta}_n$ 的过渡矩阵是 $\boldsymbol{C}$，则由

$$
\boldsymbol{\alpha}=(\boldsymbol{\alpha}_1,\boldsymbol{\alpha}_2,\cdots,\boldsymbol{\alpha}_n)\boldsymbol{X}=(\boldsymbol{\beta}_1,\boldsymbol{\beta}_2,\cdots,\boldsymbol{\beta}_n)\boldsymbol{Y}=(\boldsymbol{\alpha}_1,\boldsymbol{\alpha}_2,\cdots,\boldsymbol{\alpha}_n)\boldsymbol{C}\boldsymbol{Y}
$$

得

$$
\boldsymbol{X}=\boldsymbol{C}\boldsymbol{Y},\ \boldsymbol{Y}=\boldsymbol{C}^{-1}\boldsymbol{X}
$$

该式称为**坐标变换公式**.

§15.5 向量的内积

向量的内积 设有 n 维向量 $\boldsymbol{x}=(x_1,x_2,\cdots,x_n)$，$\boldsymbol{y}=(y_1,y_2,\cdots,y_n)$，令 $[\boldsymbol{x},\boldsymbol{y}]$

$=x_1 y_1+x_2 y_2+\cdots+x_n y_n$，$[\boldsymbol{x}, \boldsymbol{y}]$ 称为向量 $\boldsymbol{x}$ 与 $\boldsymbol{y}$ 的**内积**.

内积的矩阵表示为 $[\boldsymbol{x}, \boldsymbol{y}]=\boldsymbol{x}\boldsymbol{y}^{\mathrm{T}}$，其中 $\boldsymbol{x}$，$\boldsymbol{y}$ 都是行向量.

内积满足下列运算规律（其中 $\boldsymbol{x}$，$\boldsymbol{y}$，$\boldsymbol{z}$ 为 n 维向量，λ 为实数）：

① $[\boldsymbol{x}, \boldsymbol{y}]=[\boldsymbol{y}, \boldsymbol{x}]$；

② $[\lambda\boldsymbol{x}, \boldsymbol{y}]=\lambda[\boldsymbol{x}, \boldsymbol{y}]$；

③ $[\boldsymbol{x}+\boldsymbol{y}, \boldsymbol{z}]=[\boldsymbol{x}, \boldsymbol{z}]+[\boldsymbol{y}, \boldsymbol{z}]$.

向量的长度　$\sqrt{[\boldsymbol{x}, \boldsymbol{x}]}=\sqrt{x_1^2+x_2^2+\cdots x_n^2}$ 称为 n 维向量 $\boldsymbol{x}$ 的**长度**（或**范数**），记作 $\|\boldsymbol{x}\|$，当 $\|\boldsymbol{x}\|=1$ 时，称 $\boldsymbol{x}$ 为单位向量.

向量的长度的性质：

① 非负性　当 $\boldsymbol{x} \neq \mathbf{0}$ 时，$\|\boldsymbol{x}\|>0$；当 $\boldsymbol{x}=0$ 时，$\|\boldsymbol{x}\|=0$；

② 齐次性　$\|\lambda\boldsymbol{x}\|=|\lambda|\|\boldsymbol{x}\|$；

③ 三角不等式　$\|\boldsymbol{x}+\boldsymbol{y}\| \leqslant \|\boldsymbol{x}\|+\|\boldsymbol{y}\|$.

柯西施瓦兹不等式　$[\boldsymbol{x},\boldsymbol{y}]^2 \leqslant [\boldsymbol{x},\boldsymbol{x}]\cdot[\boldsymbol{y},\boldsymbol{y}]$

两向量的夹角　当 $\boldsymbol{x} \neq \mathbf{0}, \boldsymbol{y} \neq \mathbf{0}$ 时 $\theta = \arccos \dfrac{[\boldsymbol{x},\boldsymbol{y}]}{\|\boldsymbol{x}\|\cdot\|\boldsymbol{y}\|}$ 称为 n 维向量 $\boldsymbol{x}$ 与 $\boldsymbol{y}$ 的夹角. 当 $[\boldsymbol{x},\boldsymbol{y}]=0$ 时，称向量 $\boldsymbol{x}$ 与 $\boldsymbol{y}$ 正交，零向量与任何向量都正交.

正交向量组的性质　若 n 维向量 $\boldsymbol{\alpha}_1,\boldsymbol{\alpha}_2,\cdots,\boldsymbol{\alpha}_r$ 是一组两两正交的非零向量，则 $\boldsymbol{\alpha}_1,\boldsymbol{\alpha}_2,\cdots,\boldsymbol{\alpha}_r$ 线性无关.

§15.6　标准正交基与正交矩阵

标准正交基　设 n 维向量 $\boldsymbol{e}_1,\boldsymbol{e}_2,\cdots,\boldsymbol{e}_r$ 是向量空间 $\boldsymbol{V}(\boldsymbol{V} \subset \mathbf{R}^n)$ 的一组基. 如果两两正交，且都是单位向量，则称 $\boldsymbol{e}_1,\boldsymbol{e}_2,\cdots,\boldsymbol{e}_r$ 是 $\boldsymbol{V}$ 的一组**标准正交基**（**或规范正交基**）.

施密特正交化方法

① 设 $\boldsymbol{\alpha}_1,\boldsymbol{\alpha}_2,\cdots,\boldsymbol{\alpha}_s$ 线性无关，若取

$$\boldsymbol{\beta}_1 = \boldsymbol{\alpha}_1$$

$$\boldsymbol{\beta}_2=\boldsymbol{\alpha}_2-\frac{[\boldsymbol{\alpha}_2,\boldsymbol{\beta}_1]}{[\boldsymbol{\beta}_1,\boldsymbol{\beta}_1]}\boldsymbol{\beta}_1$$

$$\cdots\cdots\cdots\cdots\cdots\cdots$$

$$\boldsymbol{\beta}_s=\boldsymbol{\alpha}_s-\frac{[\boldsymbol{\alpha}_s,\boldsymbol{\beta}_{s-1}]}{[\boldsymbol{\beta}_{s-1},\boldsymbol{\beta}_{s-1}]}\boldsymbol{\beta}_{s-1}-\cdots-\frac{[\boldsymbol{\alpha}_s,\boldsymbol{\beta}_1]}{[\boldsymbol{\beta}_1,\boldsymbol{\beta}_1]}\boldsymbol{\beta}_1$$

则 $\boldsymbol{\beta}_1,\boldsymbol{\beta}_2,\cdots,\boldsymbol{\beta}_s$ 是两两正交的非零向量组，再将 $\boldsymbol{\beta}_1,\boldsymbol{\beta}_2,\cdots,\boldsymbol{\beta}_s$ 单位化，即令

$$\boldsymbol{\eta}_i=\frac{\boldsymbol{\beta}_i}{\|\boldsymbol{\beta}_i\|}\quad(i=1,2,\cdots,s)$$

则向量组 $\boldsymbol{\eta}_1,\boldsymbol{\eta}_2,\cdots,\boldsymbol{\eta}_s$ 是标准正交向量组，上述过程称为**施密特正交化方法**.

② 若 $\boldsymbol{\alpha}_1,\boldsymbol{\alpha}_2,\cdots,\boldsymbol{\alpha}_n$ 是向量空间 $\mathbf{R}^n$ 的一组基，按施密特正交化方法得到的两两正交的单位向量组 $\boldsymbol{\eta}_1,\boldsymbol{\eta}_2,\cdots,\boldsymbol{\eta}_n$ 是向量空间 $\mathbf{R}^n$ 的一组**标准正交基**.

正交矩阵

① 宏观定义　如果 n 阶方阵 $\boldsymbol{A}$，满足 $\boldsymbol{A}^{\mathrm{T}}\boldsymbol{A}=\boldsymbol{E}$，则称 $\boldsymbol{A}$ 为**正交矩阵**.

② 微观定义　$\boldsymbol{A}$ 的行（列）向量组是标准正交向量组.

正交矩阵的性质

① $\boldsymbol{A}$ 为正交矩阵 $\Leftrightarrow\boldsymbol{A}^{-1}=\boldsymbol{A}^{\mathrm{T}}$；

② $\boldsymbol{A}$ 为正交矩阵，则 $\boldsymbol{A}^{-1}$ 也是正交矩阵；

③ $\boldsymbol{A},\boldsymbol{B}$ 为正交矩阵，则 $\boldsymbol{AB}$ 也是正交矩阵；

④ 单位矩阵 $\boldsymbol{E}$ 是正交矩阵；

⑤ $\boldsymbol{A}$ 为正交矩阵，则 $|\boldsymbol{A}|=\pm 1$；

⑥ $\boldsymbol{A}$ 为正交矩阵，则有 $[\boldsymbol{\alpha},\boldsymbol{\beta}]=[\boldsymbol{A\alpha},\boldsymbol{A\beta}]$，即在正交变换下向量的内积保持不变，从而保持向量长度和向量间夹角不变．

本章知识点及其关联网络

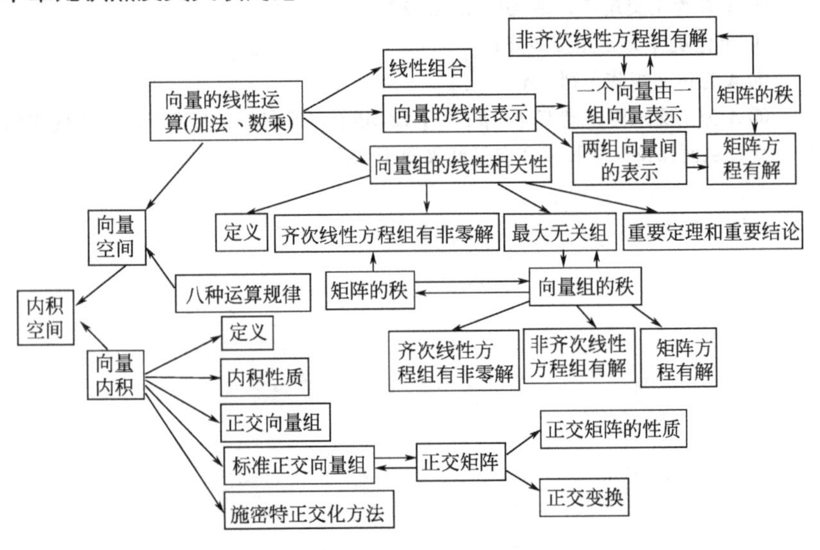

第 16 章　线性方程组

§ 16.1　齐次线性方程组

齐次线性方程组

$$\begin{cases} a_{11}x_1 + a_{12}x_2 + \cdots + a_{1n}x_n = 0 \\ a_{21}x_1 + a_{22}x_2 + \cdots + a_{2n}x_n = 0 \\ \cdots\cdots\cdots\cdots\cdots\cdots\cdots\cdots \\ a_{m1}x_1 + a_{m2}x_2 + \cdots + a_{mn}x_n = 0 \end{cases}$$

$$\Leftrightarrow x_1\boldsymbol{\alpha}_1 + x_2\boldsymbol{\alpha}_2 + \cdots + x_n\boldsymbol{\alpha}_n = \mathbf{0} \Leftrightarrow \boldsymbol{A}\boldsymbol{x} = \mathbf{0}$$

其中

$$\boldsymbol{\alpha}_i = \begin{pmatrix} \alpha_{1i} \\ \alpha_{2i} \\ \vdots \\ \alpha_{mi} \end{pmatrix}, \boldsymbol{A} = \begin{pmatrix} a_{11} & a_{12} & \cdots & a_{1n} \\ a_{21} & a_{22} & \cdots & a_{2n} \\ \cdots & \cdots & \cdots & \cdots \\ a_{m1} & a_{m2} & \cdots & a_{mn} \end{pmatrix}, \boldsymbol{x} = \begin{pmatrix} x_1 \\ x_2 \\ \vdots \\ x_n \end{pmatrix}$$

齐次线性方程组有解的判别

齐次线性方程组 $\boldsymbol{Ax}=\boldsymbol{0}$ 有非零解 $\Leftrightarrow R(\boldsymbol{A})<n\Leftrightarrow\boldsymbol{A}$ 的列向量组线性相关；

齐次线性方程组 $\boldsymbol{Ax}=\boldsymbol{0}$ 有且只有零解 $\Leftrightarrow R(\boldsymbol{A})=n\Leftrightarrow\boldsymbol{A}$ 的列向量组线性无关.

两种特殊情况：

① $\boldsymbol{A}_{m\times n}\boldsymbol{x}=\boldsymbol{0}$，当 $n>m$ 时，$\boldsymbol{A}_{m\times n}\boldsymbol{x}=\boldsymbol{0}$ 有非零解；

② $\boldsymbol{A}_{n\times n}\boldsymbol{x}=\boldsymbol{0}$ 有非零解$\Leftrightarrow|\boldsymbol{A}|=0$；只有非零解$\Leftrightarrow|\boldsymbol{A}|\neq 0$.

齐次线性方程组解的性质 若 $\boldsymbol{\xi}_1,\boldsymbol{\xi}_2$ 是线性方程组 $\boldsymbol{Ax}=\boldsymbol{0}$ 的解，则 $k_1\boldsymbol{\xi}_1+k_2\boldsymbol{\xi}_2$ 也是 $\boldsymbol{Ax}=\boldsymbol{0}$ 的解，其中 $k_1,k_2\in\boldsymbol{R}$.

齐次线性方程组的基础解系 已知齐次线性方程组 $\boldsymbol{A}_{m\times n}\boldsymbol{x}=\boldsymbol{0}$，且 $R(\boldsymbol{A}_{m\times n})=r$，若 $\boldsymbol{\xi}_1,\boldsymbol{\xi}_2,\cdots,\boldsymbol{\xi}_{n-r}$ 是方程组的解，且满足① $\boldsymbol{\xi}_1,\boldsymbol{\xi}_2,\cdots,\boldsymbol{\xi}_{n-r}$ 线性无关，② 任意解向量 $\boldsymbol{x}$ 均可由 $\boldsymbol{\xi}_1,\boldsymbol{\xi}_2,\cdots,\boldsymbol{\xi}_{n-r}$ 线性表示，则称向量组 $\boldsymbol{\xi}_1,\boldsymbol{\xi}_2,\cdots,\boldsymbol{\xi}_{n-r}$ 为齐次线性方程组 $\boldsymbol{A}_{m\times n}\boldsymbol{x}=\boldsymbol{0}$ 的基础解系.

齐次线性方程组解的结构 齐次线性方程组 $\boldsymbol{A}_{m\times n}\boldsymbol{x}=\boldsymbol{0}$ 的通解为

$$k_1\boldsymbol{\xi}_1+k_2\boldsymbol{\xi}_2+\cdots+k_{n-r}\boldsymbol{\xi}_{n-r}$$

$\boldsymbol{\xi}_1,\boldsymbol{\xi}_2,\cdots,\boldsymbol{\xi}_{n-r}$ 为齐次线性方程组 $\boldsymbol{A}_{m\times n}\boldsymbol{x}=\boldsymbol{0}$ 的基础解系，$k_1,k_2,\cdots,k_{n-r}$ 为任意常数.

齐次线性方程组的求解（利用矩阵的初等变换）步骤 已知齐次线性方程组

$\boldsymbol{A}_{m\times n}\boldsymbol{x}=\boldsymbol{0}$，且 $R(\boldsymbol{A}_{m\times n})=r$，则求解步骤为：

① $\boldsymbol{A}\xrightarrow{\text{初等行变换}}\boldsymbol{A}$ 的行阶梯形矩阵 $\xrightarrow{\text{初等行变换}}\boldsymbol{A}$ 的行最简形矩阵；

② 写出对应于 $\boldsymbol{A}$ 的行最简形矩阵的线性方程组，得到基础解系 $\xi_1,\xi_2,\cdots,\xi_{n-r}$；

③ 写出通解 $\boldsymbol{x}=k_1\boldsymbol{\xi}_1+k_2\boldsymbol{\xi}_2+\cdots+k_{n-r}\boldsymbol{\xi}_{n-r}$，其中 $k_1,k_2,\cdots,k_{n-r}$ 为任意常数.

§16.2 非齐次线性方程组

非齐次线性方程组

$$\begin{cases}a_{11}x_1+a_{12}x_2+\cdots+a_{1n}x_n=b_1\\a_{21}x_1+a_{22}x_2+\cdots+a_{2n}x_n=b_2\\\cdots\cdots\cdots\cdots\cdots\cdots\cdots\cdots\cdots\\a_{m1}x_1+a_{m2}x_2+\cdots+a_{mn}x_n=b_m\end{cases}$$

$$\Leftrightarrow x_1\boldsymbol{\alpha}_1+x_2\boldsymbol{\alpha}_2+\cdots+x_n\boldsymbol{\alpha}_n=\boldsymbol{b}\Leftrightarrow\boldsymbol{A}\boldsymbol{x}=\boldsymbol{b}$$

其中

$$\boldsymbol{\alpha}_i=\begin{pmatrix}\alpha_{1i}\\ \alpha_{2i}\\ \vdots\\ \alpha_{mi}\end{pmatrix},\ \boldsymbol{A}=\begin{pmatrix}a_{11} & a_{12} & \cdots & a_{1n}\\ a_{21} & a_{22} & \cdots & a_{2n}\\ \cdots & \cdots & \cdots & \cdots\\ a_{m1} & a_{m2} & \cdots & a_{mn}\end{pmatrix},\ \boldsymbol{x}=\begin{pmatrix}x_1\\ x_2\\ \vdots\\ x_n\end{pmatrix},\ \boldsymbol{b}=\begin{pmatrix}b_1\\ b_2\\ \vdots\\ b_m\end{pmatrix}$$

这里$\boldsymbol{A}$是非齐次线性方程组的**系数矩阵**；

$$(\boldsymbol{A}\quad \boldsymbol{b})=\begin{pmatrix}a_{11} & a_{12} & \cdots & a_{1n} & b_1\\ a_{21} & a_{22} & \cdots & a_{2n} & b_2\\ \cdots & \cdots & \cdots & \cdots & \cdots\\ a_{m1} & a_{m2} & \cdots & a_{mn} & b_m\end{pmatrix}$$ 是非齐次线性方程组的**增广矩阵**.

非齐次线性方程组有解的判别 非齐次线性方程组$\boldsymbol{Ax}=\boldsymbol{b}$

$\boldsymbol{Ax}=\boldsymbol{b}$有解$\Leftrightarrow R(\boldsymbol{A})=R(\boldsymbol{A}\quad \boldsymbol{b})\Leftrightarrow\boldsymbol{b}$可由$\boldsymbol{A}$的列向量组线性表示；

$\boldsymbol{Ax}=\boldsymbol{b}$无解$\Leftrightarrow R(\boldsymbol{A})<R(\boldsymbol{A}\quad \boldsymbol{b})\Leftrightarrow\boldsymbol{b}$不可由$\boldsymbol{A}$的列向量组线性表示；

$\boldsymbol{Ax}=\boldsymbol{b}$有唯一解$\Leftrightarrow R(\boldsymbol{A})=R(\boldsymbol{A}\quad \boldsymbol{b})=n\Leftrightarrow\boldsymbol{b}$可由$\boldsymbol{A}$的列向量组线性表示且表示式唯一；$\boldsymbol{Ax}=\boldsymbol{b}$有无穷多解$\Leftrightarrow R(\boldsymbol{A})=R(\boldsymbol{A}\quad \boldsymbol{b})<n\Leftrightarrow\boldsymbol{b}$可由$\boldsymbol{A}$的列向量组线性表示且有无穷多种表示法.

非齐次线性方程组解的性质 设$\boldsymbol{\eta}^*$是$\boldsymbol{Ax}=\boldsymbol{b}$的一个特解，$\boldsymbol{\xi}$是对应的齐次线性

方程组 $\boldsymbol{Ax}=\boldsymbol{0}$ 的解，则 $k\boldsymbol{\xi}+\boldsymbol{\eta}^*$ 仍是 $\boldsymbol{Ax}=\boldsymbol{b}$ 的解.

设 $\boldsymbol{\eta}_1,\boldsymbol{\eta}_2$ 是 $\boldsymbol{Ax}=\boldsymbol{b}$ 的两个解，则 $\boldsymbol{\eta}_1-\boldsymbol{\eta}_2$ 是对应的齐次线性方程组 $\boldsymbol{Ax}=\boldsymbol{0}$ 的解.

非齐次线性方程组解的结构 非齐次线性方程组 $\boldsymbol{Ax}=\boldsymbol{b}$ 的通解为

$$k_1\boldsymbol{\xi}_1+k_2\boldsymbol{\xi}_2+\cdots+k_{n-r}\boldsymbol{\xi}_{n-r}+\boldsymbol{\eta}^*$$

其中 $\boldsymbol{\eta}^*$ 是 $\boldsymbol{Ax}=\boldsymbol{b}$ 的一个特解，$k_1\boldsymbol{\xi}_1+k_2\boldsymbol{\xi}_2+\cdots+k_{n-r}\boldsymbol{\xi}_{n-r}$ 为对应齐次线性方程组 $\boldsymbol{Ax}=\boldsymbol{0}$ 的通解，$k_1,k_2,\cdots,k_{n-r}$ 为任意常数.

解 n 元非齐次线性方程组的步骤 已知 $\boldsymbol{AX}=\boldsymbol{b},R(\boldsymbol{A})=r$.

① $B=(\boldsymbol{A}\quad\boldsymbol{b})\xrightarrow{r}$ 行阶梯形，判别方程组无解（$R(\boldsymbol{A})<R(\boldsymbol{A}\quad\boldsymbol{b})$），唯一解（$R(\boldsymbol{A})=R(\boldsymbol{A}\quad\boldsymbol{b})=r=n$），无穷多解（$R(\boldsymbol{A})=R(\boldsymbol{A}\quad\boldsymbol{b})=r<n$）；

② 有解时，$\boldsymbol{B}=(\boldsymbol{A}\quad\boldsymbol{b})\xrightarrow{r}$ 行阶梯形 $\xrightarrow{r}$ 行最简形；

③ 找到非自由未知量（r个）和自由未知量（$n-r$个），将行最简形对应的方程组写出，并将自由未知量移项；

④ 令 $n-r$ 个自由未知量分别等于 $k_1,k_2,\cdots,k_{n-r}$，得到含有 $n-r$ 任意常数的对应齐次线性方程组 $\boldsymbol{Ax}=\boldsymbol{0}$ 的通解和 $\boldsymbol{Ax}=\boldsymbol{b}$ 的一个特解 $\boldsymbol{\eta}^*$，按解的结构写出通解.

本章知识点及其关联网络

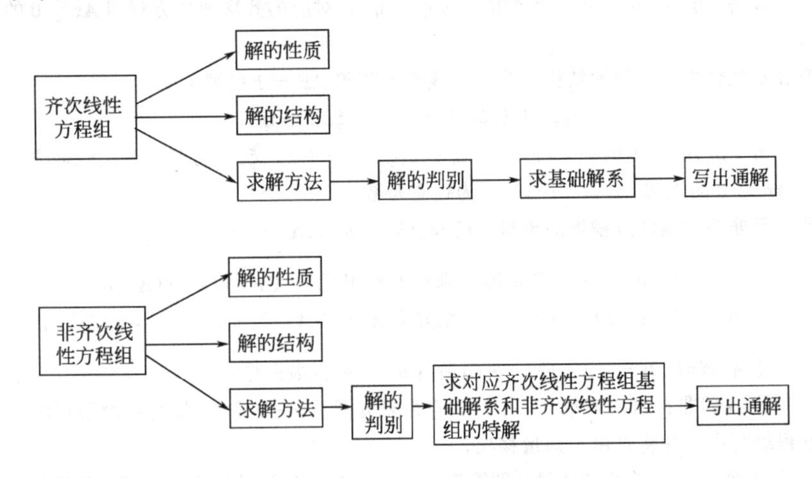

第 17 章 特征值 特征向量

§ 17.1 特征值、特征向量及其性质

方阵的特征值、特征向量 设 $\boldsymbol{A}$ 是 n 阶方阵，如果存在数 λ 和 n 维非零列向量 $\boldsymbol{x}$ 使

$$\boldsymbol{A}\boldsymbol{x}=\lambda\boldsymbol{x}$$

成立，则数 λ 称为矩阵 $\boldsymbol{A}$ 的**特征值**，非零列向量 $\boldsymbol{x}$ 称为 $\boldsymbol{A}$ 的对应于特征值 λ 的**特征向量**.

特征矩阵、特征多项式、特征方程 矩阵 $\boldsymbol{A}-\lambda\boldsymbol{E}$ 或 $\lambda\boldsymbol{E}-\boldsymbol{A}$ 称为方阵 $\boldsymbol{A}$ 的**特征矩阵**，其中数 λ 是矩阵 $\boldsymbol{A}$ 的**特征值**；行列式

$$f_{\boldsymbol{A}}(\lambda)=|\boldsymbol{A}-\lambda\boldsymbol{E}|=\begin{vmatrix} a_{11}-\lambda & a_{12} & \cdots & a_{1n} \\ a_{21} & a_{22}-\lambda & \cdots & a_{2n} \\ \cdots & \cdots & \cdots & \cdots \\ a_{n1} & a_{n2} & \cdots & a_{nn}-\lambda \end{vmatrix}$$

是关于 λ 的 n 次多项式，称为 $\boldsymbol{A}$ 的**特征多项式**. 方程 $f_{\boldsymbol{A}}(\lambda)=|\boldsymbol{A}-\lambda\boldsymbol{E}|=0$ 称为 $\boldsymbol{A}$ 的**特征方程**.

特征值、特征向量的求法 n 阶方阵 $\boldsymbol{A}$ 的特征方程 $f_{\boldsymbol{A}}(\lambda)=|\boldsymbol{A}-\lambda\boldsymbol{E}|=0$ 的根就是方阵 $\boldsymbol{A}$ 的特征值，在复数范围内 $\boldsymbol{A}$ 有 n 个特征值；当 $\lambda=\lambda_i$ 是方阵 $\boldsymbol{A}$ 的特征值时，由方程 $(\boldsymbol{A}-\lambda_i\boldsymbol{E})\boldsymbol{x}=\boldsymbol{0}$ 求得基础解系 $\boldsymbol{\xi}_1,\boldsymbol{\xi}_2,\cdots,\boldsymbol{\xi}_t$，则 $k_1\boldsymbol{\xi}_1+k_2\boldsymbol{\xi}_2+\cdots+k_t\boldsymbol{\xi}_t$ 就是方阵 $\boldsymbol{A}$ 的对应于特征值 λ_i 的全部特征向量.

特征值、特征向量的性质

① 方阵 $\boldsymbol{A}$ 的 n 个特征值为 $\lambda_1,\lambda_2,\cdots,\lambda_n$，则 $\mathrm{tr}(\boldsymbol{A})=\sum_{i=1}^{n}a_{ii}=\sum_{i=1}^{n}\lambda_i$ （$\mathrm{tr}(\boldsymbol{A})$ 称为方阵 $\boldsymbol{A}$ 的迹）；

② 方阵 $\boldsymbol{A}$ 的 n 个特征值为 $\lambda_1,\lambda_2,\cdots,\lambda_n$，则 $|\boldsymbol{A}|=\prod_{i=1}^{n}\lambda_i$；

③ 设 $\boldsymbol{A}=(a_{ij})_{n\times n}$，若 $\sum_{j=1}^{n}a_{ij}<1(i=1,2,\cdots,n)$ 或 $\sum_{i=1}^{n}a_{ij}<1(j=1,2,\cdots,n)$，则 $\boldsymbol{A}$ 的所有特征值 $\lambda_k(k=1,2,\cdots,n)$ 的模（λ_k 是实数时是绝对值）$|\lambda_k|<1$.

④ 设 λ 是 $\boldsymbol{A}$ 的特征值，$\boldsymbol{\xi}$ 是 $\boldsymbol{A}$ 的对应于 λ 的特征向量，则

ⅰ. $k\lambda$ 是 $k\boldsymbol{A}$ 的特征值(k 是任意常数);

ⅱ. λ^m 是 $\boldsymbol{A}^m$ 的特征值(m 是正整数);

ⅲ. $f(\lambda)$ 是 $f(\boldsymbol{A})$ 的特征值,其中 $f(x)$ 是多项式函数;

ⅳ. 若 $\boldsymbol{A}$ 可逆,则 λ^{-1} 是 $\boldsymbol{A}^{-1}$ 的特征值;$\dfrac{|\boldsymbol{A}|}{\lambda}$ 是 $\boldsymbol{A}^*$ 的特征值;

ⅴ. 设 $\lambda_1,\lambda_2,\cdots,\lambda_m$ 是方阵 $\boldsymbol{A}$ 的 m 个特征值,$\xi_1,\xi_2,\cdots,\xi_m$ 依次是与之对应的特征向量,如果 $\lambda_1,\lambda_2,\cdots,\lambda_m$ 各不相等,则 $\xi_1,\xi_2,\cdots,\xi_m$ 线性无关.

ⅵ. 设 λ_0 是 n 阶矩阵 $\boldsymbol{A}$ 的一个 k 重特征值,则对应于 λ_0 的线性无关特征向量的个数小于等于 k.

§17.2 相似矩阵

相似矩阵 设 $\boldsymbol{A},\boldsymbol{B}$ 都是 n 阶方阵,若存在可逆矩阵 $\boldsymbol{P}$,使得

$$\boldsymbol{P}^{-1}\boldsymbol{A}\boldsymbol{P}=\boldsymbol{B}$$

则称 $\boldsymbol{A}$ 相似于 $\boldsymbol{B}$,记作 $\boldsymbol{A}\sim\boldsymbol{B}$,矩阵 $\boldsymbol{P}$ 称为相似变换矩阵.

相似矩阵的性质

① 矩阵的相似关系也是一种等价关系，满足

ⅰ. 反身性　$\boldsymbol{A} \sim \boldsymbol{A}$；

ⅱ. 对称性若　$\boldsymbol{A} \sim \boldsymbol{B}$，则 $\boldsymbol{B} \sim \boldsymbol{A}$；

ⅲ. 传递性若　$\boldsymbol{A} \sim \boldsymbol{B}$，$\boldsymbol{B} \sim \boldsymbol{C}$，则 $\boldsymbol{A} \sim \boldsymbol{C}$.

② 若 $\boldsymbol{A} \sim \boldsymbol{B}$，则 $|\boldsymbol{A}| = |\boldsymbol{B}|$，$R(\boldsymbol{A}) = R(\boldsymbol{B})$.

③ 若 $\boldsymbol{A} \sim \boldsymbol{B}$，则 $f_{\boldsymbol{A}}(\lambda) = f_{\boldsymbol{B}}(\lambda)$，从而 $\boldsymbol{A},\boldsymbol{B}$ 有相同的特征方程和相同的特征值，反之不成立；

④ 若 $\boldsymbol{A} \sim \boldsymbol{\Lambda}$，其中 $\boldsymbol{\Lambda} = \begin{pmatrix} \lambda_1 & & & \\ & \lambda_2 & & \\ & & \ddots & \\ & & & \lambda_n \end{pmatrix}$，则 $\lambda_1, \lambda_2, \cdots, \lambda_n$ 是 $\boldsymbol{A}$ 的 n 个特征值.

⑤ 若 $\boldsymbol{A} \sim \boldsymbol{B}$，则 $\boldsymbol{A}^m \sim \boldsymbol{B}^m$（$m$ 是正整数）.

⑥ 若 $\boldsymbol{A} \sim \boldsymbol{B}$，则 $f(\boldsymbol{A}) \sim f(\boldsymbol{B})$（$f(x)$ 是多项式函数）.

⑦ 若 $\boldsymbol{P}^{-1}\boldsymbol{A}_1\boldsymbol{P} = \boldsymbol{B}_1$，$\boldsymbol{P}^{-1}\boldsymbol{A}_2\boldsymbol{P} = \boldsymbol{B}_2$，则 $\boldsymbol{P}^{-1}(\boldsymbol{A}_1\boldsymbol{A}_2)\boldsymbol{P} = (\boldsymbol{P}^{-1}\boldsymbol{A}_1\boldsymbol{P})\boldsymbol{P}^{-1}\boldsymbol{A}_2\boldsymbol{P} =$

$\boldsymbol{B}_1\boldsymbol{B}_2$.

⑧ 若 $\boldsymbol{P}^{-1}\boldsymbol{A}_1\boldsymbol{P}=\boldsymbol{B}_1$ ，$\boldsymbol{P}^{-1}\boldsymbol{A}_2\boldsymbol{P}=\boldsymbol{B}_2$ ，则

$$\boldsymbol{P}^{-1}(k_1\boldsymbol{A}_1+k_2\boldsymbol{A}_2)\boldsymbol{P}=k_1\boldsymbol{P}^{-1}\boldsymbol{A}_1\boldsymbol{P}+k_2\boldsymbol{P}^{-1}\boldsymbol{A}_2\boldsymbol{P}=k_1\boldsymbol{B}_1+k_2\boldsymbol{B}_2$$

§ 17.3 矩阵可对角化的条件

矩阵可对角化 方阵 $\boldsymbol{A}$ 与对角矩阵相似称为**矩阵可对角化**.

矩阵可对角化的条件

① n 阶方阵 $\boldsymbol{A}$ 可对角化的充分必要条件是 $\boldsymbol{A}$ 有 n 个线性无关的特征向量.

② 如果 n 阶方阵 $\boldsymbol{A}$ 的 n 个特征向量互不相等，则 $\boldsymbol{A}$ 与对角矩阵相似.

③ n 阶方阵 $\boldsymbol{A}$ 可对角化的充分必要条件是 $\boldsymbol{A}$ 的每个 k_i 重特征值 λ_i 都有 k_i 个线性无关的特征向量（$\boldsymbol{A}$ 的每个特征子空间 $\boldsymbol{V}_{k_i}$ 的维数等于特征值 λ_i 的重数）.

§ 17.4 实对称矩阵的对角化

实对称矩阵的性质

1 实对称矩阵（$\overline{\boldsymbol{A}}^{\mathrm{T}}=\boldsymbol{A}$）的特征值是实数.

2 设 λ_1，λ_2 是实对称矩阵 $\boldsymbol{A}$ 的两个特征值，ξ_1，ξ_2 是对应的特征向量，若 $\lambda_1 \neq \lambda_2$ 则 ξ_1 与 ξ_2 正交.

3 实对称矩阵一定可以对角化，即对于实对称矩阵 $\boldsymbol{A}$，必有正交矩阵 $\boldsymbol{P}$，使 $\boldsymbol{P}^{-1}\boldsymbol{AP} = \boldsymbol{P}^{\mathrm{T}}\boldsymbol{AP} = \boldsymbol{\Lambda}$，其中 $\boldsymbol{\Lambda}$ 是以 $\boldsymbol{A}$ 的 n 个特征值为对角元的对角矩阵.

4 设 $\boldsymbol{A}$ 为 n 阶实对称矩阵，$\boldsymbol{A}$ 的每个 k_i 重特征值 λ_i 都有 k_i 个线性无关的特征向量.

本章知识点及其关联网络

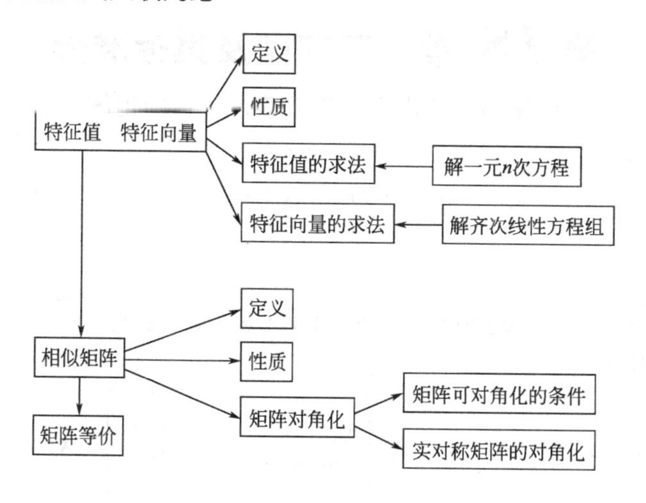

第 18 章　二次型及其标准形

§18.1　二次型的矩阵表示，合同矩阵

二次型　关于 $x_1, x_2, \cdots, x_n$ 的二次齐次多项式

$$\begin{aligned} f(x_1, x_2, \cdots, x_n) = a_{11}x_1^2 + 2a_{12}x_1x_2 + 2a_{13}x_1x_3 + \cdots + 2a_{1n}x_1x_n \\ + a_{22}x_2^2 + 2a_{23}x_2x_3 + \cdots + 2a_{2n}x_2x_n \\ \cdots \\ + a_{nn}x_n^2 \end{aligned}$$

当系数是实数时称为**实二次型**，当系数是复数时称为**复二次型**.

二次型的矩阵

$$f(x_1, x_2, \cdots, x_n) = (x_1, x_2, \cdots, x_n)\begin{pmatrix} a_{11} & a_{12} & \cdots & a_{1n} \\ a_{21} & a_{22} & \cdots & a_{2n} \\ \cdots & \cdots & \cdots & \cdots \\ a_{n1} & a_{n2} & \cdots & a_{nn} \end{pmatrix}\begin{pmatrix} x_1 \\ x_2 \\ \vdots \\ x_n \end{pmatrix} = \boldsymbol{X}^{\mathrm{T}}\boldsymbol{A}\boldsymbol{\Gamma}$$

其中 $\boldsymbol{A}=\begin{pmatrix} a_{11} & a_{12} & \cdots & a_{1n} \\ a_{21} & a_{22} & \cdots & a_{2n} \\ \cdots & \cdots & \cdots & \cdots \\ a_{n1} & a_{n2} & \cdots & a_{nn} \end{pmatrix}$，$\boldsymbol{X}=\begin{pmatrix} x_1 \\ x_2 \\ \vdots \\ x_n \end{pmatrix}$.

$\boldsymbol{A}$ 为 n 阶实对称矩阵 $a_{ij}=a_{ji}(i,j=1,2,\cdots,n)$，且 $\boldsymbol{A}$ 与 f 一一对应，称对称矩阵 $\boldsymbol{A}$ 为二次型 f 的矩阵，把 f 称为对称矩阵 $\boldsymbol{A}$ 的二次型，对称矩阵 $\boldsymbol{A}$ 的秩叫做二次型 f 的秩.

标准形　形如 $f(x_1,x_2,\cdots,x_n)=k_1x_1^2+k_2x_2^2+\cdots+k_nx_n^2$ 的二次型称为**二次型的标准形**，$k_i=1,-1,0$ 的标准形称为**二次型的规范形**.

合同矩阵　设 $\boldsymbol{A},\boldsymbol{B}$ 都是 n 阶方阵，若存在可逆矩阵 $\boldsymbol{C}$，使得 $\boldsymbol{C}^{\mathrm{T}}\boldsymbol{AC}=\boldsymbol{B}$ 则称 $\boldsymbol{A}$ 与 $\boldsymbol{B}$ 合同.

合同矩阵的性质

① 若 $\boldsymbol{A}$ 与 $\boldsymbol{B}$ 合同，则 $\boldsymbol{A}$ 与 $\boldsymbol{B}$ 等价.

② 若 $\boldsymbol{A}$ 与 $\boldsymbol{B}$ 合同，则 $R(\boldsymbol{A})=R(\boldsymbol{B})$.

③ 合同关系是一种等价关系，即

ⅰ. 反身性　$\mathbf{A} \cong \mathbf{A}$;

ⅱ. 对称性　若 $\mathbf{A} \cong \mathbf{B}$,则 $\mathbf{B} \cong \mathbf{A}$;

ⅲ. 传递性　若 $\mathbf{A} \cong \mathbf{B}$,$\mathbf{B} \cong \mathbf{C}$,则 $\mathbf{A} \cong \mathbf{C}$.

线性变换　设两组变量 $x_1,x_2,\cdots,x_n$ 和 $y_1,y_2,\cdots,y_n$,有关系

$$\begin{cases} x_1 = c_{11}y_1 + c_{12}y_2 + \cdots + c_{1n}y_n \\ x_2 = c_{21}y_1 + c_{22}y_2 + \cdots + c_{2n}y_n \\ \cdots\cdots\cdots\cdots\cdots\cdots\cdots\cdots \\ x_n = c_{n1}y_1 + c_{n2}y_2 + \cdots + c_{nn}y_n \end{cases}$$

记为 $\boldsymbol{X} = \boldsymbol{CY}$,称为由 $y_1,y_2,\cdots,y_n$ 到 $x_1,x_2,\cdots,x_n$ 的**线性变换**,则其系数矩阵的行列式

$$|\boldsymbol{C}| = \begin{vmatrix} c_{11} & c_{12} & \cdots & c_{1n} \\ c_{21} & c_{22} & \cdots & c_{2n} \\ \cdots & \cdots & \cdots & \cdots \\ c_{n1} & c_{n2} & \cdots & c_{nn} \end{vmatrix} \neq 0$$

则称该线性变换是**可逆的线性变换(非退化线性变换)**.

§ 18.2 线性变换化二次型为标准形

二次型 $f(x_1,x_2,\cdots,x_n)=\boldsymbol{X}^{\mathrm{T}}\boldsymbol{A}\boldsymbol{X}$ 经可逆线性变换 $\boldsymbol{X}=\boldsymbol{C}\boldsymbol{Y}$ 化成 $f=\boldsymbol{Y}^{\mathrm{T}}\boldsymbol{C}^{\mathrm{T}}\boldsymbol{A}\boldsymbol{C}\boldsymbol{Y}$ 仍是二次型. 化二次型为标准形就是对实对称矩阵 $\boldsymbol{A}$ 求可逆矩阵 $\boldsymbol{C}$，使得 $\boldsymbol{C}^{\mathrm{T}}\boldsymbol{A}\boldsymbol{C}=\boldsymbol{\Lambda}$，其中 $\boldsymbol{\Lambda}$ 是对角矩阵.

配方法 若 f 中有平方项，则将该平方项及与其有关的混合项一起配成完全平方，配完全平方后，减少一个变量，最后总的完全平方项的项数少于等于变量的个数.

如果 f 中没有完全平方项，则令

$$\begin{cases} x_1=y_1+y_2 \\ x_2=y_1-y_2 \\ x_3=y_3 \\ \cdots\cdots\cdots\cdots\cdots \\ x_n=y_n \end{cases}$$

使变换后出现平方项，再用前述方法配成完全平方，则可将二次型化为标准形，可逆线性变换矩阵可由所做的变换得到.

正交变换法 对任一 n 元实二次型 $f(x_1,x_2,\cdots,x_n)=\boldsymbol{X}^{\mathrm{T}}\boldsymbol{A}\boldsymbol{X}$ 存在正交变换法

$X = QY$（其中 Q 是 n 阶正交矩阵），使得

$$f(x_1, x_2, \cdots, x_n) = X^{T}AX \underset{\underline{\underline{X=QY}}}{} Y^{T}Q^{T}AQY = \lambda_1 y_1^2 + \lambda_2 y_2^2 + \cdots + \lambda_n^2 y_n^2$$

其中 $\lambda_i (i = 1, 2, \cdots, n)$ 是 A 的特征值，Q 的列向量是 A 的对应于 λ_i 的标准正交特征向量.

用正交变换法化二次型为标准形的步骤

① 写出二次型 f 对应的矩阵 A；

② 求 A 的特征值 λ_i；

③ 求 A 的特征向量 ξ_i；

④ 将重根的特征向量正交化；

⑤ 将所有特征向量单位化，记为 $p_1, p_2, \cdots, p_n$；

⑥ 取 $Q = (p_1, p_2, \cdots, p_n)$，并令 $X = QY$；

⑦ 得 $f(x_1, x_2, \cdots, x_n) = X^{T}AX = Y^{T}Q^{T}AQY = \lambda_1 y_1^2 + \lambda_2 y_2^2 + \cdots + \lambda_n^2 y_n^2$.

惯性定理　设有二次型 $f = X^{T}AX$，它的秩为 r，有两个可逆变换

$$X = CY \text{ 及 } X = QY$$

使 $$f = k_1 y_1^2 + k_2 y_2^2 + \cdots + k_r y_r^2 \ (k_i \neq 0)$$
及 $$f = \lambda_1 y_1^2 + \lambda_2 y_2^2 + \cdots + \lambda_r y_r^2 \ (\lambda_i \neq 0)$$
则 $k_1, k_2, \cdots, k_r$ 中正数的个数与 $\lambda_1, \lambda_2, \cdots, \lambda_r$ 中正数的个数相等. 这里正系数的个数称为二次型的**正惯性指数**,负系数的个数称为二次型的**负惯性指数**.

§ 18.3 正定二次型、正定矩阵

正定二次型、正定矩阵 n 元实二次型 $f(x_1, x_2, \cdots, x_n) = \boldsymbol{X}^{\mathrm{T}}\boldsymbol{A}\boldsymbol{X}$,若对任意 $\boldsymbol{X} \neq 0$ 恒有 $f(\boldsymbol{X}) > 0$,则称 f 为**正定二次型**,并称对称矩阵 $\boldsymbol{A}$ 为**正定矩阵**;恒有 $f(\boldsymbol{X}) < 0$,则称 f 为**负定二次型**,并称对称矩阵 $\boldsymbol{A}$ 为**负定矩阵**;恒有 $f(\boldsymbol{X}) \geqslant 0$,且至少存在一个 $\boldsymbol{X}_0 \neq \boldsymbol{0}$,使得 $f(\boldsymbol{X}_0) = \boldsymbol{X}_0{}^{\mathrm{T}}\boldsymbol{A}\boldsymbol{X}_0 = 0$,则称 f 为**半正定二次型**,并称对称矩阵 $\boldsymbol{A}$ 为**半正定矩阵**. 恒有 $f(\boldsymbol{X}) \leqslant 0$,且至少存在一个 $\boldsymbol{X}_0 \neq \boldsymbol{0}$,使得 $f(\boldsymbol{X}_0) = \boldsymbol{X}_0{}^{\mathrm{T}}\boldsymbol{A}\boldsymbol{X}_0 = 0$,则称 f 为**半负定二次型**,并称对称矩阵 $\boldsymbol{A}$ 为**负正定矩阵**.

若存在 $\boldsymbol{X}_1 \neq 0$,使得 $f(\boldsymbol{X}_1) = \boldsymbol{X}_1{}^{\mathrm{T}}\boldsymbol{A}\boldsymbol{X}_1 > 0$,且存在 $\boldsymbol{X}_2 \neq 0$,使得 $f(\boldsymbol{X}_2) = \boldsymbol{X}_2{}^{\mathrm{T}}\boldsymbol{A}\boldsymbol{X}_2 < 0$,则称 f 为**不定二次型**,并称对称矩阵 $\boldsymbol{A}$ 为**不定矩阵**.

n 元二次型 $f(\boldsymbol{X}) = \boldsymbol{X}^{\mathrm{T}}\boldsymbol{A}\boldsymbol{X}$ 是正定二次型(n 阶矩阵 $\boldsymbol{A}$ 是正定矩阵)

$\Leftrightarrow$ $\boldsymbol{A}$ 的正惯性指数 $p = n$(A 的阶数)$= R(\boldsymbol{A})$

$\Leftrightarrow$ $\boldsymbol{A} \cong \boldsymbol{E}$

$\Leftrightarrow$ $\boldsymbol{A}$ 的全部特征值 $\lambda_i > 0(i = 1,2,\cdots,n)$

$\Leftrightarrow$ 存在可逆矩阵 $\boldsymbol{D}$,使得 $\boldsymbol{A} = \boldsymbol{D}^{\mathrm{T}}\boldsymbol{D}$

$\Leftrightarrow$ A 的顺序主子式大于零,即

$$a_{11} > 0 , \begin{vmatrix} a_{11} & a_{12} \\ a_{21} & a_{22} \end{vmatrix} > 0 , \cdots, \begin{vmatrix} a_{11} & a_{12} & \cdots & a_{1n} \\ a_{21} & a_{22} & \cdots & a_{2n} \\ \cdots & \cdots & \cdots & \cdots \\ a_{n1} & a_{n2} & \cdots & a_{nn} \end{vmatrix} > 0$$

n 元二次型 $f(X) = X^TAX$ 是负定二次型(n 阶矩阵 A 是负定矩阵).

$\Leftrightarrow$ $\boldsymbol{A}$ 的负惯性指数 $p = n$(A 的阶数)$= R(\boldsymbol{A})$.

$\Leftrightarrow$ $\boldsymbol{A} \cong -\boldsymbol{E}$.

$\Leftrightarrow$ $\boldsymbol{A}$ 的全部特征值 $\lambda_i < 0(i = 1,2,\cdots,n)$.

$\Leftrightarrow$ 存在可逆矩阵 $\boldsymbol{D}$,使得 $\boldsymbol{A} = -\boldsymbol{D}^{\mathrm{T}}\boldsymbol{D}$.

$\Leftrightarrow$ $\boldsymbol{A}$ 的奇数阶顺序主子式小于零,偶数阶顺序主子式大于零,即

$$(-1)^r\begin{vmatrix} a_{11} & \cdots & a_{1r} \\ \cdots & \cdots & \cdots \\ a_{r1} & \cdots & a_{rr} \end{vmatrix} > 0(r=1,2,\cdots,n)$$

n 元二次型 $f(X)=X^TAX$ 是半正定二次型(n 阶矩阵 A 是半正定矩阵).

A 的正惯性指数 $p=r<n$

$\Leftrightarrow A \cong \mathrm{diag}(1,\cdots,1,0,\cdots,0)$,1 有 r 个

$\Leftrightarrow A$ 的特征值 $\lambda_i<0$,但至少有一个 λ 等于零

$\Leftrightarrow$ 存在非满秩矩阵 D ,使得 $A=D^TD$

$\Leftrightarrow A$ 的各阶主子式大于等于零,但至少有一个主子式等于零.

本章知识点及其关联网络

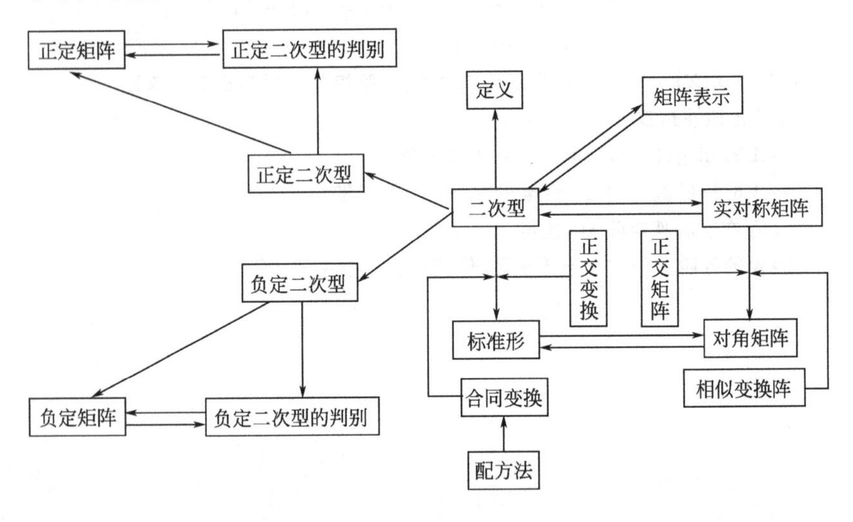

第 19 章　随机事件与概率

§19.1　随机试验

随机现象　在个别试验中其结果呈现出不确定性，在大量重复试验中其结果又具有统计规律性的现象称为随机现象.

随机试验　一个试验如果满足：①可以在相同的条件下重复进行；②每次试验的可能结果不止一个，并且能事先明确所有可能结果；③在每次试验前，不能确定哪一个结果会出现. 则称这样的试验为**随机试验**. 作一次随机试验，就是对随机现象的一次观察或试验. 通常用字母 E 表示.

§19.2　样本空间、随机事件

样本空间与样本点　由随机试验的一切可能结果组成的一个集合，称为**样本空间**，用 S 表示；其中的每个元素称为**样本点**，用 e 表示.

随机事件　样本空间 S 的子集称为**随机事件**，简称**事件**．常用字母 A,B,C 等表示；某个事件 A 发生当且仅当 A 所包含的一个样本点出现．

随机事件包括

① 基本事件　由一个样本点构成的样本空间 S 的单点子集合．

② 复合事件　由多个样本点构成的样本空间 S 的集合．

③ 必然事件　在随机试验中，每次试验必然发生的事件．即样本空间 S 本身，故用 S 表示．

④ 不可能事件　在随机试验中，每次试验都不会发生的事件．即样本空间 S 的空子集用 ϕ 表示．

事件的关系和运算

① 包含　当事件 A 发生时必然导致事件 B 发生，则称 A 包含于 B 或 B 包含 A，记为 $A\subset B$ 或 $B\supset A$．

② 相等　若事件 A 的发生能导致 B 的发生，且 B 的发生也能导致 A 的发生，即 $A\subset B$ 且 $B\subset A$，则称 A 与 B 相等，记为 $A=B$．

③ 和（并）　两个事件 A，B 中至少有一个发生的事件，称为事件 A 与事件 B 的并（或和），记为 $A\cup B$（或 $A+B$）．

④ 积（交）　两个事件 A 与 B 同时发生的事件，称为事件 A 与事件 B 的积（或

交)，记为 $A\cap B$（或 AB）.

⑤ 差　事件 A 发生而事件 B 不发生的事件，称为事件 A 与事件 B 的差，记为 $A-B$.

⑥ 互斥(互不相容)　若事件 A 与 B 不能同时发生，则称 A 与 B 互斥，记为 $AB=\phi$.

⑦ 事件的逆(对立事件)　若 $A\cup B=S$，且 $AB=\phi$ 则称 B 为 A 的逆，记为 $B=\overline{A}$. 以上事件的关系与运算，可以用图 19.1 表示.

事件的运算算律

① 交换律　$A\cup B=B\cup A$；$AB=BA$.

② 结合律　$A\cup(B\cup C)=(A\cup B)\cap C$；$A(BC)=(AB)C$.

③ 分配律　$A\cap(B\cup C)=(AB)\cup(AC)$；$A\cup(BC)=(A\cup B)(A\cup C)$.

④ 德摩根（对偶）律　$\overline{\bigcup_{i=1}^{n} A_i}=\bigcap_{i=1}^{n}\overline{A}_i$（和的逆=逆的积）；

$\overline{\bigcap_{i=1}^{n} A_i}=\bigcup_{i=1}^{n}\overline{A}_i$（积的逆=逆的和）.

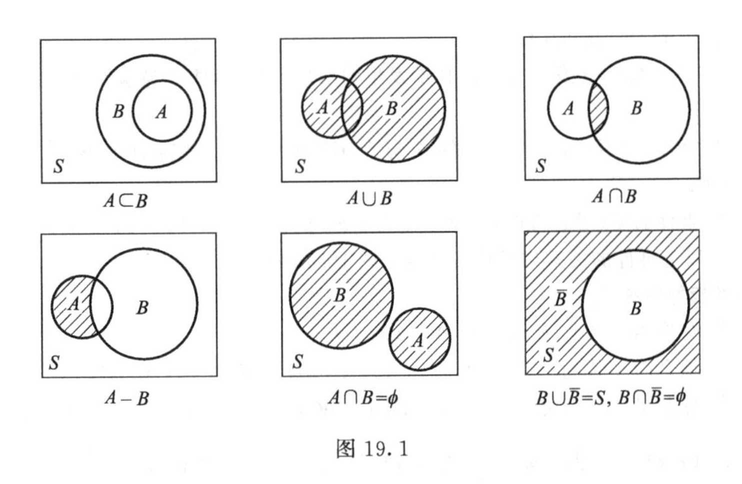

图 19.1

§19.3 频率与概率

频率 在相同的条件下，重复进行了 n 次试验，若事件 A 发生了 n_A 次，则称比

值 $f_n(A)=\frac{n_A}{n}$ 为事件 A 在 n 次试验中出现的频率.

频率的性质

① 非负性　对任意 A，有 $f_n(A)\geqslant 0$；

② 规范性　$f_n(S)=1$；

③ 可加性　若 A，B 两两互斥，则 $f_n(A\cup B)=f_n(A)+f_n(B)$.

推广：若事件 $A_1,A_2,\cdots,A_k$ 两两互斥，则 $f_n(\bigcup_{i=1}^{k}A_i)=\sum_{i=1}^{k}f_n(A_i)$.

概率的统计定义　在相同的条件下，独立重复的作 n 次试验，当试验次数 n 很大时，如果某事件 A 发生的频率 $f_n(A)$ 稳定地在 $[0, 1]$ 上的某一数值 p 附近摆动，而且一般来说随着试验次数的增多，这种摆动的幅度会越来越小，则称数值 p 为事件 A 发生的**概率**，记为 $P(A)=p$.

概率的公理化定义　设随机试验 E 的样本空间为 S，对于 E 中的每一个事件 A 赋予一个实数，记为 $P(A)$，称 $P(A)$ 为事件 A 的概率，如果它满足下列条件：

① 非负性　对任意 A，$0\leqslant P(A)\leqslant 1$；

② 规范性　$P(S)=1$；

③ 可列可加性（完全可加性）　对于两两互斥的事件 $A_1, A_2, \cdots$，有

$$P\left(\bigcup_{i=1}^{\infty} A_i\right) = \sum_{i=1}^{\infty} P(A_i)$$

则称实数 $p(A)$ 为事件 A 的概率.

概率的性质

① $P(\phi) = 0$；

② 有限可加性　若 $A_1, A_2, \cdots, A_n$ 两两互不相容，则有 $P\left(\bigcup_{i=1}^{n} A_i\right) = \sum_{i=1}^{n} P(A_i)$；

③ 对任意事件 A，有 $P(\overline{A}) = 1 - P(A)$；

④ $P(A\overline{B}) = P(A - B) = P(A) - P(AB)$，若 $B \subset A$，则 $P(A - B) = P(A) - P(B)$，且 $P(B) \leqslant P(A)$；

⑤ 加法公式　对任意的事件 A, B 有 $P(A \cup B) = P(A) + P(B) - P(AB)$，对任意三事件 A, B, C 有

$$P(A\cup B\cup C)=P(A)+P(B)+P(C)-P(AB)-P(AC)-P(BC)+P(ABC)$$

推广：若有 n 个事件 $A_1,A_2,\cdots,A_n$，有

$$P(\bigcup_{i=1}^{n}A_i)=\sum_{i=1}^{n}P(A_i)-\sum_{i\neq j}P(A_iA_j)+\sum_{i\neq j\neq k}P(A_iA_jA_k)-\cdots+(-1)^{n-1}P(A_1A_2\cdots A_n).$$

§19.4 等可能概型（古典概率）

古典概型 若随机试验满足：

① 有限性 样本空间中只有有限个样本点，即 $S=\{e_1,e_2,\cdots,e_n\}$；

② 等可能性 样本点的发生是等可能的，即 $P(e_1)=P(e_2)=\cdots=P(e_n)$.

具有这两个特征的随机试验所对应的数学模型称为**等可能概型**（或古典概型）.

概率的计算公式 $P(A)=\dfrac{k}{n}$，其中 k 为事件 A 包含的样本点的个数，n 为样本空间 S 中样本点的总数.

古典概率的性质

① 非负性 对任意事件 A，$P(A)\geqslant 0$；

② 规范性 $P(S)=1$；

③ 可加性 若 A，B 互斥，则 $P(A\cup B)=P(A)+P(B)$；

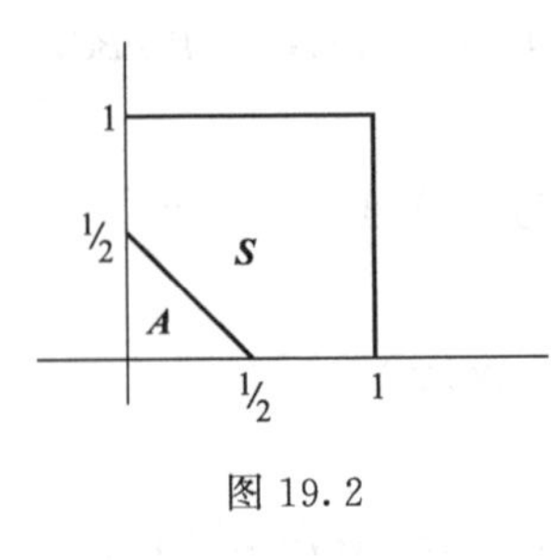

图 19.2

④ $P(\phi)=0$；

⑤ $P(\overline{A})=1-P(A)$.

几何概率 若随机试验具有下列两个特征．

① 样本空间是 n 维欧氏空间 R^n 的子集，即样本点有无穷多个；

② 每一个样本点在样本空间中是“均匀分布”的(其中“均匀分布”的具体含义是：由样本点构成的子集所对应的随机事件发生的可能性大小与子集的几何度量结果成正比，而与该子集的几何形状及其在样本空间中的位置无关)．

具有这两个特征的随机试验所对应的数学模型称为几何概型．

在几何概型中，随机事件 A 的概率计算公式为 $P(A)=\frac{\mu(A)}{\mu(S)}$.

其中 $\mu(A),\mu(S)$ 分别表示 A 及 S 在 $\mathbf{R}^n$ 中的度量，如长度、面积、体积等．

例设 $S\subset\mathbf{R}^2$，S 是正方形区域，

A 是三角形区域，如图 19.2 所示，则

$$P(A)=\frac{A\text{面积}}{S\text{的面积}}=\frac{1}{8}.$$

§19.5 条件概率

条件概率定义 设A,B是两个随机事件，且$P(B)>0$，称$P(A\mid B)=\dfrac{P(AB)}{P(B)}$为在事件$B$发生条件下事件$A$发生的**条件概率**.

条件概率的性质

① 对任意事件A，有$0\leqslant P(A\mid B)\leqslant 1$；

② $P(\phi\mid B)=0$，$P(S\mid B)=1$；

③ $P(\overline{A}\mid B)=1-P(A\mid B)$；

④ 对于两两互斥的事件$A_1,A_2,\cdots$，有$P(\bigcup\limits_{i=1}^{\infty}A_i\mid B)=\sum\limits_{i=1}^{\infty}P(A_i\mid B)$；

⑤ 对于任意事件A_1,A_2，有$P(A_1\cup A_2\mid B)=P(A_1\mid B)+P(A_2\mid B)-P(A_1A_2\mid B)$.

注：条件概率中的条件事件B起着样本空间的作用，被称为缩小的样本空间.

乘法公式 由条件概率的定义得

$$P(AB)=P(B)P(A\mid B)\ (P(B)>0)$$

$$P(AB) = P(A)P(B \mid A) \quad (P(A) > 0)$$

一般地，对任意 n 个事件 $A_1, A_2, \cdots, A_n$ ，$n \geqslant 2$ ，若 $P(A_1A_2\cdots A_{n-1}) > 0$，则

$$P(A_1A_2\cdots A_n) = P(A_1)P(A_2 \mid A_1)P(A_3 \mid A_1A_2)\cdots P(A_n \mid A_1A_2\cdots A_{n-1})$$

划分（完备事件组） 设 S 为试验 E 的样本空间，$A_1, A_2, \cdots, A_n$ 是 S 的一组事件．若 $\bigcup_{i=1}^{n} A_i = S$ ，且 $A_iA_j = \phi$ ，$i \neq j, i, j = 1, 2, \cdots, n$ ，则称 $A_1, A_2, \cdots, A_n$ 为 S 的一个划分（或完备事件组或分割）．

全概率公式 设 S 为试验 E 的样本空间，B 为 E 的事件，$A_1, A_2, \cdots, A_n$ 是 S 的一个划分，且 $P(A_i) > 0$（$i = 1, 2, \cdots, n$），则有

$$P(B) = \sum_{i=1}^{n} P(A_i)P(B \mid A_i)$$

贝叶斯公式（Bayes）（逆概率公式） 设 S 为试验 E 的样本空间，B 为 E 的事件，$A_1, A_2, \cdots, A_n$ 是 S 的一个划分，且 $P(B) > 0, P(A_i) > 0$（$i = 1, 2, \cdots, n$），则有

$$P(A_j \mid B) = \frac{P(A_j)P(B \mid A_j)}{\sum_{i=1}^{n} P(A_i)P(B \mid A_i)} \quad j = 1, 2, \cdots, n$$

§ 19.6 独立性

两事件的独立性 若 $P(A \mid B)=P(A)$，则称事件 A,B 相互独立.

① 事件 A,B 相互独立的充分必要条件是 $P(AB)=P(A)P(B)$；

② 若事件 A,B 独立，则 A 与 $\overline{B}$，$\overline{A}$ 与 B，$\overline{A}$ 与 $\overline{B}$ 都相互独立；

③ 在 $P(A)>0$，$P(B)>0$ 的情况下，A,B 相互独立和 A,B 互斥不能同时成立.

三事件的独立性

① 三事件两两独立 设 A，B，C 是三事件，如果满足

$$\begin{cases} P(AB)=P(A)P(B), \\ P(AC)=P(A)P(C), \\ P(BC)=P(B)P(C), \end{cases}$$

则称三事件 A,B,C 两两独立.

② 三事件相互独立 设 A,B,C 是三事件，如果满足

$$\begin{cases} P(AB)=P(A)P(B), \\ P(AC)=P(A)P(C), \\ P(BC)=P(B)P(C), \\ P(ABC)=P(A)P(B)P(C), \end{cases}$$

则称 A,B,C 是相互独立的事件.

注：三事件 A,B,C 两两独立未必相互独立．

n 个事件的相互独立性　设 $A_1,A_2,\cdots,A_n$ 是 n 个事件，如果对于其中任意 $k(1<k\leqslant n)$ 个不同的事件，它们乘积的概率都等于各事件概率的乘积，则称事件 $A_1,A_2,\cdots,A_n$ 相互独立．

① 在上述 n 个事件相互独立的定义中所包含的等式总数为 $\binom{n}{2}+\binom{n}{3}+\cdots+\binom{n}{n}=2^n-n-1$；

② 若事件 $A_1,A_2,\cdots,A_n$ 相互独立，则其中任意 $k(1<k\leqslant n)$ 个事件也相互独立；

③ 若 n 个事件 $A_1,A_2,\cdots,A_n$ 相互独立，则将 $A_1,A_2,\cdots,A_n$ 中任意多个事件换成它们的对立事件，则所得的 n 个事件仍相互独立．

本章知识点及其关联网络

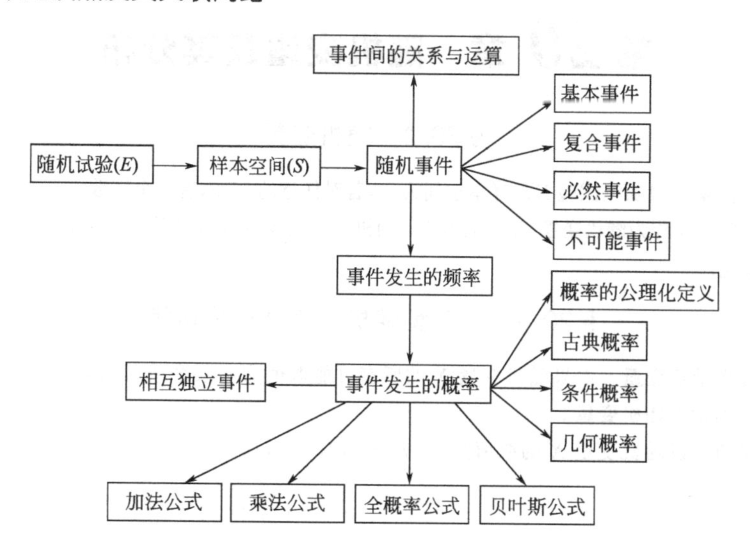

第 20 章　随机变量及其分布

§20.1　随机变量

随机变量　设随机试验 E 的样本空间为 S，若对任意的 $e \in S$，有一个实数 $X(e)$ 与之对应，则 $X(e)$ 称为**随机变量**，并简记为 X. 随机变量主要有离散型随机变量和连续型随机变量.

§20.2　离散型随机变量及其分布律

离散型随机变量　如果随机变量 X 的所有可能取值为有限个或可列无限个，则称 X 为**离散型随机变量**.

分布律　设随机变量 X 的取值为 $x_k(k=1,2,\cdots)$，且

$$P(X=x_k)=p_k, k=1,2,\cdots \tag{20.1}$$

如果满足：① $p_k \geqslant 0, k=1,2,\cdots$；② $\sum_{k=1}^{\infty} p_k = 1$．则称式(20.1)为随机变量 X 的**概率分布（或分布律）**，其表格形式为

X	x_1	x_2	$\cdots$	x_n	$\cdots$
p_k	p_1	p_2	$\cdots$	p_n	$\cdots$

常见的离散型分布

① （0-1）分布　若 $P(X=k)=p^k(1-p)^{1-k}, k=0,1$，则称 X 服从（0-1）分布或两点分布，记为 $X \sim (0\text{-}1)$，其表格形式为

X	0	1
p_k	$1-p$	p

② 二项分布　若 $P(X=k)=C_n^k p^k(1-p)^{n-k}, k=0,1,\cdots,n$，则称 X 服从二项分布，记为 $X \sim B(n,p)$

注：$n=1$ 时，二项分布转化为（0-1）分布；事实上，二项分布是 n 个相互独立的（0-1）分布的和；（0-1）分布是二项分布的特例；当 $k=[(n+1)p]$ 时，二项分布的概率达到最大值．

③ 泊松分布　若 $P(X=k)=\dfrac{\lambda^k e^{-\lambda}}{k!}, k=0,1,\cdots,\lambda>0$，则称 X 服从泊松分布，记为 $X\sim\pi(\lambda)$

$$\lim_{n\to+\infty} C_n^k p_n^k (1-p_n)^{n-k}=\frac{\lambda^k e^{-\lambda}}{k!}, k=0,1,\cdots.$$

④ 超几何分布　若 $P(X=k)=\dfrac{C_M^k C_{N-M}^{n-k}}{C_N^n}$，$k=1,2,\cdots,l$，$l=\min\{n,M\}$，称 X 服从超几何分布，记为 $X\sim H(n,M,N)$.

⑤ 几何分布　若 $P(X=k)=p(1-p)^{k-1}, k=1,2,\cdots$，则称 X 服从几何分布.

§20.3　随机变量的分布函数

分布函数的定义　对于任何实数 x，随机变量 X 取值不超过 x 的概率 $P\{X\leqslant x\}$ 称为随机变量 X 的**累积分布函数**（简称分布函数），记为 $F(x)=P\{X\leqslant x\}$，$-\infty<x<+\infty$.

分布函数的性质

① $F(x)$ 是一个单调不减函数，即对于任意的 $a<b$，有 $F(a)\leqslant F(b)$；

② $0\leqslant F(x)\leqslant 1$，$F(-\infty)=0, F(+\infty)=1$；

③ $F(x)$ 是右连续函数，即对于任意给定的 x，使 $F(x+0)=F(x)$.

离散型随机变量的分布函数 设离散型随机变量 X 有分布律 $P(X=x_k)=p_k$，$k=1,2,\cdots$，则 X 的分布函数 $F(x)=P\{X\leqslant x\}=\sum\limits_{x_i\leqslant x}P(X=x_i)=\sum\limits_{x_i\leqslant x}p_i$

§20.4 连续型随机变量及其概率密度

连续型随机变量 如果对于随机变量 X 的分布函数 $F(x)$，存在一个非负函数 $f(x)$，使对于任意实数 x 有 $F(x)=P\{X\leqslant x\}=\int_{-\infty}^{x}f(t)\mathrm{d}t$，则称 X 为**连续型随机变量**，其中 $f(x)$ 称为 X 的**概率密度函数**，简称**概率密度**.

连续型随机变量的性质

① $f(x)\geqslant 0$；

② $\int_{-\infty}^{+\infty}f(x)\mathrm{d}x=1$；

③ $P\{a<X\leqslant b\}=\int_{a}^{b}f(x)\mathrm{d}x\ (b\geqslant a)$；

④ $F'(x)=f(x)$（在 $f(x)$ 的连续点处）；

⑤ 对于任意指定实数 a，$P\{X=a\}=0$；

⑥ $F(x)$ 是连续函数.

常见的连续型分布

① 均匀分布　$X \sim U[a,b]$

$$f(x)=\begin{cases}\dfrac{1}{b-a}, & a \leqslant x \leqslant b, \\ 0, & \text{其他}.\end{cases} \quad F(x)=\begin{cases}0, & x<a \\ \dfrac{x-a}{b-a}, & a \leqslant x<b \\ 1, & x \geqslant b\end{cases}$$

$f(x)$ 的图形如图 20.1 所示．

注：若随机变量 $X \sim U[a,b]$，则 X 落在区间 (a,b) 的任一子区间内的概率，与该子区间的长度成正比，而与子区间的位置无关．即

$(c,c+l) \subset (a,b)$，则 $P\{c \leqslant X \leqslant c+l\}=\dfrac{l}{b-a}$，这就是“均匀”的含义．

② 指数分布　$X \sim Exp(\lambda)$，其中 $\lambda>0$

$$f(x)=\begin{cases}\lambda \mathrm{e}^{-\lambda x}, & x>0, \\ 0, & x \leqslant 0.\end{cases} \quad F(x)=\begin{cases}1-\mathrm{e}^{-\lambda x}, & x>0 \\ 0, & x \leqslant 0\end{cases}$$

性质　无记忆性，即对于任意实数 s,t，都有 $P\{X>s+t \mid X>s\}=P\{X>t\}$．

$f(x)$ 的图形如图 20.2 所示．

③ 正态分布　$X \sim N(\mu,\sigma^2)$，其中 $-\infty<\mu<+\infty$，$\sigma>0$，

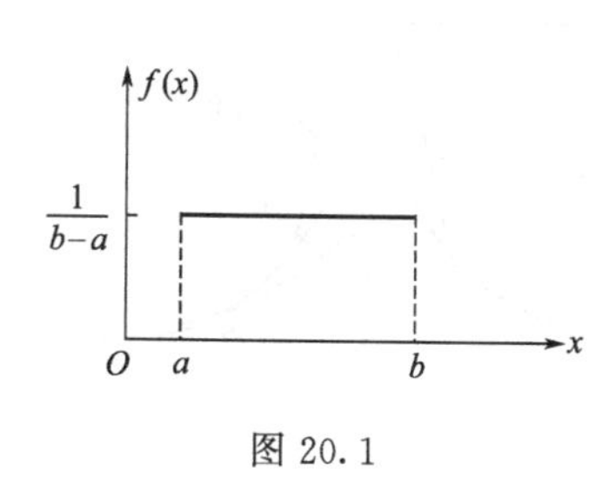

图 20.1

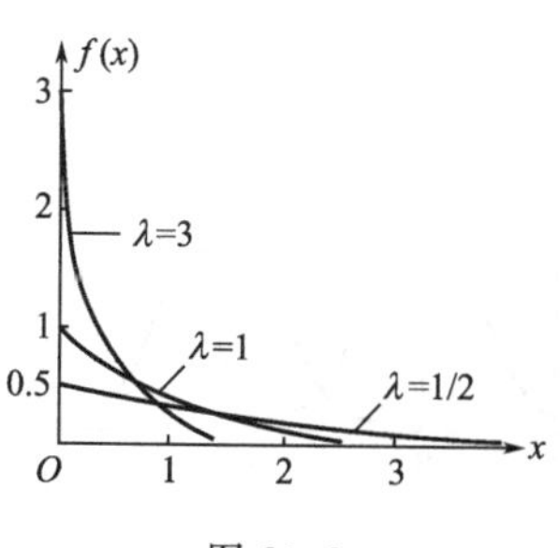

图 20.2

$$f(x)=\frac{1}{\sqrt{2\pi}\sigma}\mathrm{e}^{-\frac{(x-\mu)^2}{2\sigma^2}}\ ,\ F(x)=\frac{1}{\sqrt{2\pi}\sigma}\int_{-\infty}^{x}\mathrm{e}^{-\frac{(x-\mu)^2}{2\sigma^2}}\mathrm{d}x\ ,\ -\infty<x<+\infty$$

性质　曲线 f（x）关于 μ 对称，μ 决定曲线 f（x）的位置，σ 决定曲线 f（x）的形状（图 20.3）。

标准正态分布　$\mu=0,\sigma=1$ 时，记为 $N(0,1)$．

标准正态分布的概率密度　$\varphi(x)=\frac{1}{\sqrt{2\pi}}\mathrm{e}^{-\frac{x^2}{2}}$，$\varphi(x)$ 的图形如图 20.4 所示．

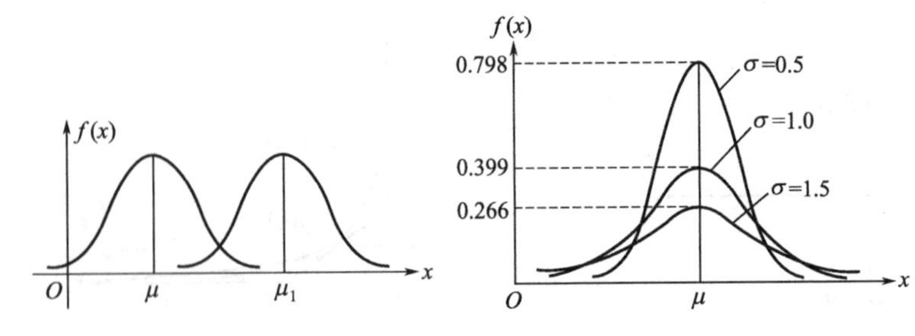

图 20.3

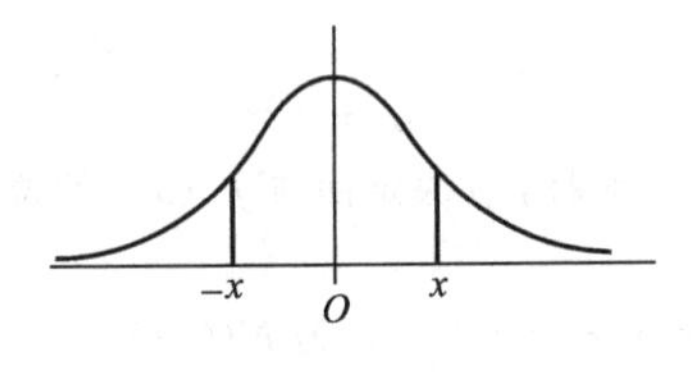

图 20.4

标准正态分布的分布函数　$\Phi(x)=\int_{-\infty}^{x}\frac{1}{\sqrt{2\pi}}e^{-\frac{x^2}{2}}dx$，$\Phi(-x)=1-\Phi(x)$.

标准正态分布的上 α 分位点　若 $X\sim N(0,1)$，对给定的 α，$0<\alpha<1$，称满足 $P\{X>u_\alpha\}=\alpha$ 的 u_α 是 $N(0,1)$ 分布的上 α 分位点，如图 20.5 所示

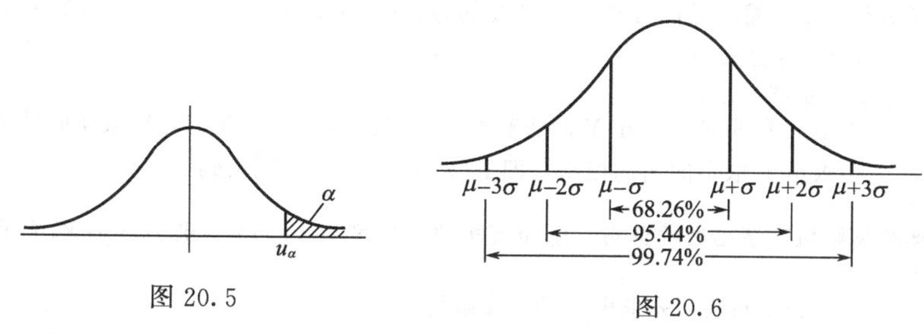

图 20.5　　图 20.6

正态分布的重要性质

① 若 $X\sim N(\mu,\sigma^2)$，则 $\frac{X-\mu}{\sigma}\sim N(0,1)$，此称为对随机变量 X 的标准化；

② $P\{X\leqslant x\}=\Phi\left(\frac{x-\mu}{\sigma}\right)$，$P\{x_1<X\leqslant x_2\}=\Phi\left(\frac{x_2-\mu}{\sigma}\right)-\Phi\left(\frac{x_1-\mu}{\sigma}\right)$；

③ $P\{|X-\mu|\leqslant\sigma\}=2\Phi(1)-1=0.6826$，$P\{|X-\mu|\leqslant 2\sigma\}=2\Phi(2)-1=0.9544$，$P\{|X-\mu|\leqslant 3\sigma\}=2\Phi(3)-1=0.9974$，此式称为“$3\sigma$法则”，如图 20.6 所示.

§20.5 随机变量函数的分布

离散型随机变量函数的分布 已知 X 的分布律 $P(X=x_k)=p_k,k=1,2,\cdots$，求 $Y=g(X)$ 的分布律.

列举法，步骤如下：

① 由 X 的取值，求出 Y 的所有取值（包括 X 取不同值时，Y 取相同的值）；

② 求出 Y 取不同值的概率，即 $P\{Y=y_j\}=\sum\limits_{y_j=g(x_i)} p_i$.

连续型随机变量函数的分布 已知 X 的概率密度为 $f_X(x)$，求 $Y=g(X)$ 的概率密度.

① 分布函数法 先求出 Y 的分布函数：

$$F_Y(y)=P\{Y\leqslant y\}=P\{g(X)\leqslant y\}=\int_{g(x)\leqslant y} f_X(x)\mathrm{d}x;$$

再求出 Y 的概率密度：$f(y)=F_Y(y)'$（连续点处）.

② 公式法 设 X 的密度函数为 $f_X(x)$，当 $Y=g(X)$ 在 (a,b) 上单调、可导时，Y 的密度函数为

$$f_Y(y)=\begin{cases} f_X[h(y)]\,|h'(y)|, & \alpha<y<\beta \\ 0, & \text{其他} \end{cases}$$

其中 $h(y)$ 是 $g(x)$ 的反函数，$\alpha=\min\{g(a),g(b)\}$，$\beta=\max\{g(a),g(b)\}$.

结论

① 若 $X\sim N(\mu,\sigma^2)$，则 $aX+b\sim N(a\mu+b,a^2\sigma^2)$，$a\neq 0$；

② 若 $X\sim N(0,1)$，则 $X^2\sim \chi^2(1)$；

③ 若 $X\sim U(a,b)$，则 $cX+d\sim U(ac+d,bc+d)$；

④ 若 $X\sim Exp(\lambda)$，则 $aX\sim Exp\left(\frac{\lambda}{a}\right)$.

本章知识点及其关联网络

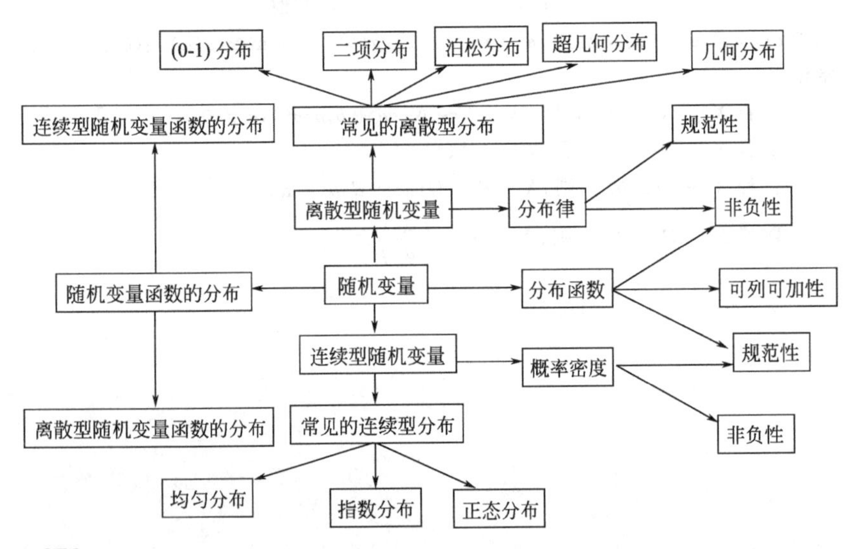

第 21 章 多维随机变量

§21.1 二维随机变量

二维随机变量定义 设随机试验 E 的样本空间为 S，若对于任意的 $e\in S$，有两个实数 $X(e)$ 和 $Y(e)$ 与之对应，则它们构成的随机向量 (X,Y) 称为**二维随机向量或二维随机变量**.

联合分布函数

① 定义 设二维随机变量 (X,Y)，对于任何实数 x 和 y，二元函数

$$F(x,y)=P\{(X\leqslant x)\cap(Y\leqslant y)\}=P\{X\leqslant x,Y\leqslant y\}$$

称为 (X,Y) 的**联合分布函数**，简称**分布函数**.

② 性质

ⅰ. $0\leqslant F(x,y)\leqslant 1$;

ⅱ. $F(-\infty, y)=0, F(x,-\infty)=0, F(-\infty,-\infty)=0, F(+\infty,+\infty)=1$；

ⅲ. $F(x,y)$ 关于变量 x 和 y 分别为单调不减函数；

ⅳ. $F(x,y)$ 关于变量 x 和 y 分别为右连续函数；

ⅴ. 对于任意实数 $x_1 < x_2$ ，$y_1 < y_2$ 有

$P\{x_1 < X \leqslant x_2, y_1 < Y \leqslant y_2\} = F(x_2, y_2) - F(x_2, y_1) - F(x_1, y_2) + F(x_1, y_1) \geqslant 0$.

二维离散型随机变量

① 定义　若二维随机变量 (X,Y) 的全部可能取值为有限对或可列无限对，则称 (X,Y) 为二维离散型随机变量.

② 分布律　已知 $p_{ij} = P\{X = x_i, Y = y_j\}$ ，且满足

ⅰ. 非负性 $p_{ij} \geqslant 0$，$i,j=1$，$2\cdots$；ⅱ. 规范性 $\sum\limits_{i=1}^{\infty} \sum\limits_{j=1}^{\infty} p_{ij} = 1$.

则称 $p_{ij} = P\{X = x_i, Y = y_j\}$ 为二维随机变量 (X,Y) 的**分布律**，或随机变量 X 和 Y 的联合分布律，表格形式为

Y \ X	x_1	x_2	$\cdots$	x_i	$\cdots$
y_1	p_{11}	p_{21}	$\cdots$	p_{i1}	$\cdots$
y_2	p_{12}	p_{22}	$\cdots$	p_{i2}	$\cdots$
$\vdots$	$\vdots$	$\vdots$		$\vdots$	
y_j	p_{1j}	p_{2j}	$\cdots$	p_{ij}	$\cdots$
$\vdots$	$\vdots$	$\vdots$		$\vdots$	

二维离散型随机变量 (X,Y) 的分布函数 $F(x,y)=\sum\limits_{x_i\leqslant x}\sum\limits_{y_j\leqslant y}p_{ij}$.

二维连续型随机变量

① 定义　对于二维随机变量 (X,Y)，如果存在非负函数 $f(x,y)$，使得 (X,Y) 的分布函数

$$F(x,y)=\int_{-\infty}^{y}\int_{-\infty}^{x}f(u,v)\,\mathrm{d}u\mathrm{d}v$$

则称 (X,Y) 为**二维连续型随机变量**，其中 $f(x,y)$ 称为 (X,Y) 的**联合概率密度函数**.

② 性质

ⅰ. $f(x,y) \geqslant 0$；

ⅱ. $\int_{-\infty}^{\infty}\int_{-\infty}^{\infty} f(x,y)\mathrm{d}x\mathrm{d}y = 1$；

ⅲ. 若 $f(x,y)$ 在点 (x,y) 连续，则有 $\frac{\partial^2 F(x,y)}{\partial x \partial y} = f(x,y)$；

ⅳ. $P\{(X,Y) \in G\} = \iint\limits_G f(x,y)\mathrm{d}x\mathrm{d}y$；

ⅴ. $F(x,y)$ 是 x,y 的连续函数．

§21.2 边缘分布

边缘分布函数 (X,Y) 关于 X,Y 的边缘分布函数分别为

$$F_X(x) = F(x,+\infty) = \lim_{y \to +\infty} F(x,y), \quad F_Y(y) = F(+\infty,y) = \lim_{x \to +\infty} F(x,y)$$

边缘分布律 离散型随机变量 (X,Y) 关于 X,Y 的边缘分布律分别为

$$P\{X = x_i\} = \sum_{j=1}^{\infty} p_{ij} = p_{i\cdot}, \quad i = 1,2,\cdots$$

$$P\{Y = y_j\} = \sum_{i=1}^{\infty} p_{ij} = p_{\cdot j}, \quad j = 1,2,\cdots$$

边缘概率密度 连续型随机变量(X,Y)关于X,Y的边缘概率密度分别为

$$f_X(x)=\int_{-\infty}^{\infty}f(x,y)\mathrm{d}y$$

$$f_Y(y)=\int_{-\infty}^{\infty}f(x,y)\mathrm{d}x$$

§21.3 条件分布

条件分布律 设离散型随机变量(X,Y)，对于固定的j，若$P\{Y=y_j\}>0$，则称

$$P\{X=x_i\mid Y=y_j\}=\frac{P\{X=x_i,Y=y_j\}}{P\{Y=y_j\}}=\frac{p_{ij}}{p_{\cdot j}},\ i=1,2,\cdots$$

为在$Y=y_j$条件下随机变量X的**条件分布律**.

同样，对于固定的i，若$P\{X=x_i\}>0$，则称

$$P\{Y=y_j\mid X=x_i\}=\frac{P\{X=x_i,Y=y_j\}}{P\{X=x_i\}}=\frac{p_{ij}}{p_{i\cdot}},\ j=1,2,\cdots$$

为在$X=x_i$条件下随机变量Y的**条件分布律**.

条件概率密度　设连续型随机变量 (X,Y)，若对于固定的 y，$f_Y(y)>0$，则称

$$f_{X|Y}(x \mid y)=\frac{f(x,y)}{f_Y(y)}$$

为在 $Y=y$ 条件下随机变量 X 的**条件概率密度**.

同样有

$$f_{Y|X}(y \mid x)=\frac{f(x,y)}{f_X(x)}$$

§21.4　相互独立的随机变量

二维随机变量相互独立的定义　设 $F(x,y)$ 及 $F_X(x)$,$F_Y(y)$ 分别是二维随机变量 (X,Y) 的联合分布函数及边缘分布函数，若对任意的 $x,y\in\mathbf{R}$，有

$$F(x,y)=F_X(x)\cdot F_Y(y)$$

则称随机变量 X 与 Y 相互独立.

随机变量相互独立的判别方法

① 若 (X,Y) 是离散型随机变量，X，Y 相互独立 $\Leftrightarrow$ 对于 (X,Y) 的所有可能取的值 (x_i,y_j)，有

$$P(X=x_i, Y=y_i)=P(X=x_i)\cdot P(Y=y_i),$$

即
$$p_{ij}=p_{i\cdot}\cdot p_{\cdot j}$$

② 若 (X,Y) 是连续型随机变量，X，Y 相互独立 $\Leftrightarrow$ 对于任意给定的 $x,y\in\mathbf{R}$，有

$$f(x,y)=f_X(x)f_Y(y)$$

在平面上几乎处处成立．

③ 分布函数法，X，Y 相互独立 $\Leftrightarrow$ 对于任意给定的 $x,y\in\mathbf{R}$，有

$$F(x,y)=F_X(x)\cdot F_Y(y)$$

两个重要的二维分布

① 二维均匀分布　设 D 是平面上的有界区域，其面积为 S，若二维随机变量 (X,Y) 具有概率密度

$$f(x,y)=\begin{cases}\dfrac{1}{S}, & (x,y)\in D\\ 0, & \text{其他}\end{cases}$$

则称 (X,Y) 在 D 上服从均匀分布．

性质：

ⅰ. (X,Y) 落在 $D_1 \subset D$ 内的概率，与 D_1 的面积成正比，而与 D_1 的位置无关，即若 D_1 的面积为 S_1，D 的面积为 S，则 $P\{(X,Y) \in D_1\} = \frac{S_1}{S}$（这是“均匀”的含义）；

ⅱ. 若 D 是平面上的矩形区域（矩形的边平行于坐标轴），二维均匀分布的边缘分布也是均匀分布，且 X,Y 相互独立.

② 二维正态分布　如果 (X,Y) 的概率密度为

$$f(x,y) = \frac{1}{2\pi\sigma_1\sigma_2\sqrt{1-\rho^2}} \mathrm{e}^{\left\{\frac{-1}{2(1-\rho^2)}\left[\frac{(x-\mu_1)^2}{\sigma_1^2} - 2\rho\frac{(x-\mu_1)(y-\mu_2)}{\sigma_1\sigma_2} + \frac{(y-\mu_2)^2}{\sigma_2^2}\right]\right\}}$$

其中 $\mu_1,\mu_2 \in R, \sigma_1 > 0, \sigma_2 > 0, |\rho| \leqslant 1$ 是常数，则称 (X,Y) 服从参数为 $\mu_1,\mu_2,\sigma_1,\sigma_2,\rho$ 的**二维正态分布**，记为 $(X,Y) \sim N(\mu_1,\mu_2,\sigma_1^2,\sigma_2^2,\rho)$.

性质：

ⅰ. 若 $(X,Y) \sim N(\mu_1,\mu_2,\sigma_1^2,\sigma_2^2,\rho)$，则 $X \sim N(\mu_1,\sigma_1^2)$，$Y \sim N(\mu_2,\sigma_2^2)$；

ⅱ. 若 $(X,Y) \sim N(\mu_1,\mu_2,\sigma_1^2,\sigma_2^2,\rho)$，则 X 和 Y 相互独立的充分必要条件为 $\rho = 0$；

ⅲ. 若 X 和 Y 相互独立，$\mu_1=0,\mu_2=0,\sigma_1^2=1,\sigma_2^2=1$，此时称为二维标准正态分布，概率密度为 $f(x,y)=\dfrac{1}{2\pi}e^{-\frac{1}{2}(x^2+y^2)}$，记为 $(X,Y)\sim N(0,0,1,1,0)$.

§21.5 二维随机变量的函数的分布

$Z=X+Y$ 的分布（二维随机变量和的分布）

① 离散型随机变量　已知 (X,Y) 的联合分布律 $P\{X=x_i,Y=y_j\}=p_{ij}$，$i,j=0,1,2,\cdots$，则 $Z=X+Y$ 的分布律为

$$P\{Z=z_k\}=P\{X+Y=z_k\}=\sum_{x_i+y_j=z_k}p_{ij}\ ,k=0,1,2,\cdots$$

若 X 和 Y 相互独立，则

$$P\{Z=z_k\}=P\{X+Y=z_k\}=\sum_i P\{X=x_i\}P\{Y=z_k-x_i\}$$

或　$$P\{Z=z_k\}=\sum_j P\{X=z_k-y_j\}P\{Y=y_j\}$$

结论　若 $X\sim\pi(\lambda_1),Y\sim\pi(\lambda_2)$，$X$ 和 Y 相互独立，则 $Z=X+Y\sim\pi(\lambda_1+\lambda_2)$；若 $X\sim B(n_1,p),Y\sim B(n_2,p)$，$X$ 和 Y 相互独立，则 $Z=X+Y\sim B(n_1+n_2,$

$p)$.

以上结论可推广到有限 $n(n>2)$ 个相互独立随机变量的情形.

② 连续型随机变量　已知 (X,Y) 的联合概率密度 $f(x,y)$，则 $Z=X+Y$ 的概率密度为

$$f_Z(z)=\int_{-\infty}^{+\infty}f(z-y,y)\mathrm{d}y \text{ 或 } f_Z(z)=\int_{-\infty}^{+\infty}f(x,z-x)\mathrm{d}x$$

当 X 和 Y 相互独立时，得卷积公式，

$$f(z)=f_X*f_Y=\int_{-\infty}^{+\infty}f_X(z-y)f_Y(y)\mathrm{d}y=\int_{-\infty}^{+\infty}f_X(x)f_Y(z-x)\mathrm{d}x$$

$M=\max\{X,Y\}$ 及 $N=\min\{X,Y\}$ 的分布（两个随机变量的最大最小分布）

若 X 和 Y 相互独立，则

$$F_M(z)=F_X(z)F_Y(z)\text{，}F_N(z)=1-[1-F_X(z)][1-F_Y(z)]$$

推广：若 $X_1,X_2,\cdots,X_n$ 相互独立，$M=\max\{X_1,X_2,\cdots,X_n\}$，$n=\min\{X_1,X_2,\cdots,X_n\}$，则

$$F_M(z)=F_{X_1}(z)\cdot F_{X_2}(z)\cdots F_{X_n}(z)$$

$$F_N(z)=1-[1-F_{X_1}(z)][1-F_{X_2}(z)]\cdots[1-F_{X_n}(z)]$$

若 $X_1,X_2,\cdots,X_n$ 相互独立且具有相同的分布函数 $F(x)$，则

$$F_M(z)=[F(z)]^n,\ F_N(z)=1-[1-F(z)]^n$$

结论

① 若 X 和 Y 相互独立，且 $X\sim Exp(\lambda_1),Y\sim Exp(\lambda_2)$，$N=\min\{X,Y\}$，则 $N\sim Exp(\lambda_1+\lambda_2)$.

② 若 $X_i\sim Exp(\lambda_i),i=1,2,\cdots,n$，$X_1,X_2,\cdots,X_n$ 相互独立，$N=\min\{X_1,X_2,\cdots,X_n\}$，则 $N\sim Exp(\lambda_1+\lambda_2+\cdots+\lambda_n)$；当 $\lambda_1=\lambda_2=\cdots=\lambda_n=\lambda$ 时，$N\sim Exp(n\lambda)$.

本章知识点及其关联网络

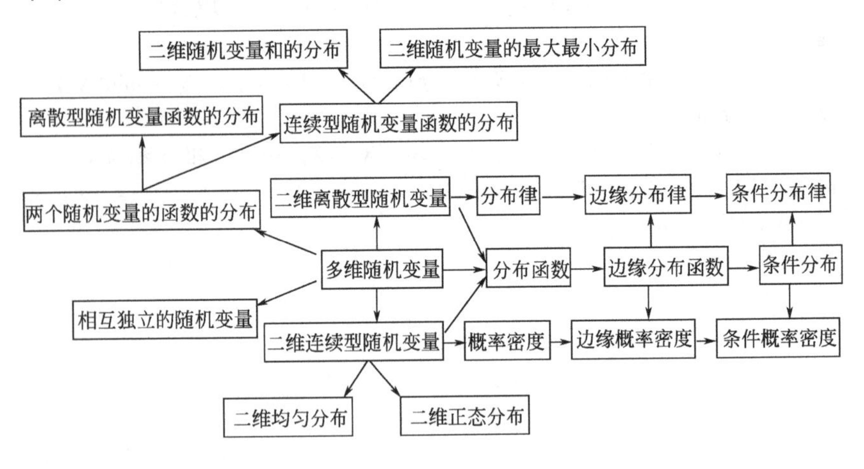

第 22 章　随机变量的数字特征

§22.1　数学期望（简称均值）

离散型随机变量的数学期望　设离散型随机变量 X 的概率分布为 $P(X=x_i)=p_i$，$i=1,2,\cdots$，若级数 $\sum_{i=1}^{\infty} x_i p_i$ 绝对收敛，则定义 X 的数学期望为

$$E(X)=\sum_{i=1}^{\infty} x_i p_i$$

连续型随机变量的数学期望　设连续型随机变量 X 的概率密度为 $f(x)$，若积分 $\int_{-\infty}^{+\infty} x f(x)\mathrm{d}x$ 绝对收敛，则定义 X 的数学期望为

$$E(X)=\int_{-\infty}^{+\infty} x f(x)\mathrm{d}x$$

随机变量函数的数学期望

① 设 $Y = g(X)$，$g(x)$ 是连续函数.

ⅰ. 当 X 是离散型随机变量，概率分布为 $P(X = x_i) = p_i$，$i = 1, 2, \cdots$，且 $\sum_{i=1}^{\infty} |g(x_i)| p_i$ 收敛，则有

$$E(Y) = E[g(X)] = \sum_{i=1}^{\infty} g(x_i) p_i$$

ⅱ. 当 X 是连续型随机变量，概率密度为 $f(x)$，且 $\int_{-\infty}^{+\infty} |g(x)| f(x) \mathrm{d}x$ 收敛，则有

$$E(Y) = E[g(X)] = \int_{-\infty}^{+\infty} g(x) f(x) \mathrm{d}x .$$

② 设 $Z = g(X, Y)$，$g(x, y)$ 是连续函数.

ⅰ. 当 (X, Y) 是离散型随机变量，概率分布为 $P(X = x_i, Y = y_j) = p_{ij}$，$i, j = 1, 2, \cdots$，且 $\sum_{i=1}^{\infty} \sum_{j=1}^{\infty} |g(x_i, y_j)| p_{ij}$ 收敛时，则有

$$E(Z)=E[g(X,Y)]=\sum_{i=1}^{\infty}\sum_{j=1}^{\infty}g(x_i,y_j)p_{ij}$$

ⅱ．当 (X,Y) 是连续型随机变量，概率密度为 $f(x,y)$，且 $\int_{-\infty}^{+\infty}\int_{-\infty}^{+\infty}|g(x,y)|f(x,y)\mathrm{d}x\mathrm{d}y$ 收敛时，则有

$$E(Z)=E[g(X,Y)]=\int_{-\infty}^{+\infty}\int_{-\infty}^{+\infty}g(x,y)f(x,y)\mathrm{d}x\mathrm{d}y.$$

数学期望的性质

① $E(C)=C$，C 为常数；

② $E(CX)=CE(X)$，C 为常数；

③ $E(X\pm Y)=E(X)\pm E(Y)$，$E(\sum_{i=1}^{n}X_i)=\sum_{i=1}^{n}E(X_i)$；

④ 若 X 与 Y 相互独立，则 $E(XY)=E(X)E(Y)$，若 $X_1,X_2,\cdots,X_n$ 相互独立，则 $E(\prod_{i=1}^{n}X_i)=\prod_{i=1}^{n}E(X_i)$.

§22.2 方差

方差的定义 设 X 是随机变量，若 $E[X-E(X)]^2$ 存在，则称它为随机变量 X 的**方差**，记为 $D(X)$，即

$$D(X)=E[X-E(X)]^2$$

并称 $\sqrt{D(X)}$ 为**标准差**.

方差计算公式 $D(X)=E(X^2)-[E(X)]^2$

方差的性质

① $D(C)=0$，C 为常数；

② $D(CX)=C^2D(X)$，C 为常数；

③ 若 X 与 Y 相互独立，则 $D(X+Y)=D(X)+D(Y)$；若 $X_1,X_2,\cdots,X_n$ 相互独立，则 $D(\sum_{i=1}^{n}X_i)=\sum_{i=1}^{n}D(X_i)$；

④ $D(X)=0$ 的充要条件为 $P(X=a)=1$，a 为常数.

常见随机变量的期望和方差

① (0-1) 分布：$X\sim(0-1)$，$E(X)=p$，$D(X)=1-p$.

② 二项分布：$X \sim B(n,p)$，$E(X) = np, D(X) = np(1-p)$.

③ 泊松分布：$X \sim \pi(\lambda)$，$E(X) = \lambda, D(X) = \lambda$.

④ 均匀分布：$X \sim U(a,b)$，$E(X) = \frac{a+b}{2}, D(X) = \frac{(b-a)^2}{12}$.

⑤ 指数分布：$X \sim Exp(\lambda)$，$Exp(X) = \frac{1}{\lambda}, D(X) = \frac{1}{\lambda^2}$.

⑥ 正态分布：$X \sim N(\mu,\sigma^2)$，$E(X) = \mu, D(X) = \sigma^2$.

§22.3 协方差及相关系数

协方差定义 设二维随机变量 (X,Y)，若 $E[X-E(X)][Y-E(Y)]$ 存在，则称它为 X 与 Y 的协方差，记作 $\mathrm{Cov}(X,Y)$，即

$$\mathrm{Cov}(X,Y) = E\{[X-E(X)][Y-E(Y)]\}$$

有关计算公式：① $\mathrm{Cov}(X,Y) = E(XY) - E(X) \cdot E(Y)$.

② $D(X \pm Y) = D(X) + D(Y) \pm 2\mathrm{Cov}(X,Y)$.

协方差的性质

① $\mathrm{Cov}(X,Y) = \mathrm{Cov}(Y,X)$；

② $\mathrm{Cov}(aX,bY)=ab\,\mathrm{Cov}(X,Y)$，$a$，$b$ 为常数；

③ $\mathrm{Cov}(X_1+X_2,Y)=\mathrm{Cov}(X_1,Y)+\mathrm{Cov}(X_2,Y)$；

④ $\mathrm{Cov}(X,a)=0$，a 为常数；

⑤ $\mathrm{Cov}(aX+b,cY+d)=ac\,\mathrm{Cov}(X,Y)$，$a$，$b$，$c$，$d$ 为常数；

⑥ 若 X 与 Y 相互独立，$\mathrm{Cov}(X,Y)=0$.

相关系数 若 $\mathrm{Cov}(X,Y)$ 存在，且 $D(X)>0$，$D(Y)>0$，则称 $\dfrac{\mathrm{Cov}(X,Y)}{\sqrt{D(X)}\sqrt{D(Y)}}$ 为 X 与 Y 的相关系数，记作 ρ，即

$$\rho=\frac{\mathrm{Cov}(X,Y)}{\sqrt{D(X)}\sqrt{D(Y)}}$$

相关系数性质 ① $|\rho|\leqslant 1$；② $|\rho|=1$ 的充要条件是存在常数 a,b，使 $P(Y=a+bX)=1$.

不相关 若 X 与 Y 的相关系数 $\rho=0$，称 X 与 Y 不相关.

结论

① $\rho=0\Leftrightarrow \mathrm{Cov}(X,Y)=0\Leftrightarrow D(X\pm Y)=D(X)+D(Y)$；

② 若 X 与 Y 独立，则 X 与 Y 一定不相关，反之未必成立；

③ 若 (X,Y) 服从二维正态分布，则 X 与 Y 相互独立与不相关等价．

§22.4 矩

k 阶矩　$E(X^k)$ 称为 X 的 k 阶原点矩，简称 **k 阶矩**．$E(X)$ 是一阶矩．

k 阶中心矩　$E\{[X-E(X)]^k\}$ 称为 X **的 k 阶中心矩**．$D(X)$ 是 2 阶中心矩．

混合原点矩　$E(X^kY^l)$ 称为 X 与 Y 的 $k+l$ 阶**混合矩**．

混合中心矩　$E\{[X-E(X)]^k[Y-E(Y)]^l\}$ 称为 X 与 Y 的 $k+l$ 阶**混合中心矩**．$\mathrm{Cov}(X,Y)$ 是 $1+1$ 阶混合中心矩．

本章知识点及其关联网络

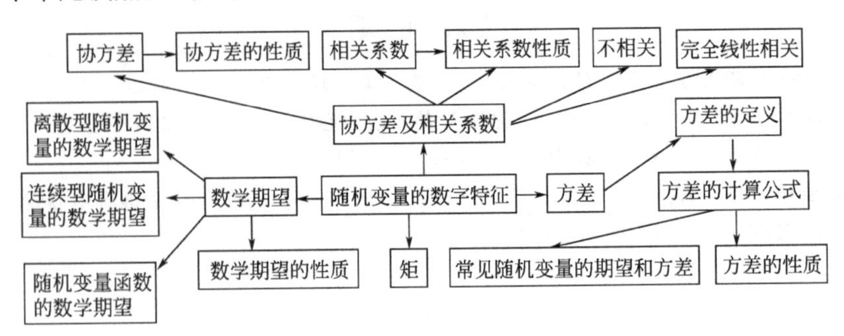

第23章 大数定律与中心极限定理

§23.1 大数定律

切比雪夫不等式 设随机变量X具有数学期望$E(X)$及方差$D(X)$，则对任意$\varepsilon>0$，有

$$P\{|X-E(X)|\geqslant\varepsilon\}\leqslant\frac{D(X)}{\varepsilon^2}\text{ 或 }P\{|X-E(X)|<\varepsilon\}\geqslant1-\frac{D(X)}{\varepsilon^2}$$

大数定律

① 切比雪夫大数定律(特例) 设随机变量$X_1,X_2,\cdots,X_n,\cdots$相互独立，且具有相同的数学期望和方差：$E(X_k)=\mu$，$D(X_k)=\sigma^2$ $(k=1,2,\cdots,)$. $Y_n=\frac{1}{n}\sum_{k=1}^{n}X_k$，则对任意$\varepsilon>0$，有

$$\lim_{n\to\infty} P\{|Y_n-\mu|<\varepsilon\}=1$$

并称 Y_n 依概率收敛于它的期望值 μ，记为 $Y_n \xrightarrow{P} \mu$.

② 伯努利大数定理　设 f_A 是 n 次独立重复试验中事件 A 发生的次数，$p(0<p<1)$ 是事件 A 在每次试验中发生的概率，则对于任意 $\varepsilon>0$，有

$$\lim_{n\to\infty} P\left\{\left|\frac{f_A}{n}-p\right|<\varepsilon\right\}=1 \text{ 或 } \lim_{n\to\infty} P\left\{\left|\frac{f_A}{n}-p\right|\geqslant\varepsilon\right\}=0$$

③ 辛钦大数定理（弱大数定律）　设随机变量 $X_1,X_2,\cdots,X_n,\cdots$ 相互独立，服从同一分布，且具有相同的数学期望：$E(X_k)=\mu\ (k=1,2,\cdots,)$. $Y_n=\frac{1}{n}\sum_{k=1}^{n}X_k$，则对于任意的 $\varepsilon>0$，有

$$\lim_{n\to\infty} P\{|Y_n-\mu|<\varepsilon\}=1$$

§23.2　中心极限定理

独立同分布的中心极限定理　设随机变量 $X_1,X_2,\cdots,X_n,\cdots$ 相互独立，且具

有相同的数学期望和方差：$E(X_k)=\mu$，$D(X_k)=\sigma^2$（$k=1$，2，…,），则对任意实数 x，有

$$\lim_{n\to\infty}P\left\{\frac{\sum_{k=1}^{n}X_k-n\mu}{\sqrt{n}\sigma}\leqslant x\right\}=\Phi(x)=\frac{1}{\sqrt{2\pi}}\int_{-\infty}^{x}e^{-\frac{t^2}{2}}dt$$

即当 n 很大时，有

① $\sum_{k=1}^{n}X_k$ 近似服从正态分布 $N(n\mu,n\sigma^2)$；

② $\sum_{k=1}^{n}X_k$ 的标准化近似服从标准正态分布 $N(0,1)$；

③ $\overline{X}$ 近似服从正态分布 $N(\mu,\frac{\sigma^2}{n})$.

棣莫弗-拉普拉斯定理 设 $Y_n\sim B(n,p)$，则对任意实数 x，有

$$\lim_{n\to\infty}P\left\{\frac{Y_n-np}{\sqrt{np(1-p)}}\leqslant x\right\}=\Phi(x)=\int_{-\infty}^{x}\frac{1}{\sqrt{2\pi}}e^{-\frac{t^2}{2}}dt$$

即有

① 若 $Y_n \sim B(n,p)$，则当 n 充分大时，Y_n 近似服从 $N(np,np(1-p))$；

② 正态分布是二项分布的极限分布，当 n 充分大时，可利用正态分布求二项分布的概率.

本章知识点及其关联网络

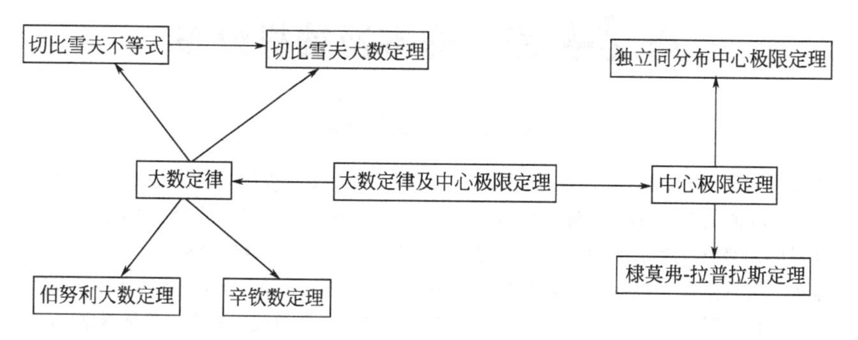

第 24 章　样本及抽样分布

§24.1　随机样本

总体　对于某研究对象，通常研究对象的某一项数量指标，将其视为随机变量 X，X 取值的全体称为**总体**，组成总体的单个元素(即 X 的取值)称为**个体**．个体有限的总体称为**有限总体**．具有无穷多个体的总体称为**无限总体**．

样本　从总体 X 中抽取 n 个个体 $X_1,X_2,\cdots,X_n$，如果 $X_1,X_2,\cdots,X_n$ 相互独立且均与 X 同分布，则称 $(X_1,X_2,\cdots,X_n)$ 为来自总体 X 的一个**简单随机样本**，简称**样本**．n 称为**样本容量**，样本 $(X_1,X_2,\cdots,X_n)$ 的观察值 $(x_1,x_2,\cdots,x_n)$ 叫做**样本值**．

样本的分布　设总体 X 的分布函数为 $F(x)$，则样本 $(X_1,X_2,\cdots,X_n)$ 的联合分布函数为

$$F_n(x_1,x_2,\cdots,x_n)=\prod_{i=1}^{n}F(x_i)$$

当总体 X 为离散型，且概率分布为 $P(X=x_i)=p_i$ 时，则 $(X_1,X_2,\cdots,X_n)$ 的联合分布律为

$$P(X_1=x_1,X_2=x_2,\cdots,X_n=x_n)=\prod_{i=1}^{n}P(X=x_i)=\prod_{i=1}^{n}p_i$$

当总体 X 为连续型，且概率密度为

$f(x)$ 时，则 $(X_1,X_2,\cdots,X_n)$ 的联合概率密度为 $f(x_1,x_2,\cdots,x_n)=\prod_{i=1}^{n}f(x_i)$

§24.2 抽样分布

统计量 设 $(X_1,X_2,\cdots,X_n)$ 为来自总体 X 的样本，$g(X_1,X_2,\cdots,X_n)$ 是 $X_1,X_2,\cdots,X_n$ 的函数，且 g 中不含任何未知参数，则称 $g(X_1,X_2,\cdots,X_n)$ 为**统计量**. 统计量的分布称为**抽样分布**.

常用统计量

① 样本均值 $\overline{X}=\frac{1}{n}\sum_{i=1}^{n}X_i$ ；

② 样本方差　$S^2=\dfrac{1}{n-1}\sum_{i=1}^{n}(X_i-X)^2$；

③ 样本标准差　$S=\sqrt{\dfrac{1}{n-1}\sum_{i=1}^{n}(X_i-X)^2}$；

④ 样本离差平方和　$L=\sum_{i=1}^{n}(X_i-\overline{X})^2=\sum_{i=1}^{n}X_i^2-n\overline{X}^2$；

⑤ 样本 k 阶矩（原点矩）　$A_k=\dfrac{1}{n}\sum_{i=1}^{n}X_i^k$，$k=1,2,\cdots$；

⑥ 样本 k 阶中心矩　$A_k=\dfrac{1}{n}\sum_{i=1}^{n}(X_i-\overline{X})^k$，$k=1,2,\cdots$.

χ^2 分布（卡方分布）　设 $X_1,X_2,\cdots,X_n$ 相互独立，且均服从标准正态分布 $N(0,1)$，则 $\chi^2=\sum_{i=1}^{n}X_i^2$ 称为服从自由度为 n 的 χ^2 分布，记为 $\chi^2\sim\chi^2(n)$. $\chi^2(n)$ 分布的概率密度为

$$
f(y)=\begin{cases}\dfrac{1}{2^{n/2}\Gamma(n/2)}y^{(n/2-1)}\mathrm{e}^{-y/2}, & y>0\\ 0, & \text{其他}\end{cases}
$$

$f(y)$ 的图形如图 24.1 所示 .

$\boldsymbol{X}_2(n)$分布的性质

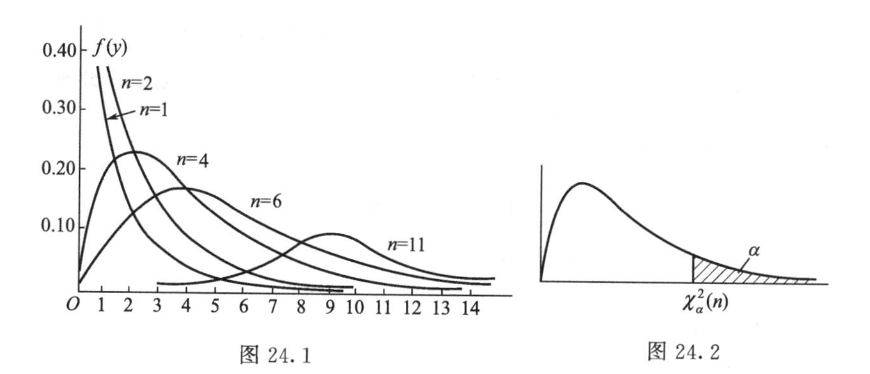

图 24.1

图 24.2

① 若 $X \sim \chi^2(n), Y \sim \chi^2(m)$ 且 X 与 Y 独立，则 $X+Y \sim \chi^2(m+n)$（可加性）.

② 若 $X \sim \chi^2(n)$，则 $E(X)=n, D(X)=2n$.

③ χ^2 分布的上 α 分位点：若 $\chi^2 \sim \chi^2(n)$，对给定的 α，$0<\alpha<1$，称满足 $P\{\chi^2>\chi_\alpha^2(n)\}=\alpha$ 的 $\chi_\alpha^2(n)$ 是自由度为 n 的 χ^2 分布的上 α 分位点，如图 24.2 所示.

t 分布　设随机变量 $X \sim N(0,1)$，$Y \sim \chi^2(n)$，且 X 与 Y 相互独立，则 $t=\dfrac{X}{\sqrt{Y/n}}$ 称为服从自由度为 n 的 **t 分布**，记为 $t \sim t(n)$. t 分布又称**学生氏分布**.

$t(n)$ 分布的概率密度为

$$h(t)=\frac{\Gamma\left(\frac{n+1}{2}\right)}{\sqrt{\pi n}\,\Gamma\left(\frac{n}{2}\right)}\left(1+\frac{t^2}{n}\right)^{-\frac{n+1}{2}}, -\infty<t<\infty$$

$h(t)$ 的图形如图 24.3 所示.

t 分布的性质

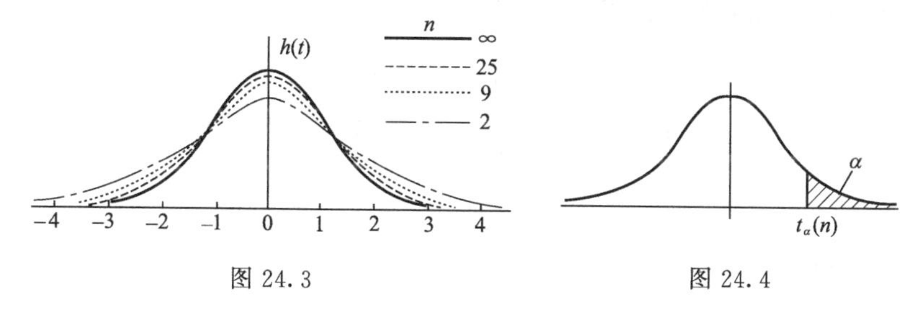

图 24.3　　　　图 24.4

① 当 n 充分大时（$n \geqslant 45$），$t(n)$ 分布可用 $N(0,1)$ 分布近似．

② 若 $t \sim t(n)$，则 $t^2 \sim F(1,n)$．

③ t 分布的上 α 分位点：若 $t \sim t(n)$，对给定的 α，$0 < \alpha < 1$，称满足 $P\{t > t_\alpha(n)\} = \alpha$ 的 $t_\alpha(n)$ 是自由度为 n 的 t 分布的上 α 分位点，如图 24.4 所示．

④ $t_\alpha(n) = -t_{1-\alpha}(n)$．

F 分布　设 $X \sim \chi^2(n_1)$，$Y \sim \chi^2(n_2)$，且 X 与 Y 相互独立，则 $F = \dfrac{X/n_1}{Y/n_2}$ 称为服从自由度为 (n_1,n_2) 的 **F 分布**，记为 $F \sim F(n_1,n_2)$，n_1,n_2 分别为分子、分母的

自由度．$F(n_1,n_2)$ 分布的概率密度为

$$\psi(y)=\begin{cases}\dfrac{\Gamma\left(\dfrac{n_1+n_2}{2}\right)\left(\dfrac{n_1}{n_2}\right)^{\frac{n_1}{2}}y^{\frac{n_1}{2}-1}}{\Gamma\left(\dfrac{n_1}{2}\right)\Gamma\left(\dfrac{n_2}{2}\right)\left(1+\dfrac{n_1y}{n_2}\right)^{\frac{n_1+n_2}{2}}}, & y>0\\ 0, & \text{其他}\end{cases}$$

$\psi(y)$ 的图形如图 24.5 所示．

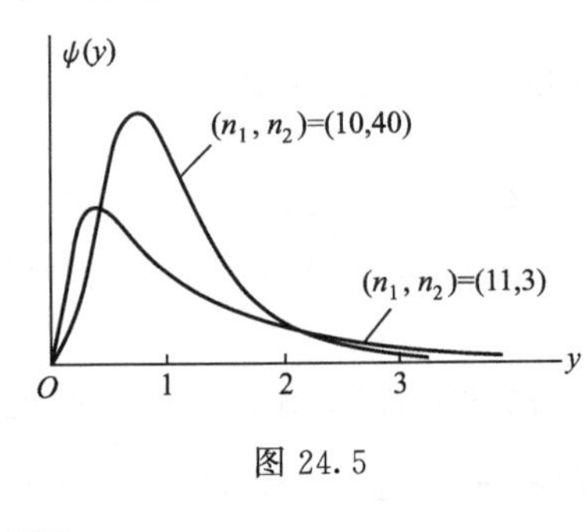

图 24.5

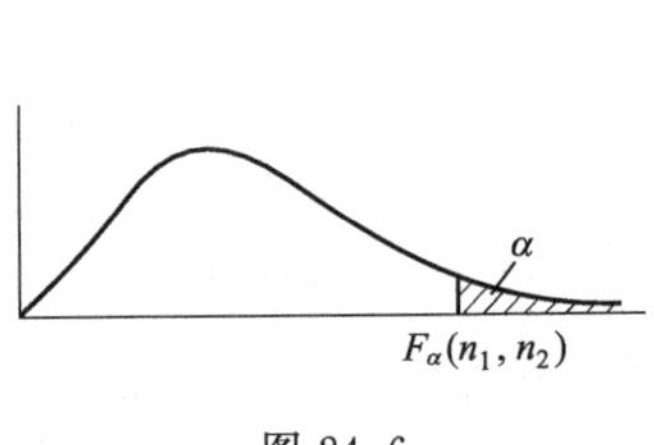

图 24.6

F 分布的性质

① 若 $F \sim F(m,n)$，则 $\frac{1}{F} \sim F(n,m)$.

② F 分布的上 α 分位点：若 $F \sim F(m,n)$ ，对给定的 α ，$0<\alpha<1$ ，称满足 $P\{F > F_\alpha(m,n)\} = \alpha$ 的 $F_\alpha(m,n)$ 是自由度为 (m,n) 的 F 分布的上 α 分位点，如图 24.6 所示 .

③ $F_{1-\alpha}(m,n) = \frac{1}{F_\alpha(n,m)}$.

正态总体的样本均值的分布　设总体 $X \sim N(\mu,\sigma^2)$ ，$X_1,X_2,\cdots,X_n$ 为来自总体 X 的样本，则 $E(\overline{X}) = \mu$ ，$D(\overline{X}) = \frac{1}{n}\sigma^2$ ，且 $\overline{X} \sim N(\mu,\frac{1}{n}\sigma^2)$.

推论　若总体 $X \sim N(\mu,\sigma^2)$ ，则 $\frac{\overline{X}-\mu}{\sigma/\sqrt{n}} \sim N(0,1)$.

正态总体的样本方差的分布　设总体 $X \sim N(\mu,\sigma^2)$ ，$X_1,X_2,\cdots,X_n$ 为来自总体 X 的样本，则 $\frac{(n-1)S^2}{\sigma^2} \sim \chi^2(n-1)$.

正态总体的样本均值与样本方差关系的分布　设总体 $X \sim N(\mu,\sigma^2)$ ，$X_1,X_2,\cdots,$

X_n 为来自总体 X 的样本，则 $\overline{X}$ 与 S^2 独立，且 $\dfrac{\overline{X}-\mu}{S/\sqrt{n}} \sim t(n-1)$.

两正态总体的样本均值差和方差比的分布 设总体 X 与 Y 相互独立，$X \sim N(\mu_1, \sigma_1^2)$，$Y \sim N(\mu_2, \sigma_2^2)$，$X_1, X_2, \cdots, X_{n_1}$ 和 $Y_1, Y_2, \cdots, Y_{n_2}$ 分别来自总体 X 和 Y 的容量分别为 n_1 和 n_2 的样本，样本均值与样本方差分别记为 $\overline{X}, S_1^2$ 和 $\overline{Y}, S_2^2$，则有

① $\dfrac{\overline{X}-\overline{Y}-(\mu_1-\mu_2)}{\sqrt{\dfrac{\sigma_1^2}{n_1}+\dfrac{\sigma_2^2}{n_2}}} \sim N(0,1)$；

② $\dfrac{S_1^2/\sigma_1^2}{S_2^2/\sigma_2^2} \sim F(n_1-1, n_2-1)$；

③ 如果有 $\sigma_1^2 = \sigma_2^2$，则

$$\frac{\overline{X}-\overline{Y}-(\mu_1-\mu_2)}{\sqrt{\dfrac{(n_1-1)S_1^2+(n_2-1)S_2^2}{n_1+n_2-2}\left(\dfrac{1}{n_1}+\dfrac{1}{n_2}\right)}} \sim t(n_1+n_2-2)$$

本章知识点及其关联网络

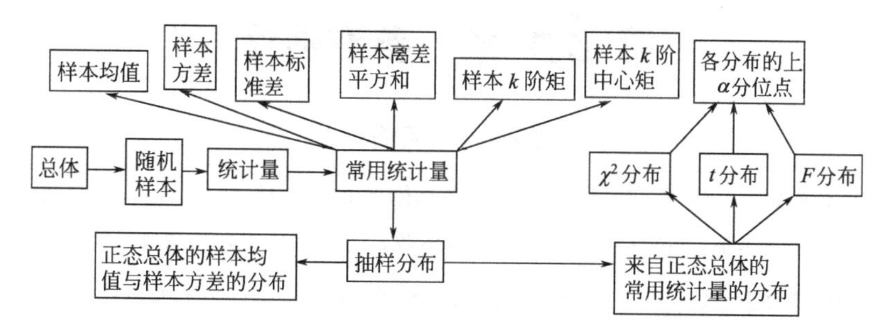

第 25 章 参数估计

§25.1 点估计

点估计的定义 设 $X_1, X_2, \cdots, X_n$ 是取自总体 X 的一个样本，$x_1, x_2, \cdots, x_n$ 是相应的一个样本值，θ 是总体分布中的未知参数，为了估计未知参数 θ，构造一个适当的统计量 $\hat{\theta}(X_1, X_2, \cdots, X_n)$，用其观察值 $\hat{\theta}(x_1, x_2, \cdots, x_n)$ 来估计 θ 的值，称 $\hat{\theta}(X_1, X_2, \cdots, X_n)$ 为 θ 的**估计量**，称 $\hat{\theta}(x_1, x_2, \cdots, x_n)$ 为 θ 的**估计值**．在不致混淆的情况下，估计量与估计值统称为点估计，简称为估计，并简记为 $\hat{\theta}$．

估计量 $\hat{\theta}(X_1, X_2, \cdots, X_n)$ 是一个随机变量，是样本的函数，即是一个统计量，对不同的样本值，θ 的估计值 $\hat{\theta}$ 一般是不同的．

求点估计量方法有矩法估计法和最大似然估计法．

矩法估计法 用样本矩作为相应的总体矩的估计量的方法．

① 若总体中只含有一个未知参数，用样本的一阶矩 $\overline{X}$ 作为总体一阶矩 $E(X)=\mu$ 的估计量，即设 $A_1=\mu_1$，得 $\hat{\mu}=\overline{X}$．

② 若总体中含有两个未知参数，就设 $\begin{cases}A_1=\mu_1,\\A_2=\mu_2,\end{cases}$ 解方程组得未知参数的估计量．

注： 对总体中含有多个未知参数时，方法同理．

似然函数

① 离散型总体　设总体 X 的概率分布为 $P\{X=x\}=p(x,\theta)$，其中 θ 为未知参数．如果 $X_1,X_2,\cdots,X_n$ 是取自总体 X 的样本，样本的观察值为 $x_1,x_2,\cdots,x_n$，则称样本的联合分布律

$$L(\theta)=P\{X_1=x_1,\cdots,X_n=x_n\}=\prod_{i=1}^{n}p(x_i;\theta)$$

为样本的似然函数．

② 连续型总体　设总体 X 的概率密度为 $f(x,\theta)$，其中 θ 为未知参数，似然函数为

$$L(\theta)=L(x_1,x_2,\cdots,x_n;\theta)=\prod_{i=1}^{n}f(x_i;\theta)$$

最大似然估计法 固定样本观测值 $x_1,x_2,\cdots,x_n$，在 θ 取值的可能范围 Θ 内，挑选使似然函数 $L(\theta)$ 达到最大的参数值 $\hat{\theta}$ 作为参数 θ 的估计值，即

$$L(x_1,x_2,\cdots,x_n;\hat{\theta})=\max_{\theta\in\Theta}L(x_1,x_2,\cdots,x_n;\theta)$$

这样得到的 $\hat{\theta}$ 称为参数 θ 的**最大似然估计值**，而相应的统计量 $\hat{\theta}(X_1,X_2,\cdots,X_n)$ 称为参数 θ 的**最大似然估计量**.

求最大似然估计的一般步骤

① 写出似然函数 $L(\theta)=L(x_1,x_2,\cdots,x_n;\theta)$；

② 求出 $\ln L(\theta)$；

③ 求出 $\dfrac{\mathrm{d}\ln L(\theta)}{\mathrm{d}\theta}$；

④ 解方程 $\dfrac{\mathrm{d}\ln L(\theta)}{\mathrm{d}\theta}=0$，得到的 θ 即为参数 θ 的最大似然估计值 $\hat{\theta}(x_1,x_2,\cdots,x_n)$.（若此步骤求不出参数 θ 的最大似然估计，则根据最大似然估计的

定义，通过分析求得似然函数的最大值点 $\hat{\theta}$ ）

常用分布的矩估计和最大似然估计

① 总体 $X \sim (0\text{-}1)$ ，未知参数 p 的矩估计和最大似然估计均为 $\hat{p} = \overline{X}$ ；

② 总体 $X \sim B(n,p)$ ，未知参数 p 的矩估计和最大似然估计均为 $\hat{p} = \dfrac{\overline{X}}{n}$ ；

③ 总体 $X \sim \pi(\lambda)$ ，未知参数 λ 的矩估计和最大似然估计均为 $\hat{\lambda} = \overline{X}$ ；

④ 总体 $X \sim N(\mu,\sigma^2)$ ，未知参数 μ 的矩估计和最大似然估计均为 $\hat{\mu} = \overline{X}$ ，未知参数 σ^2 的矩估计和最大似然估计均为 $\hat{\sigma}^2 = \dfrac{1}{n}\sum_{i=1}^{n}(X_i - \overline{X})^2$ ；

⑤ 总体 $X \sim Exp(\lambda)$ ，未知参数 λ 的矩估计和最大似然估计均为 $\hat{\lambda} = \dfrac{1}{\overline{X}}$ ；

⑥ 总体 $X \sim U(a,b)$ ，未知参数 a,b 的矩估计分别为

$$\hat{a} = \overline{X} - \sqrt{\frac{3}{n}\sum_{i=1}^{n}(X_i - \overline{X})^2}\ ,\ \hat{b} = \overline{X} + \sqrt{\frac{3}{n}\sum_{i=1}^{n}(X_i - \overline{X})^2}$$

最大似然估计分别为

$$\hat{a} = \min_{1 \leqslant i \leqslant n} X_i \text{ , } \hat{b} = \max_{1 \leqslant i \leqslant n} X_i$$

§25.2 估计量的评选标准

无偏性 设 $\hat{\theta} = \hat{\theta}(X_1, X_2, \cdots, X_n)$ 是 θ 的一个估计，$\theta \in \Theta$，若对于任意的 $\theta \in \Theta$，有 $E(\hat{\theta}) = \theta$，则称 $\hat{\theta} = \hat{\theta}(X_1, X_2, \cdots, X_n)$ 是 θ 的**无偏估计**，否则称为**有偏估计**.

有效性 设 $\hat{\theta}_1, \hat{\theta}_2$ 是 θ 的两个无偏估计，如果对任意的 $\theta \in \Theta$，有 $D(\hat{\theta}_1) \leqslant D(\hat{\theta}_2)$，则称 $\hat{\theta}_1$ 比 $\hat{\theta}_2$ 有效.

相合性（一致性） 设 $\theta \in \Theta$ 为未知参数，$\hat{\theta}_n = \hat{\theta}_n(X_1, X_2, \cdots, X_n)$ 是 θ 的一个估计，n 是样本容量，若对任意 $\varepsilon > 0$，有 $\lim\limits_{n \to \infty} P\{|\hat{\theta}_n - \theta| < \varepsilon\} = 1$，即 $\hat{\theta}_n = \hat{\theta}_n(X_1, X_2, \cdots, X_n)$ 依概率收敛于 θ，则称 $\hat{\theta}_n = \hat{\theta}_n(X_1, X_2, \cdots, X_n)$ 为 θ 的一致估计或相

合估计.

结论

① 样本均值 $\overline{X}$ 是总体均值 μ 的无偏估计量;

② 样本方差 S^2 是总体方差 σ^2 的无偏估计量;

③ 样本二阶中心矩 $\frac{1}{n}\sum_{i=1}^{n}(X_i-\overline{X})^2$ 是总体方差 σ^2 的有偏估计量.

§25.3 区间估计

置信区间 设 θ 为总体分布的未知参数,$X_1,X_2,\cdots,X_n$ 是取自总体 X 的一个样本,若对给定的 $\alpha\ (0<\alpha<1)$,存在统计量 $\underline{\theta}=\underline{\theta}(X_1,X_2,\cdots,X_n)$,$\overline{\theta}=\overline{\theta}(X_1,X_2,\cdots,X_n)$,使得

$$P\{\underline{\theta}<\theta<\overline{\theta}\}=1-\alpha,$$

则随机区间 $(\underline{\theta},\overline{\theta})$ 称为 θ 的 $1-\alpha$ **双侧置信区间**,$1-\alpha$ 称为**置信度**,$\underline{\theta}$ 与 $\overline{\theta}$ 分别称为 θ 的**双侧置信下限**与**双侧置信上限**.

寻求置信区间的方法 在点估计的基础上,构造合适的统计量,并对给定的置信度求出置信区间,一般步骤如下:

① 从未知参数 θ 的点估计入手，构造统计量 $W=W(X_1,X_2,\cdots,X_n;\theta)$（除参数 θ 外，不含任何其他的未知参数，统计量的分布形式已知）；

② 对给定的置信水平 $1-\alpha$，由所构造的统计量的上 α 分位点定义，定出常数 a,b，使得

$$P\{a\leqslant W(X_1,X_2,\cdots X_n;\theta)\leqslant b\}=1-\alpha$$

③ 对不等式 $a\leqslant W(X_1,X_2,\cdots,X_n;\theta)\leqslant b$ 作恒等变形，上式化为

$$P\{\underline{\theta}\leqslant\theta\leqslant\overline{\theta}\}=1-\alpha$$

则 $(\underline{\theta},\overline{\theta})$ 是 θ 的置信度为 $1-\alpha$ 的双侧置信区间．

§25.4 正态总体均值与方差的区间估计

单个正态总体均值的区间估计 设已给定置信水平 $1-\alpha$，$X_1,X_2,\cdots,X_n$ 为总体 $N(\mu,\sigma^2)$ 的样本．

σ^2 已知时，均值 μ 的置信区间为 $\left(\overline{X}-u_{\frac{\alpha}{2}}\dfrac{\sigma}{\sqrt{n}},\overline{X}+u_{\frac{\alpha}{2}}\dfrac{\sigma}{\sqrt{n}}\right)$．

σ^2 未知时，均值 μ 的置信区间为 $\left(\overline{X}-t_{\frac{\alpha}{2}}(n-1)\dfrac{S}{\sqrt{n}},\overline{X}+t_{\frac{\alpha}{2}}(n-1)\dfrac{S}{\sqrt{n}}\right)$．

单个正态总体方差的区间估计　μ 已知时，方差 σ^2 的置信区间为

$$\left(\frac{\sum_{i=1}^{n}(X_i-\mu)^2}{\chi^2_{\frac{\alpha}{2}}(n)},\frac{\sum_{i=1}^{n}(X_i-\mu)^2}{\chi^2_{1-\frac{\alpha}{2}}(n)}\right).$$

μ 未知时，方差 σ^2 的置信区间：$\left(\frac{(n-1)S^2}{\chi^2_{\frac{\alpha}{2}}(n-1)},\frac{(n-1)S^2}{\chi^2_{1-\frac{\alpha}{2}}(n-1)}\right)$.

两个正态总体均值差的置信区间

设总体 X 与 Y 相互独立，$X\sim N(\mu_1,\sigma_1{}^2)$，$Y\sim N(\mu_2,\sigma_2{}^2)$，$X_1,X_2,\cdots,X_n$ 和 $Y_1,Y_2,\cdots,Y_n$ 分别来自总体 X 和 Y 的容量分别为 n_1 和 n_2 的样本，样本均值与样本方差分别记为 $\overline{X},S_1{}^2$ 和 $\overline{Y},S_2{}^2$.

① σ_1^2 与 σ_2^2 均已知时，均值差 $\mu_1-\mu_2$ 的置信区间为

$$\left(\overline{X}-\overline{Y}-u_{\frac{\alpha}{2}}\sqrt{\frac{\sigma_1^2}{n_1}+\frac{\sigma_2^2}{n_2}},\overline{X}-\overline{Y}+u_{\frac{\alpha}{2}}\sqrt{\frac{\sigma_1^2}{n_1}+\frac{\sigma_2^2}{n_2}}\right)$$

② $\sigma_1^2=\sigma_2^2=\sigma^2$，$\sigma^2$ 未知时，均值差 $\mu_1-\mu_2$ 的置信区间为

$$\left(\overline{X}-\overline{Y}-t_{\frac{\alpha}{2}}(n_1+n_2-2)\sqrt{\frac{(n_1-1)S_1^2+(n_2-1)S_2^2}{n_1+n_2-2}(\frac{1}{n_1}+\frac{1}{n_2})},\right.$$

$$\overline{X}-\overline{Y}+t_{\frac{\alpha}{2}}(n_1+n_2-2)\sqrt{\frac{(n_1-1)S_1^2+(n_2-1)S_2^2}{n_1+n_2-2}\left(\frac{1}{n_1}+\frac{1}{n_2}\right)}\Bigg)$$

两个正态总体方差比的置信区间 $\dfrac{\sigma_1^2}{\sigma_2^2}$ 的置信区间为

$$\left(\frac{S_1^2}{S_2^2}\frac{1}{F_{\alpha/2}(n_1-1,n_2-1)},\frac{S_1^2}{S_2^2}\frac{1}{F_{1-\alpha/2}(n_1-1,n_2-1)}\right)$$

§25.5 (0-1)分布参数的区间估计

(0-1)分布参数的区间估计 设总体 $X\sim$（0-1），其分布律为 $P\{X=1\}=p$，$P\{X=0\}=1-p$，$(0<p<1)$，

X_1，X_2，…，X_n是总体的一个样本，当样本容量 n 充分大时，参数 p 的置信区间为（p_1，p_2）. 其中

$$p_1=\frac{1}{2a}(-b-\sqrt{b^2-4ac}),p_2=\frac{1}{2a}(-b+\sqrt{b^2-4ac})$$

$$a=n+(u_{\alpha/2})^2,b=-2n\overline{X}-(u_{\alpha/2})^2,c=n(\overline{X})^2$$

§ 25.6 单侧置信区间

单侧置信区间定义 设 θ 为总体分布的未知参数，$X_1, X_2, \cdots, X_n$ 是来自总体 X 的一个样本，若对给定的数 $\alpha(0 < \alpha < 1)$，存在统计量 $\underline{\theta} = \underline{\theta}(X_1, X_2, \cdots, X_n)$，满足

$$P\{\underline{\theta} < \theta\} = 1 - \alpha$$

则称 $(\underline{\theta}, +\infty)$ 为 θ 的置信度为 $1-\alpha$ 的**单侧置信区间**，称 $\underline{\theta}$ 为 θ 的**单侧置信下限**；若存在统计量 $\overline{\theta} = \overline{\theta}(X_1, X_2, \cdots, X_n)$，满足

$$P\{\theta < \overline{\theta}\} = 1 - \alpha$$

则称 $(-\infty, \overline{\theta})$ 为 θ 的置信度为 $1-\alpha$ 的**单侧置信区间**，称 $\overline{\theta}$ 为 θ 的**单侧置信上限**.

本章知识点及其关联网络

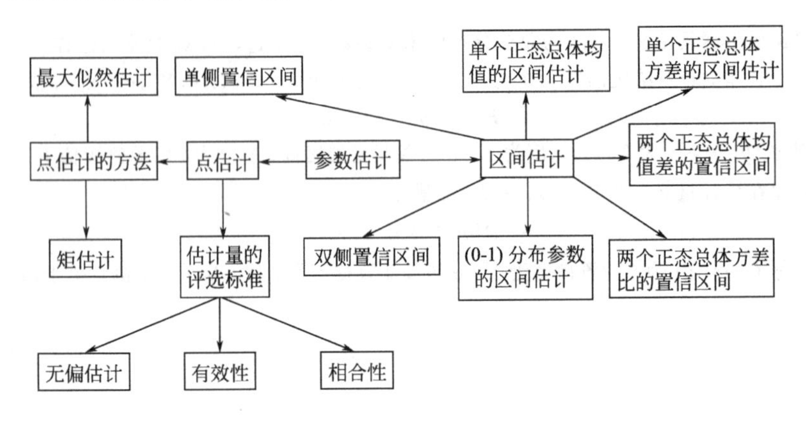

第 26 章　假设检验

§ 26.1　假设检验

假设检验　假设检验包括参数假设检验和非参数假设检验.

假设检验是先对总体的分布类型或分布中某些未知参数作某种假设，然后由抽取的样本所提供的信息对假设的正确性进行判断的过程.

对已知分布类型中的某些未知参数所作的假设检验称为**参数假设检验**，所提出的假设称为**原假设**，用 H_0 表示，与原假设对立的假设称为**备择假设**，用 H_1 表示.

假设检验的基本思想　依据小概率原则（即发生概率很小的随机事件在一次试验中是几乎不可能发生的）. 假定原假设成立如果在一次试验中小概率事件发生了，则根据小概率事件原理，拒绝原假设. 否则接受原假设.

拒绝域　当检验统计量取某个区域 C 中的值时，拒绝原假设 H_0 ，则称区域 C 为

拒绝域，拒绝域的边界点称为**临界值点**.

两类错误　H_0 为真而拒绝 H_0 称为**第一类错误**（**弃真错误**）；H_0 不真而接受 H_0 称为**第二类错误**（**取伪错误**）.

显著性检验　由于在样本容量给定的条件下，犯两类错误的概率不可能同时减小，所以，在假设检验过程中一般控制犯第一类错误的概率，即 P（拒绝 $H_0 \mid H_0$ 为真）$\leqslant\alpha$，而使犯第二类错误的概率尽可能小，这种检验问题称为显著性检验，α 称为显著性水平，一般 α 取作 0.01，0.05，0.1.

假设检验的步骤

① 根据实际问题的要求提出原假设 H_0 及备择假设 H_1；

② 选取适当的检验统计量，要求此统计量在 H_0 成立的条件下有确定的分布或渐进分布；

③ 给定显著水平 α（一般取 0.01，0.05，0.1）以及样本容量 n；

④ 由检验统计量所服从分布的上 α 分位点，确定临界值点和拒绝域；

⑤ 抽取容量为 n 的样本，根据样本观察值做出是接受 H_0 还是拒绝 H_0 的决策.

假设检验的几种检验法

① u 检验法　检验统计量服从标准正态分布的检验法；

② t 检验法　检验统计量服从 t 分布的检验法；

③ χ^2 检验法　检验统计量服从 χ^2 分布的检验法；

④ F 检验法　检验统计量服从 F 分布的检验法.

§ 20.2　正态总体均值的假设检验

单个正态总体均值的假设检验

① 均值 μ 的双侧检验　$H_0:\mu=\mu_0, H_1:\mu\neq\mu_0$.

σ^2 已知（u 检验法）. 统计量 $u=\dfrac{\overline{X}-\mu_0}{\dfrac{\sigma}{\sqrt{n}}}\sim N(0,1)$，拒绝域为 $(-\infty,-u_{\frac{\alpha}{2}})\cup(u_{\frac{\alpha}{2}},+\infty)$.

σ^2 未知（t 检验法）. 统计量 $t=\dfrac{\overline{X}-\mu_0}{\dfrac{S}{\sqrt{n}}}\sim t(n-1)$，拒绝域为 $(-\infty,-t_{\frac{\alpha}{2}}(n-1))\cup(t_{\frac{\alpha}{2}}(n-1),+\infty)$.

② 均值 μ 的左侧检验　$H_0:\mu\geqslant\mu_0, H_1:\mu<\mu_0$.

σ^2 已知. 统计量 $u=\dfrac{\overline{X}-\mu_0}{\dfrac{\sigma}{\sqrt{n}}}\sim N(0,1)$，拒绝域为 $(-\infty,-u_\alpha)$.

σ^2 未知. 统计量 $t=\dfrac{\overline{X}-\mu_0}{\dfrac{S}{\sqrt{n}}}\sim t(n-1)$，拒绝域为 $(-\infty,-t_\alpha(n-1))$.

③ 均值 μ 的右侧检验　$H_0:\mu\leqslant\mu_0, H_1:\mu>\mu_0$,

σ^2 已知. 统计量 $u=\dfrac{\overline{X}-\mu_0}{\dfrac{\sigma}{\sqrt{n}}}\sim N(0,1)$，拒绝域为 $(u_\alpha,+\infty)$.

σ^2 未知. 统计量 $t=\dfrac{\overline{X}-\mu_0}{\dfrac{S}{\sqrt{n}}}\sim t(n-1)$，拒绝域为 $(t_\alpha(n-1),+\infty)$.

两个正态总体均值差异的显著性检验　$H_0:\mu_1=\mu_2, H_1:\mu_1\neq\mu_2$.

σ_1^2 与 σ_2^2 已知. 统计量 $u=\dfrac{\overline{X}-\overline{Y}}{\sqrt{\dfrac{\sigma_1^2}{n_1}+\dfrac{\sigma_2^2}{n_2}}}\sim N(0,1)$，拒绝域为 $(-\infty,-u_{\frac{\alpha}{2}})\cup$

$(u_{\frac{\alpha}{2}}, +\infty)$.

$\sigma_1^2 = \sigma_2^2$ 未知. 统计量 $t = \dfrac{\overline{X} - \overline{Y}}{\sqrt{\dfrac{(n_1-1)S_1^2 + (n_2-1)S_2^2}{n_1+n_2-2}\left(\dfrac{1}{n_1} + \dfrac{1}{n_2}\right)}} \sim t(n_1 + n_2 - 2)$，拒绝域为 $(-\infty, -t_{\frac{\alpha}{2}}(n_x + n_y - 2)) \cup (t_{\frac{\alpha}{2}}(n_x + n_y - 2), +\infty)$.

§26.3 正态总体方差的假设检验

单个正态总体方差的假设检验

① 方差 σ^2 的双侧检验　$H_0: \sigma^2 = \sigma_0^2, H_1: \sigma^2 \neq \sigma_0^2$（$\chi^2$ 检验法）.

统计量 $\chi^2 = \dfrac{(n-1)S^2}{\sigma_0^2} \sim \chi^2(n-1)$，拒绝域为 $(0, \chi^2_{1-\frac{\alpha}{2}}(n-1)) \cup (\chi^2_{\frac{\alpha}{2}}(n-1), +\infty)$.

② 方差 σ^2 的左侧检验　$H_0: \sigma^2 \geqslant \sigma_0^2, H_1: \sigma^2 < \sigma_0^2$.

统计量 $\chi^2 = \dfrac{(n-1)S^2}{\sigma_0^2} \sim \chi^2(n-1)$，拒绝域为 $(0, \chi^2_{1-\alpha}(n-1))$.

③ 方差 σ^2 的右侧检验　$H_0: \sigma^2 \leqslant \sigma_0^2, H_1: \sigma^2 > \sigma_0^2$.

统计量 $\chi^2=\dfrac{(n-1)S^2}{\sigma_0^2}\sim\chi^2(n-1)$，拒绝域为 $(\chi_\alpha^2(n-1),+\infty)$.

两个正态总体方差的齐性检验（F检验法）

① 双侧检验 $H_0:\sigma_1^2=\sigma_2^2, H_1:\sigma_1^2\neq\sigma_2^2$.

② 左侧检验 $H_0:\sigma_1^2\geqslant\sigma_2^2, H_1:\sigma_1^2<\sigma_2^2$.

③ 右侧检验 $H_0:\sigma_1^2\leqslant\sigma_2^2, H_1:\sigma_1^2>\sigma_2^2$.

④ 统计量 $F=\dfrac{S_1^2}{S_2^2}\sim F(n_1-1,n_2-1)$.

⑤ 双侧检验拒绝域 $(0,F_{1-\frac{\alpha}{2}}(n_1-1,n_2-1))\cup(F_{\frac{\alpha}{2}}(n_1-1,n_2-1),+\infty)$.

⑥ 左侧检验拒绝域 $(0,F_{1-\alpha}(n_1-1,n_2-1))$.

⑦ 右侧检验拒绝域 $(F_\alpha(n_1-1,n_2-1),+\infty)$.

本章知识点及其关联网络

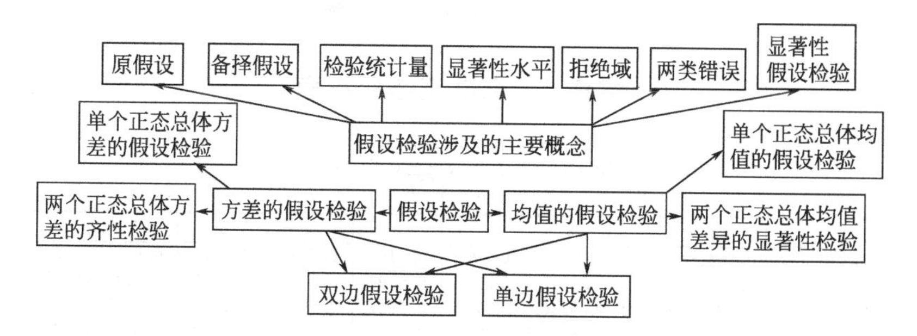

附　　表

附表 1　标准正态分布表

$$\Phi(x)=\int_{-\infty}^{x}\frac{1}{\sqrt{2\pi}}e^{-u^2/2}\,du$$

x	0	1	2	3	4	5	6	7	8	9
0.0	0.5000	0.5040	0.5080	0.5120	0.5160	0.5199	0.5239	0.5279	0.5319	0.5359
0.1	0.5398	0.5438	0.5478	0.5517	0.5557	0.5596	0.5636	0.5675	0.5714	0.5753
0.2	0.5793	0.5832	0.5871	0.5910	0.5948	0.5987	0.6026	0.6064	0.6103	0.6141
0.3	0.6179	0.6217	0.6255	0.6293	0.6331	0.6368	0.6406	0.6443	0.6480	0.6517
0.4	0.6554	0.6591	0.6628	0.6664	0.6700	0.6736	0.6772	0.6808	0.6844	0.6879
0.5	0.6915	0.6950	0.6985	0.7019	0.7054	0.7088	0.7123	0.7157	0.7190	0.7224
0.6	0.7257	0.7291	0.7324	0.7357	0.7389	0.7422	0.7454	0.7486	0.7517	0.7549
0.7	0.7580	0.7611	0.7642	0.7673	0.7703	0.7734	0.7764	0.7794	0.7823	0.7852
0.8	0.7881	0.7910	0.7939	0.7967	0.7995	0.8023	0.8051	0.8078	0.8106	0.8133
0.9	0.8159	0.8186	0.8212	0.8238	0.8264	0.8289	0.8315	0.8340	0.8365	0.8389
1.0	0.8413	0.8438	0.8461	0.8485	0.8508	0.8531	0.8554	0.8577	0.8599	0.8621
1.1	0.8643	0.8665	0.8686	0.8708	0.8729	0.8749	0.8770	0.8790	0.8810	0.8830

续表

x	0	1	2	3	4	5	6	7	8	9
1.2	0.8849	0.8869	0.8888	0.8907	0.8925	0.8944	0.8962	0.8980	0.8997	0.9015
1.3	0.9032	0.9049	0.9066	0.9082	0.9099	0.9115	0.9131	0.9147	0.9162	0.9177
1.4	0.9192	0.9207	0.9222	0.9236	0.9251	0.9265	0.9278	0.9292	0.9306	0.9319
1.5	0.9332	0.9345	0.9357	0.9370	0.9382	0.9394	0.9406	0.9418	0.9430	0.9441
1.6	0.9452	0.9463	0.9474	0.9484	0.9495	0.9505	0.9515	0.9525	0.9535	0.9545
1.7	0.9554	0.9564	0.9573	0.9582	0.9591	0.9599	0.9608	0.9616	0.9625	0.9633
1.8	0.9641	0.9648	0.9656	0.9664	0.9671	0.9678	0.9686	0.9693	0.9700	0.9706
1.9	0.9713	0.9719	0.9726	0.9732	0.9738	0.9744	0.9750	0.9756	0.9762	0.9767
2.0	0.9772	0.9778	0.9783	0.9788	0.9793	0.9798	0.9803	0.9808	0.9812	0.9817
2.1	0.9821	0.9826	0.9830	0.9834	0.9838	0.9842	0.9846	0.9850	0.9854	0.9857
2.2	0.9861	0.9864	0.9868	0.9871	0.9874	0.9878	0.9881	0.9884	0.9887	0.9890
2.3	0.9893	0.9896	0.9898	0.9901	0.9904	0.9906	0.9909	0.9911	0.9913	0.9916
2.4	0.9918	0.9920	0.9922	0.9925	0.9927	0.9929	0.9931	0.9932	0.9934	0.9936
2.5	0.9938	0.9940	0.9941	0.9943	0.9945	0.9946	0.9948	0.9949	0.9951	0.9952
2.6	0.9953	0.9955	0.9956	0.9957	0.9959	0.9960	0.9961	0.9962	0.9963	0.9964
2.7	0.9965	0.9966	0.9967	0.9968	0.9969	0.9970	0.9971	0.9972	0.9973	0.9974
2.8	0.9974	0.9975	0.9976	0.9977	0.9977	0.9978	0.9979	0.9979	0.9980	0.9981
2.9	0.9981	0.9982	0.9982	0.9983	0.9984	0.9984	0.9985	0.9985	0.9986	0.9986
3.0	0.9987	0.9990	0.9993	0.9995	0.9997	0.9998	0.9998	0.9999	0.9999	1.0000

注：表中末行系函数值 $\Phi(3.0)$，$\Phi(3.1)$，…，$\Phi(3.9)$.

附表 2　泊松分布表

$$1-F(x-1)=\sum_{r=x}^{r=\infty}\frac{e^{-\lambda}\lambda^{r}}{r!}$$

x	$\lambda=0.2$	$\lambda=0.3$	$\lambda=0.4$	$\lambda=0.5$	$\lambda=0.6$	$\lambda=0.7$	$\lambda=0.8$
0	1.0000000	1.0000000	1.0000000	1.0000000	1.0000000	1.0000000	1.0000000
1	0.1812692	0.2591818	0.3296800	0.393469	0.451188	0.503415	0.550671
2	0.0175231	0.0369363	0.0615519	0.090204	0.121901	0.155805	0.191208
3	0.0011485	0.0035995	0.0079263	0.014388	0.023115	0.034142	0.047423
4	0.0000568	0.0002658	0.0007763	0.001752	0.003358	0.005753	0.009080
5	0.0000023	0.0000158	0.0000612	0.000172	0.000394	0.000786	0.001411
6	0.0000001	0.0000008	0.0000040	0.000014	0.000039	0.000090	0.000184
7			0.0000002	0.000001	0.000003	0.000009	0.000021
8						0.000001	0.000002

x	$\lambda=0.9$	$\lambda=1.0$	$\lambda=1.2$	$\lambda=1.4$	$\lambda=1.6$	$\lambda=1.8$
0	1.0000000	1.0000000	1.0000000	1.000000	1.000000	1.000000
1	0.593430	0.632121	0.698806	0.753403	0.798103	0.834701
2	0.227518	0.264241	0.337373	0.408167	0.475069	0.537163
3	0.062857	0.080301	0.120513	0.166502	0.216642	0.269379
4	0.013459	0.018988	0.033769	0.053725	0.078813	0.108708

续表

x	λ=0.9	λ=1.0	λ=1.2	λ=1.4	λ=1.6	λ=1.8
5	0.002344	0.003660	0.007746	0.014253	0.023682	0.036407
6	0.000343	0.000594	0.001500	0.003201	0.006040	0.010378
7	0.000043	0.000083	0.000251	0.000622	0.001336	0.002569
8	0.000005	0.000010	0.000037	0.000107	0.000260	0.000562
9		0.000001	0.000005	0.000016	0.000045	0.000110
10			0.000001	0.000002	0.000007	0.000019
11					0.000001	0.000003
x	λ=2.5	λ=3.0	λ=3.5	λ=4.0	λ=4.5	λ=5.0
0	1.000000	1.000000	1.000000	1.000000	1.000000	1.000000
1	0.917915	0.950213	0.969803	0.981684	0.988891	0.993262
2	0.712703	0.800852	0.864112	0.908422	0.938901	0.959572
3	0.456187	0.576810	0.679153	0.761897	0.826422	0.875348
4	0.242424	0.352768	0.463367	0.566530	0.657704	0.734974
5	0.108822	0.184737	0.274555	0.371163	0.467896	0.559507
6	0.042021	0.083918	0.142386	0.214870	0.297070	0.384039
7	0.014187	0.033509	0.065288	0.110674	0.168949	0.237817
8	0.004247	0.011905	0.026739	0.051134	0.086586	0.133372
9	0.001140	0.003803	0.009874	0.021363	0.040257	0.068094
10	0.000277	0.001102	0.003315	0.008132	0.017093	0.031828
11	0.000062	0.000292	0.001019	0.002840	0.006669	0.013695

续表

x	$\lambda=2.5$	$\lambda=3.0$	$\lambda=3.5$	$\lambda=4.0$	$\lambda=4.5$	$\lambda=5.0$
12	0.000013	0.000071	0.000289	0.000915	0.002404	0.005453
13	0.000002	0.000016	0.000076	0.000274	0.000805	0.002019
14		0.000003	0.000019	0.000076	0.000252	0.000698
15		0.000001	0.000004	0.000020	0.000074	0.000226
16			0.000001	0.000005	0.000020	0.000069
17				0.000001	0.000005	0.000020
18					0.000001	0.000005
19						0.000001

附表 3 t 分布表

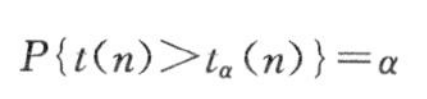
$P\{t(n)>t_\alpha(n)\}=\alpha$

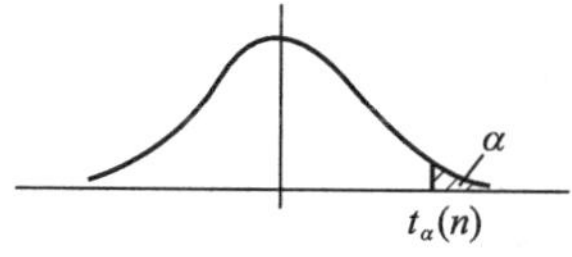

n	α=0.25	0.10	0.05	0.025	0.01	0.005
1	1.0000	3.0777	6.3138	12.7062	31.8207	63.6574
2	0.8165	1.8856	2.9200	4.3027	6.9646	9.9248
3	0.7649	1.6377	2.3534	3.1824	4.5407	5.8409
4	0.7407	1.5332	2.1318	2.7764	3.7469	4.6041
5	0.7267	1.4759	2.0150	2.5706	3.3649	4.0322
6	0.7176	1.4398	1.9432	2.4469	3.1427	3.7074
7	0.7111	1.4149	1.8946	2.3646	2.9980	3.4995
8	0.7064	1.3968	1.8595	2.3060	2.8965	3.3554
9	0.7027	1.3830	1.8331	2.2622	2.8214	3.2498
10	0.6998	1.3722	1.8125	2.2281	2.7638	3.1693

续表

n	$\alpha=0.25$	0.10	0.05	0.025	0.01	0.005
11	0.6974	1.3634	1.7959	2.2010	2.7181	3.1058
12	0.6955	1.3562	1.7823	2.1788	2.6810	3.0545
13	0.6938	1.3502	1.7709	2.1604	2.6503	3.0123
14	0.6924	1.3450	1.7613	2.1448	2.6245	2.9768
15	0.6912	1.3406	1.7531	2.1315	2.6025	2.9467
16	0.6901	1.3368	1.7459	2.1199	2.5835	2.9208
17	0.6892	1.3334	1.7396	2.1098	2.5669	2.8982
18	0.6884	1.3304	1.7341	2.1009	2.5524	2.8784
19	0.6876	1.3277	1.7291	2.0930	2.5395	2.8609
20	0.6870	1.3253	1.7247	2.0860	2.5280	2.8453
21	0.6864	1.3232	1.7207	2.0796	2.5177	2.8314
22	0.6858	1.3212	1.7171	2.0739	2.5083	2.8188
23	0.6853	1.3195	1.7139	2.0687	2.4999	2.8073
24	0.6848	1.3178	1.7109	2.0639	2.4922	2.7969
25	0.6844	1.3163	1.7081	2.0595	2.4851	2.7874
26	0.6840	1.3150	1.7056	2.0555	2.4786	2.7787
27	0.6837	1.3137	1.7033	2.0518	2.4727	2.7707

续表

n	α=0.25	0.10	0.05	0.025	0.01	0.005
28	0.6834	1.3125	1.7011	2.0484	2.4671	2.7633
29	0.6830	1.3114	1.6991	2.0452	2.4620	2.7564
30	0.6828	1.3104	1.6973	2.0423	2.4573	2.7500
31	0.6825	1.3095	1.6955	2.0395	2.4528	2.7440
32	0.6822	1.3086	1.6939	2.0369	2.4487	2.7385
33	0.6820	1.3077	1.6924	2.0345	2.4448	2.7333
34	0.6818	1.3070	1.6909	2.0322	2.4411	2.7284
35	0.6816	1.3062	1.6896	2.0301	2.4377	2.7238
36	0.6814	1.3055	1.6883	2.0281	2.4345	2.7195
37	0.6812	1.3049	1.6871	2.0262	2.4314	2.7154
38	0.6810	1.3042	1.6860	2.0244	2.4286	2.7116
39	0.6808	1.3036	1.6849	2.0227	2.4258	2.7079
40	0.6807	1.3031	1.6839	2.0211	2.4233	2.7045
41	0.6805	1.3025	1.6829	2.0195	2.4208	2.7012
42	0.6804	1.3020	1.6820	2.0181	2.4185	2.6981
43	0.6802	1.3016	1.6811	2.0167	2.4163	2.6951
44	0.6801	1.3011	1.6802	2.0154	2.4141	2.6923
45	0.6800	1.3006	1.6794	2.0141	2.4121	2.6896

附表 4 χ^2 分布表

$$P\{\chi^2(n) > \chi^2_\alpha(n)\} = \alpha$$

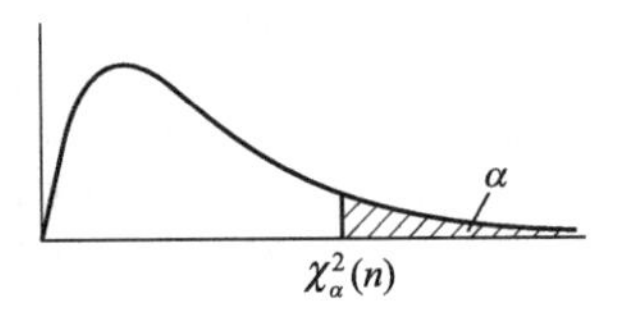

n	α=0.995	0.99	0.975	0.95	0.90	0.75
1	—	—	0.001	0.004	0.016	0.102
2	0.010	0.020	0.051	0.103	0.211	0.575
3	0.072	0.115	0.216	0.352	0.584	1.213
4	0.207	0.297	0.484	0.711	1.064	1.923
5	0.412	0.554	0.831	1.145	1.610	2.675
6	0.676	0.872	1.237	1.635	2.204	3.455
7	0.989	1.239	1.690	2.167	2.833	4.255
8	1.344	1.646	2.180	2.733	3.490	5.071
9	1.735	2.088	2.700	3.325	4.168	5.899
10	2.156	2.558	3.247	3.940	4.865	6.737

续表

n	α=0.995	0.99	0.975	0.95	0.90	0.75
11	2.603	3.053	3.816	4.575	5.578	7.584
12	3.074	3.571	4.404	5.226	6.304	8.438
13	3.565	4.107	5.009	5.892	7.042	9.299
14	4.075	4.660	5.629	6.571	7.790	10.165
15	4.601	5.229	6.262	7.261	8.547	11.037
16	5.142	5.812	6.908	7.962	9.312	11.912
17	5.697	6.408	7.564	8.672	10.085	12.792
18	6.265	7.015	8.231	9.390	10.865	13.675
19	6.844	7.633	8.907	10.117	11.651	14.562
20	7.434	8.260	9.591	10.851	12.443	15.452
21	8.034	8.897	10.283	11.591	13.240	16.344
22	8.643	9.542	10.982	12.338	14.042	17.240
23	9.260	10.196	11.689	13.091	14.848	18.137
24	9.886	10.856	12.401	13.848	15.659	19.037
25	10.520	11.524	13.120	14.611	16.473	19.939
26	11.160	12.198	13.844	15.379	17.292	20.843
27	11.808	12.879	14.573	16.151	18.114	21.749
28	12.461	13.565	15.308	16.928	18.939	22.657
29	13.121	14.257	16.047	17.708	19.768	23.567
30	13.787	14.954	16.791	18.493	20.599	24.478

续表

n	α=0.995	0.99	0.975	0.95	0.90	0.75
31	14.458	15.655	17.539	19.281	21.434	25.390
32	15.134	16.362	18.291	20.072	22.271	26.304
33	15.815	17.074	19.047	20.867	23.110	27.219
34	16.501	17.789	19.806	21.664	23.952	28.136
35	17.192	18.509	20.569	22.465	24.797	29.054
36	17.887	19.233	21.336	23.269	25.643	29.973
37	18.586	19.960	22.106	24.075	26.492	30.893
38	19.289	20.691	22.878	24.884	27.343	31.815
39	19.996	21.426	23.654	25.695	28.196	32.737
40	20.707	22.164	24.433	26.509	29.051	33.660
41	21.421	22.906	25.215	27.326	29.907	34.585
42	22.138	23.650	25.999	28.144	30.765	35.510
43	22.859	24.398	26.785	28.965	31.625	36.436
44	23.584	25.148	27.575	29.787	32.487	37.363
45	24.311	25.901	28.366	30.612	33.350	38.291
n	α=0.25	0.10	0.05	0.025	0.01	0.005
1	1.323	2.706	3.841	5.024	6.635	7.879
2	2.773	4.605	5.991	7.378	9.210	10.597
3	4.108	6.251	7.815	9.348	11.345	12.838
4	5.385	7.779	9.488	11.143	13.277	14.860
5	6.626	9.236	11.071	12.833	15.086	16.750

续表

n	α=0.25	0.10	0.05	0.025	0.01	0.005
6	7.841	10.645	12.592	14.449	16.812	18.548
7	9.037	12.017	14.067	16.013	18.475	20.278
8	10.219	13.362	15.507	17.535	20.090	21.955
9	11.389	14.684	16.919	19.023	21.666	23.589
10	12.549	15.987	18.307	20.483	23.209	25.188
11	13.701	17.275	19.675	21.920	24.725	26.757
12	14.845	18.549	21.026	23.337	26.217	28.299
13	15.984	19.812	22.362	24.736	27.688	29.819
14	17.117	21.064	23.685	26.119	29.141	31.319
15	18.245	22.307	24.996	27.488	30.578	32.801
16	19.369	23.542	26.296	28.845	32.000	34.267
17	20.489	24.769	27.587	30.191	33.409	35.718
18	21.605	25.989	28.869	31.526	34.805	37.156
19	22.718	27.204	30.144	32.852	36.191	38.582
20	23.828	28.412	31.410	34.170	37.566	39.997
21	24.935	29.615	32.671	35.479	38.932	41.401
22	26.039	30.813	33.924	36.781	40.289	42.796
23	27.141	32.007	35.172	38.076	41.638	44.181
24	28.241	33.196	36.415	39.364	42.980	45.559
25	29.339	34.382	37.652	40.646	44.314	46.928

续表

n	α=0.25	0.10	0.05	0.025	0.01	0.005
26	30.435	35.563	38.885	41.923	45.642	48.290
27	31.528	36.741	40.113	43.194	46.963	49.645
28	32.620	37.916	41.337	44.461	48.278	50.993
29	33.711	39.087	42.557	45.722	49.588	52.336
30	34.800	40.256	43.773	46.979	50.892	53.672
31	35.887	41.422	44.985	48.232	52.191	55.003
32	36.973	42.585	46.194	49.480	53.486	56.328
33	38.058	43.745	47.400	50.725	54.776	57.648
34	39.141	44.903	48.602	51.966	56.061	58.964
35	40.223	46.059	49.802	53.203	57.342	60.275
36	41.304	47.212	50.998	54.437	58.619	61.581
37	42.383	48.363	52.192	55.668	59.892	62.883
38	43.462	49.513	53.384	56.896	61.162	64.181
39	44.539	50.660	54.572	58.120	62.428	65.476
40	45.616	51.805	55.758	59.342	63.691	66.766
41	46.692	52.949	56.942	60.561	64.950	68.053
42	47.766	54.090	58.124	61.777	66.206	69.336
43	48.840	55.230	59.304	62.990	67.459	70.616
44	49.913	56.369	60.481	64.201	68.710	71.893
45	50.985	57.505	61.656	65.410	69.957	73.166

附表 5　F 分布表

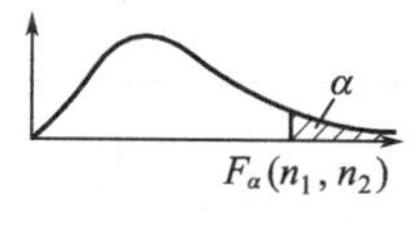

$$P\{F(n_1, n_2) > F_\alpha(n_1, n_2)\} = \alpha$$

$\alpha = 0.10$

n_2 \ n_1	1	2	3	4	5	6	7	8	9	10	12	15	20	24	30	40	60	120	∞
1	39.86	49.50	53.59	55.83	57.24	58.20	58.91	59.44	59.86	60.19	60.71	61.22	61.74	62.00	62.26	62.53	62.79	63.06	63.33
2	8.53	9.00	9.16	9.24	9.29	9.33	9.35	9.37	9.38	9.39	9.41	9.42	9.44	9.45	9.46	9.47	9.47	9.48	9.49
3	5.54	5.46	5.39	5.34	5.31	5.28	5.27	5.25	5.24	5.23	5.22	5.20	5.18	5.18	5.17	5.16	5.15	5.14	5.13
4	4.54	4.32	4.19	4.11	4.05	4.01	3.98	3.95	3.94	3.92	3.90	3.87	3.84	3.83	3.82	3.80	3.79	3.78	4.76
5	4.06	3.78	3.62	3.52	3.45	3.40	3.37	3.34	3.32	3.30	3.27	3.24	3.21	3.19	3.17	3.16	3.14	3.12	3.10
6	3.78	3.46	3.29	3.18	3.11	3.05	3.01	2.98	2.96	2.94	2.90	2.87	2.84	2.82	2.80	2.78	2.76	2.74	2.72
7	3.59	3.26	3.07	2.96	2.88	2.83	2.78	2.75	2.72	2.70	2.67	2.63	2.59	2.58	2.56	2.54	2.51	2.49	2.47
8	3.46	3.11	2.92	2.81	2.73	2.67	2.62	2.59	2.56	2.54	2.50	2.46	2.42	2.40	2.38	2.36	2.34	2.32	2.29
9	3.36	3.01	2.81	2.69	2.61	2.55	2.51	2.47	2.44	2.42	2.38	2.34	2.30	2.28	2.25	2.23	2.21	2.18	2.16
10	3.29	2.92	2.73	2.61	2.52	2.46	2.41	2.38	2.35	2.32	2.28	2.24	2.20	2.18	2.16	2.13	2.11	2.08	2.06
11	3.23	2.86	2.66	2.54	2.45	2.39	2.34	2.30	2.27	2.25	2.21	2.17	2.12	2.10	2.08	2.05	2.03	2.00	1.97
12	3.18	2.81	2.61	2.48	2.39	2.33	2.28	2.24	2.21	2.19	2.15	2.10	2.06	2.04	2.01	1.99	1.96	1.93	1.90
13	3.14	2.76	2.56	2.43	2.35	2.28	2.23	2.20	2.16	2.14	2.10	2.05	2.01	1.98	1.96	1.93	1.90	1.88	1.85
14	3.10	2.73	2.52	2.39	2.31	2.24	2.19	2.15	2.12	2.10	2.05	2.01	1.96	1.94	1.91	1.89	1.86	1.83	1.80
15	3.07	2.70	2.49	2.36	2.27	2.21	2.16	2.12	2.09	2.06	2.02	1.97	1.92	1.90	1.87	1.85	1.82	1.79	1.76
16	3.05	2.67	2.46	2.33	2.24	2.18	2.13	2.09	2.06	2.03	1.99	1.94	1.89	1.87	1.84	1.81	1.78	1.75	1.72
17	3.03	2.64	2.44	2.31	2.22	2.15	2.10	2.06	2.03	2.00	1.96	1.91	1.86	1.84	1.81	1.78	1.75	1.72	1.69
18	3.01	2.62	2.42	2.29	2.20	2.13	2.08	2.04	2.00	1.98	1.93	1.89	1.84	1.81	1.78	1.75	1.72	1.69	1.66
19	2.99	2.61	2.40	2.27	2.18	2.11	2.06	2.02	1.98	1.96	1.91	1.86	1.81	1.79	1.76	1.73	1.70	1.67	1.63
20	2.97	2.59	2.38	2.25	2.16	2.09	2.04	2.00	1.96	1.94	1.89	1.84	1.79	1.77	1.74	1.71	1.68	1.64	1.61
21	2.96	2.57	2.36	2.23	2.14	2.08	2.02	1.98	1.95	1.92	1.87	1.83	1.78	1.75	1.72	1.69	1.66	1.62	1.59
22	2.95	2.56	2.35	2.22	2.13	2.06	2.01	1.97	1.93	1.90	1.86	1.81	1.76	1.73	1.70	1.67	1.64	1.60	1.57
23	2.94	2.55	2.34	2.21	2.11	2.05	1.99	1.95	1.92	1.89	1.84	1.80	1.74	1.72	1.69	1.66	1.62	1.59	1.55
24	2.93	2.54	2.33	2.19	2.10	2.04	1.98	1.94	1.91	1.88	1.83	1.78	1.73	1.70	1.67	1.64	1.61	1.57	1.53

续表

n_2 \ n_1	1	2	3	4	5	6	7	8	9	10	12	15	20	24	30	40	60	120	∞
25	2.92	2.53	2.32	2.18	2.09	2.02	1.97	1.93	1.89	1.87	1.82	1.77	1.72	1.69	1.66	1.63	1.59	1.56	1.52
26	2.91	2.52	2.31	2.17	2.08	2.01	1.96	1.92	1.88	1.86	1.81	1.76	1.71	1.68	1.65	1.61	1.58	1.54	1.50
27	2.90	2.51	2.30	2.17	2.07	2.00	1.95	1.91	1.87	1.85	1.80	1.75	1.70	1.67	1.64	1.60	1.57	1.53	1.49
28	2.89	2.50	2.29	2.16	2.06	2.00	1.94	1.90	1.87	1.84	1.79	1.74	1.69	1.66	1.63	1.59	1.56	1.52	1.48
29	2.89	2.50	2.28	2.15	2.06	1.99	1.93	1.89	1.86	1.83	1.78	1.73	1.68	1.65	1.62	1.58	1.55	1.51	1.47
30	2.88	2.49	2.28	2.14	2.05	1.98	1.93	1.88	1.85	1.82	1.77	1.72	1.67	1.64	1.61	1.57	1.54	1.50	1.46
40	2.84	2.44	2.23	2.09	2.00	1.93	1.87	1.83	1.79	1.76	1.71	1.66	1.61	1.57	1.54	1.51	1.47	1.42	1.38
60	2.79	2.39	2.18	2.04	1.95	1.87	1.82	1.77	1.74	1.71	1.66	1.60	1.54	1.51	1.48	1.44	1.40	1.35	1.29
120	2.75	2.35	2.13	1.99	1.90	1.82	1.77	1.72	1.68	1.65	1.60	1.55	1.48	1.45	1.41	1.37	1.32	1.26	1.19
∞	2.71	2.30	2.08	1.94	1.85	1.77	1.72	1.67	1.63	1.60	1.55	1.49	1.42	1.38	1.34	1.30	1.24	1.17	1.00

$\alpha=0.05$

n_2 \ n_1	1	2	3	4	5	6	7	8	9	10	12	15	20	24	30	40	60	120	∞
1	161.4	199.5	215.7	224.6	230.2	234.0	236.8	238.9	240.5	241.9	243.9	245.9	248.0	249.1	250.1	251.1	252.2	253.3	254.3
2	18.51	19.00	19.16	19.25	19.30	19.33	19.35	19.37	19.38	19.40	19.41	19.43	19.45	19.45	19.46	19.47	19.48	19.49	19.50
3	10.13	9.55	9.28	9.12	9.01	8.94	8.89	8.85	8.81	8.79	8.74	8.70	8.66	8.64	8.62	8.59	8.57	8.55	8.53
4	7.71	6.94	6.59	6.39	6.26	6.16	6.09	6.04	6.00	5.96	5.91	5.86	5.80	5.77	5.75	5.72	5.69	5.66	5.63
5	6.61	5.79	5.41	5.19	5.05	4.95	4.88	4.82	4.77	4.74	4.68	4.62	4.56	4.53	4.50	4.46	4.43	4.40	4.36
6	5.99	5.14	4.76	4.53	4.39	4.28	4.21	4.15	4.10	4.06	4.00	3.94	3.87	3.84	3.81	3.77	3.74	3.70	3.67
7	5.59	4.74	4.35	4.12	3.97	3.87	3.79	3.73	3.68	3.64	3.57	3.51	3.44	3.41	3.38	3.34	3.30	3.27	3.23
8	5.32	4.46	4.07	3.84	3.69	3.58	3.50	3.44	3.39	3.35	3.28	3.22	3.15	3.12	3.08	3.04	3.01	2.97	2.93
9	5.12	4.26	3.86	3.63	3.48	3.37	3.29	3.23	3.18	3.14	3.07	3.01	2.94	2.90	2.86	2.83	2.79	2.75	2.71
10	4.96	4.10	3.71	3.48	3.33	3.22	3.14	3.07	3.02	2.98	2.91	2.85	2.77	2.74	2.70	2.66	2.62	2.58	2.54

续表

n_2 \ n_1	1	2	3	4	5	6	7	8	9	10	12	15	20	24	30	40	60	120	∞
11	4.84	3.98	3.59	3.36	3.20	3.09	3.01	2.95	2.90	2.85	2.79	2.72	2.65	2.61	2.57	2.53	2.49	2.45	2.40
12	4.75	3.89	3.49	3.26	3.11	3.00	2.91	2.85	2.80	2.75	2.69	2.62	2.54	2.51	2.47	2.43	2.38	2.34	2.30
13	4.67	3.81	3.41	3.18	3.03	2.92	2.83	2.77	2.71	2.67	2.60	2.53	2.46	2.42	2.38	2.34	2.30	2.25	2.21
14	4.60	3.74	3.34	3.11	2.96	2.85	2.76	2.70	2.65	2.60	2.53	2.46	2.39	2.35	2.31	2.27	2.22	2.18	2.13
15	4.54	3.68	3.29	3.06	2.90	2.79	2.71	2.64	2.59	2.54	2.48	2.40	2.33	2.29	2.25	2.20	2.16	2.11	2.07
16	4.49	3.63	3.24	3.01	2.85	2.74	2.66	2.59	2.54	2.49	2.42	2.35	2.28	2.24	2.19	2.15	2.11	2.06	2.01
17	4.45	3.59	3.20	2.96	2.81	2.70	2.61	2.55	2.49	2.45	2.38	2.31	2.23	2.19	2.15	2.10	2.06	2.01	1.96
18	4.41	3.55	3.16	2.93	2.77	2.66	2.58	2.51	2.46	2.41	2.34	2.27	2.19	2.15	2.11	2.06	2.02	1.97	1.92
19	4.38	3.52	3.13	2.90	2.74	2.63	2.54	2.48	2.42	2.38	2.31	2.23	2.16	2.11	2.07	2.03	1.98	1.93	1.88
20	4.35	3.49	3.10	2.87	2.71	2.60	2.51	2.45	2.39	2.35	2.28	2.20	2.12	2.08	2.04	1.99	1.95	1.90	1.84
21	4.32	3.47	3.07	2.84	2.68	2.57	2.49	2.42	2.37	2.32	2.25	2.18	2.10	2.05	2.01	1.96	1.92	1.87	1.81
22	4.30	3.44	3.05	2.82	2.66	2.55	2.46	2.40	2.34	2.30	2.23	2.15	2.07	2.03	1.98	1.94	1.89	1.84	1.78
23	4.28	3.42	3.03	2.80	2.64	2.53	2.44	2.37	2.32	2.27	2.20	2.13	2.05	2.01	1.96	1.91	1.86	1.81	1.76
24	4.26	3.40	3.01	2.78	2.62	2.51	2.42	2.36	2.30	2.25	2.18	2.11	2.03	1.98	1.94	1.89	1.84	1.79	1.73
25	4.24	3.39	2.99	2.76	2.60	2.49	2.40	2.34	2.28	2.24	2.16	2.09	2.01	1.96	1.92	1.87	1.82	1.77	1.71
26	4.23	3.37	2.98	2.74	2.59	2.47	2.39	2.32	2.27	2.22	2.15	2.07	1.99	1.95	1.90	1.85	1.80	1.75	1.69
27	4.21	3.35	2.96	2.73	2.57	2.46	2.37	2.31	2.25	2.20	2.13	2.06	1.97	1.93	1.88	1.84	1.79	1.73	1.67
28	4.20	3.34	2.95	2.71	2.56	2.45	2.36	2.29	2.24	2.19	2.12	2.04	1.96	1.91	1.87	1.82	1.77	1.71	1.65
29	4.18	3.33	2.93	2.70	2.55	2.43	2.35	2.28	2.22	2.18	2.10	2.03	1.94	1.90	1.85	1.81	1.75	1.70	1.64
30	4.17	3.32	2.92	2.69	2.53	2.42	2.33	2.27	2.21	2.16	2.09	2.01	1.93	1.89	1.84	1.79	1.74	1.68	1.62
40	4.08	3.23	2.84	2.61	2.45	2.34	2.25	2.18	2.12	2.08	2.00	1.92	1.84	1.79	1.74	1.69	1.64	1.58	1.51
60	4.00	3.15	2.76	2.53	2.37	2.25	2.17	2.10	2.04	1.99	1.92	1.84	1.75	1.70	1.65	1.59	1.53	1.47	1.39
120	3.92	3.07	2.68	2.45	2.29	2.17	2.09	2.02	1.96	1.91	1.83	1.75	1.66	1.61	1.55	1.50	1.43	1.35	1.25
∞	3.84	3.00	2.60	2.37	2.21	2.10	2.01	1.94	1.88	1.83	1.75	1.67	1.57	1.52	1.46	1.39	1.32	1.22	1.00

续表

$\alpha=0.025$

n_2 \ n_1	1	2	3	4	5	6	7	8	9	10	12	15	20	24	30	40	60	120	∞
1	647.8	799.5	864.2	899.6	921.8	937.1	948.2	956.7	963.3	368.6	976.7	984.9	993.1	997.2	1001	1006	1010	1014	1018
2	38.51	39.00	39.17	39.25	39.30	39.33	39.36	39.37	39.39	39.40	39.41	39.43	39.45	39.46	39.46	39.47	39.48	39.49	39.50
3	17.44	16.04	15.44	15.10	14.88	14.73	14.62	14.54	14.47	14.42	14.34	14.25	14.17	14.12	14.08	14.04	13.99	13.95	13.90
4	12.22	10.65	9.98	9.60	9.36	9.20	9.07	8.98	8.90	8.84	8.75	8.66	8.56	8.51	8.46	8.41	8.36	8.31	8.26
5	10.01	8.43	7.76	7.39	7.15	6.98	6.85	6.76	6.68	6.62	6.52	6.43	6.33	6.28	6.23	6.18	6.12	6.07	6.02
6	8.81	7.26	6.60	6.23	5.99	5.82	5.70	5.60	5.52	5.46	5.37	5.27	5.17	5.12	5.07	5.01	4.96	4.90	4.85
7	8.07	6.54	5.89	5.52	5.29	5.12	4.99	4.90	4.82	4.76	4.67	4.57	4.47	4.42	4.36	4.31	4.25	4.20	4.14
8	7.57	6.06	5.42	5.05	4.82	4.65	4.53	4.43	4.36	4.30	4.20	4.10	4.00	3.95	3.89	3.84	3.78	3.73	3.67
9	7.21	5.71	5.08	4.72	4.48	4.23	4.20	4.10	4.03	3.96	3.87	3.77	3.67	3.61	3.56	3.51	3.45	3.39	3.33
10	6.94	5.46	4.83	4.47	4.24	4.07	3.95	3.85	3.78	3.72	3.62	3.52	3.42	3.37	3.31	3.26	3.20	3.14	3.08
11	6.72	5.26	4.63	4.28	4.04	3.88	3.76	3.66	3.59	3.53	3.43	3.33	3.23	3.17	3.12	3.06	3.00	2.94	2.88
12	6.55	5.10	4.47	4.12	3.89	3.73	3.61	3.51	3.44	3.37	3.28	3.18	3.07	3.02	2.96	2.91	2.85	2.79	2.72
13	6.41	4.97	4.35	4.00	3.77	3.60	3.48	3.39	3.31	3.25	3.15	3.05	2.95	2.89	2.84	2.78	2.72	2.66	2.60
14	6.30	4.86	4.24	3.89	3.66	3.50	3.38	3.29	3.21	3.15	3.05	2.95	2.84	2.79	2.73	2.67	2.61	2.55	2.49
15	6.20	4.77	4.15	3.80	3.58	3.41	3.29	3.20	3.12	3.06	2.96	2.86	2.76	2.70	2.64	2.59	2.52	2.46	2.40
16	6.12	4.69	4.08	3.73	3.50	3.34	3.22	3.12	3.05	2.99	2.89	2.79	2.68	2.63	2.57	2.51	2.45	2.38	2.32
17	6.04	4.62	4.01	3.66	3.44	3.28	3.16	3.06	2.98	2.92	2.82	2.72	2.62	2.56	2.50	2.44	2.38	2.32	2.25
18	5.98	4.56	3.95	3.61	3.38	3.22	3.10	3.01	2.93	2.87	2.77	2.67	2.56	2.50	2.44	2.38	2.32	2.26	2.19
19	5.92	4.51	3.90	3.56	3.33	3.17	3.05	2.96	2.88	2.82	2.72	2.62	2.51	2.45	2.39	2.33	2.27	2.20	2.13
20	5.87	4.46	3.86	3.51	3.29	3.13	3.01	2.91	2.84	2.77	2.68	2.57	2.46	2.41	2.35	2.29	2.22	2.16	2.09
21	5.83	4.42	3.82	3.48	3.25	3.09	2.97	2.87	2.80	2.73	2.64	2.53	2.42	2.37	2.31	2.25	2.18	2.11	2.04
22	5.79	4.38	3.78	3.44	3.22	3.05	2.93	2.84	2.76	2.70	2.60	2.50	2.39	2.33	2.27	2.21	2.14	2.08	2.00
23	5.75	4.35	3.75	3.41	3.18	3.02	2.90	2.81	2.73	2.67	2.57	2.47	2.36	2.30	2.24	2.18	2.11	2.04	1.97
24	5.72	4.32	3.72	3.38	3.15	2.99	2.87	2.78	2.70	2.64	2.54	2.44	2.33	2.27	2.21	2.15	2.08	2.01	1.94
25	5.69	4.29	3.69	3.35	3.13	2.97	2.85	2.75	2.68	2.61	2.51	2.41	2.30	2.24	2.18	2.12	2.05	1.98	1.91

续表

n_2 \ n_1	1	2	3	4	5	6	7	8	9	10	12	15	20	24	30	40	60	120	∞
26	5.66	4.27	3.67	3.33	3.10	2.94	2.82	2.73	2.65	2.59	2.49	2.39	2.28	2.22	2.16	2.09	2.03	1.95	1.88
27	5.63	4.24	3.65	3.31	3.08	2.92	2.80	2.71	2.63	2.57	2.47	2.36	2.25	2.19	2.13	2.07	2.00	1.93	1.85
28	5.61	4.22	3.63	3.29	3.06	2.90	2.78	2.69	2.61	2.55	2.45	2.34	2.23	2.17	2.11	2.05	1.98	1.91	1.83
29	5.59	4.20	3.61	3.27	3.04	2.88	2.76	2.67	2.59	2.53	2.43	2.32	2.21	2.15	2.09	2.03	1.96	1.89	1.81
30	5.57	4.18	3.59	3.25	3.03	2.87	2.75	2.65	2.57	2.51	2.41	2.31	2.20	2.14	2.07	2.01	1.94	1.87	1.79
40	5.42	4.05	3.46	3.13	2.90	2.74	2.62	2.53	2.45	2.39	2.29	2.18	2.07	2.01	1.94	1.88	1.80	1.72	1.64
60	5.29	3.93	3.34	3.01	2.79	2.63	2.51	2.41	2.33	2.27	2.17	2.06	1.94	1.88	1.82	1.74	1.67	1.58	1.48
120	5.15	3.80	3.23	2.89	2.67	2.52	2.39	2.30	2.22	2.16	2.05	1.94	1.82	1.76	1.69	1.61	1.53	1.43	1.31
∞	5.02	3.69	3.12	2.79	2.57	2.41	2.29	2.19	2.11	2.05	1.94	1.83	1.71	1.64	1.57	1.48	1.39	1.27	1.00

$\alpha = 0.01$

n_2 \ n_1	1	2	3	4	5	6	7	8	9	10	12	15	20	24	30	40	60	120	∞
1	4052	4999.5	5403	5625	5764	5859	5928	5982	6022	6056	6106	6157	6209	6235	6261	6287	6313	6339	6366
2	98.50	99.00	99.17	99.25	99.30	99.33	99.36	99.37	99.39	99.40	99.42	99.43	99.45	99.46	99.47	99.47	99.48	99.49	99.50
3	34.12	30.82	29.46	28.71	28.24	27.91	27.67	27.49	27.35	27.23	27.05	26.87	26.69	26.60	26.50	26.41	26.32	26.22	26.13
4	21.20	18.00	16.69	15.98	15.52	15.21	14.98	14.80	14.66	14.55	14.37	14.20	14.02	13.93	13.84	13.75	13.65	13.56	13.46
5	16.26	13.27	12.06	11.39	10.97	10.67	10.46	10.29	10.16	10.05	9.89	9.72	9.55	9.47	9.38	9.29	9.20	9.11	9.02
6	13.75	10.92	9.78	9.15	8.75	8.47	8.26	8.10	7.98	7.87	7.72	7.56	7.40	7.31	7.23	7.14	7.06	6.97	6.88
7	12.25	9.55	8.45	7.85	7.46	7.19	6.99	6.84	6.72	6.62	6.47	6.31	6.16	6.07	5.99	5.91	5.82	5.74	5.65
8	11.26	8.65	7.59	7.01	6.63	6.37	6.18	6.03	5.91	5.81	5.67	5.52	5.36	5.28	5.20	5.12	5.03	4.95	4.86
9	10.56	8.02	6.99	6.42	6.06	5.80	5.61	5.47	5.35	5.26	5.11	4.96	4.81	4.73	4.65	4.57	4.48	4.40	4.31
10	10.04	7.56	6.55	5.99	5.64	5.39	5.20	5.06	4.94	4.85	4.71	4.56	4.41	4.33	4.25	4.17	4.08	4.00	3.91
11	9.65	7.21	6.22	5.67	5.32	5.07	4.89	4.74	4.63	4.54	4.40	4.25	4.10	4.02	3.94	3.86	3.78	3.69	3.60
12	9.33	6.93	5.95	5.41	5.06	4.82	4.64	4.50	4.39	4.30	4.16	4.01	3.86	3.78	3.70	3.62	3.54	3.45	3.36
13	9.07	6.70	5.74	5.21	4.86	4.62	4.44	4.30	4.19	3.10	3.96	3.82	3.66	3.59	3.51	3.43	3.34	3.25	3.17
14	8.86	6.51	5.56	5.04	4.69	4.46	4.28	4.14	4.03	3.94	3.80	3.66	3.51	3.43	3.35	3.27	3.18	3.09	3.00

续表

n_2 \ n_1	1	2	3	4	5	6	7	8	9	10	12	15	20	24	30	40	60	120	∞
15	8.68	6.36	5.42	4.89	4.56	4.32	4.14	4.00	3.89	3.80	3.67	3.52	3.37	3.29	3.21	3.13	3.05	2.96	2.87
16	8.53	6.23	5.29	4.77	4.44	4.20	4.03	3.89	3.78	3.69	3.55	3.41	3.26	3.18	3.10	3.02	2.93	2.84	2.75
17	8.40	6.11	5.18	4.67	4.34	4.10	3.93	3.79	3.68	3.59	3.46	3.31	3.16	3.08	3.00	2.92	2.83	2.75	2.65
18	8.29	6.01	5.09	4.58	4.25	4.01	3.84	3.71	3.60	3.51	3.37	3.23	3.08	3.00	2.92	2.84	2.75	2.66	2.57
19	8.18	5.93	5.01	4.50	4.17	3.94	3.77	3.63	3.52	3.43	3.30	3.15	3.00	2.92	2.84	2.76	2.67	2.58	2.49
20	8.10	5.85	4.94	4.43	4.10	3.87	3.70	3.56	3.46	3.37	3.23	3.09	2.94	2.86	2.78	2.69	2.61	2.52	2.42
21	8.02	5.78	4.87	4.37	4.04	3.81	3.64	3.51	3.40	3.31	3.17	3.03	2.88	2.80	2.72	2.64	2.55	2.46	2.36
22	7.95	5.72	4.82	4.31	3.99	3.76	3.59	3.45	3.35	3.26	3.12	2.98	2.83	2.75	2.67	2.58	2.50	2.40	2.31
23	7.88	5.66	4.76	4.26	3.94	3.71	3.54	3.41	3.30	3.21	3.07	2.93	2.78	2.70	2.62	2.54	2.45	2.35	2.26
24	7.82	5.61	4.72	4.22	3.90	3.67	3.50	3.36	3.26	3.17	3.03	2.89	2.74	2.66	2.58	2.49	2.40	2.31	2.21
25	7.77	5.57	4.68	4.18	3.85	3.63	3.46	3.32	3.22	3.13	2.99	2.85	2.70	2.62	2.54	2.45	2.36	2.27	2.17
26	7.72	5.53	4.64	4.14	3.82	3.59	3.42	3.29	3.18	3.09	2.96	2.81	2.66	2.58	2.50	5.42	2.33	2.23	2.13
27	7.68	5.49	4.60	4.11	3.78	3.56	3.39	3.26	3.15	3.06	2.93	2.78	2.63	2.55	2.47	2.38	2.29	2.20	2.10
28	7.64	5.45	4.57	4.07	3.75	3.53	3.36	3.23	3.12	3.03	2.90	2.75	2.60	2.52	2.44	2.35	2.26	2.17	2.06
29	7.60	5.42	4.54	4.04	3.73	3.50	3.33	3.20	3.09	3.00	2.87	2.73	2.57	2.49	2.41	2.33	2.23	2.14	2.03
30	7.56	5.39	4.51	4.02	3.70	3.47	3.30	3.17	3.07	2.98	2.84	2.70	2.55	2.47	2.39	2.30	2.21	2.11	2.01
40	7.31	5.18	4.31	3.83	3.51	3.29	3.12	2.99	2.89	2.80	2.66	2.52	2.37	2.29	2.20	2.11	2.02	1.92	1.80
60	7.08	4.98	4.13	3.65	3.34	3.12	2.95	2.82	2.72	2.63	2.50	2.35	2.20	2.12	2.03	1.94	1.84	1.73	1.60
120	6.85	4.79	3.95	3.48	3.17	2.96	2.79	2.66	2.56	2.47	2.34	2.19	2.03	1.95	1.86	1.76	1.66	1.53	1.38
∞	6.63	4.61	3.78	3.32	3.02	2.80	2.64	2.51	2.41	2.32	2.18	2.04	1.88	1.79	1.70	1.59	1.47	1.32	1.00